4ESO

BIOLOGIA I GEOLOGIA

Per activar la teva llicència digital, segueix els passos següents:

1. Entra a **www.construim.cruilladigital.cat**
2. Registra-t'hi.
3. Introdueix el codi que hi ha a l'interior de la coberta.

Aquesta llicència només s'ha d'activar una única vegada.

cruïlla

Com és aquest llibre?

PRESENTACIÓ DE LA UNITAT

- **Text introductori** que presenta els aspectes més importants de la unitat amb activitats destinades a recordar el que saps.
- **Fotografies** que il·lustren els **continguts principals** que aprendràs al llarg de la unitat.
- Relació de les **competències bàsiques** específiques que es treballen de manera evident al llarg de la unitat.

DESENVOLUPAMENT DE LES UNITATS

- Pàgines estructurades en **epígrafs** i **subepígrafs**.
- Activitats orientades a **descobrir els continguts** i a treballar les **competències bàsiques**.
- **Activitats** que ajuden a desenvolupar els continguts, a vegades vinculades a pàgines web.
- **Imatges** que complementen els continguts, amb activitats al peu.
- **Activitats interactives** autocorregibles al final de cada epígraf (remissió al web).
- **Activitat de síntesi** per organitzar els continguts treballats a cada epígraf (remissió al web).
- **Vocabulari** amb els termes que apareixen destacats en el text.

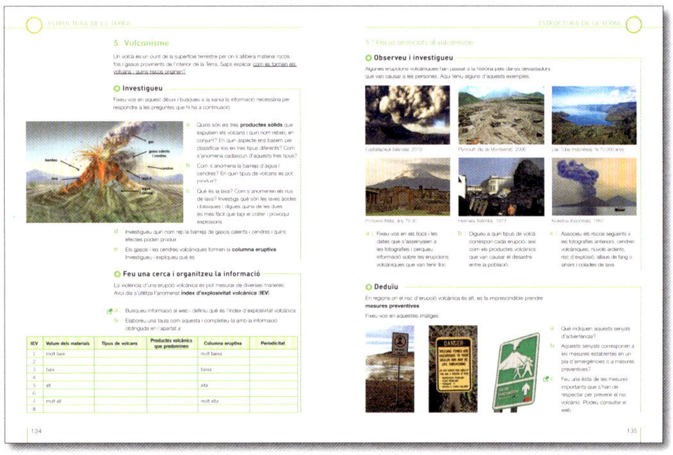

PER ESTUDIAR

- **Bloc teòric amb activitats** que recull els continguts fonamentals de la unitat.
- **Preguntes per repassar** l'essencial de la unitat (remissió al web).
- **Mapa conceptual interactiu** de la unitat (remissió al web).

FEM CIÈNCIA

- Proposta pautada de **procediments de treball** propis de les Ciències de la naturalesa.

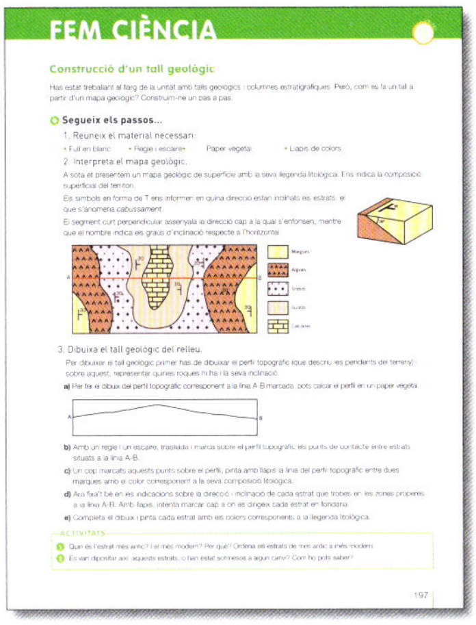
FEM CIÈNCIA

Construcció d'un tall geològic

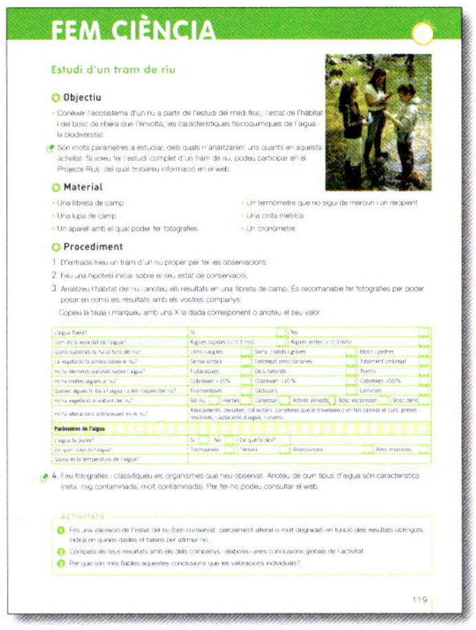
FEM CIÈNCIA

Estudi d'un tram de riu

ACTIVITAT FINAL

- Activitat que aproxima els continguts de la unitat a **situacions actuals i relacionades amb la vida quotidiana**.
- **Autoavaluació** de la unitat (remissió al web).

REVISTA DE CIÈNCIA

- Textos de divulgació científica sobre temes d'actualitat que permeten desenvolupar un treball de **comprensió lectora i reflexió**.

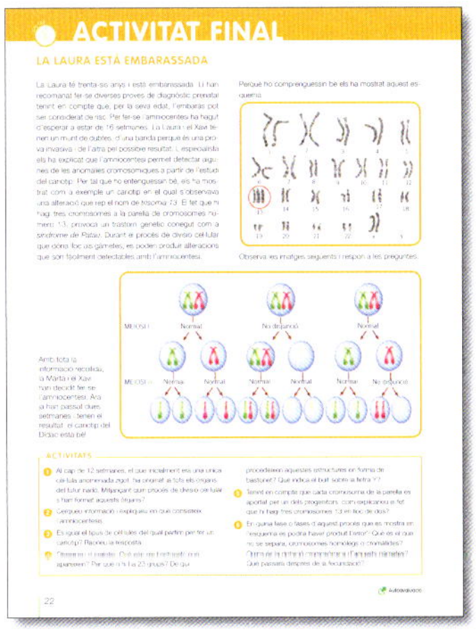
ACTIVITAT FINAL

LA LAURA ESTÀ EMBARASSADA

REVISTA DE CIÈNCIA

Laia, la Lucy d'Hostalets de Pierola

L'ENTORN PERSONAL D'APRENENTATGE DEL PROJECTE

El pictograma et remet a l'Entorn Personal d'Aprenentatge del projecte Construïm.

Allà hi trobaràs un conjunt de materials de suport que et seran necessaris per consolidar els coneixements, reforçar-los i ampliar-los.

- Continguts en versió digital.
- Una àmplia proposta de recursos multimèdia.
- Una selecció de pàgines web per a la consulta i l'ampliació dels continguts.
- Activitats de síntesi.
- Activitats interactives i avaluacions.
- Mapes conceptuals interactius.

Per accedir a l'Entorn, només has d'activar la teva llicència digital.

ÍNDEX

UNITAT 1

LA REPRODUCCIÓ CEL·LULAR

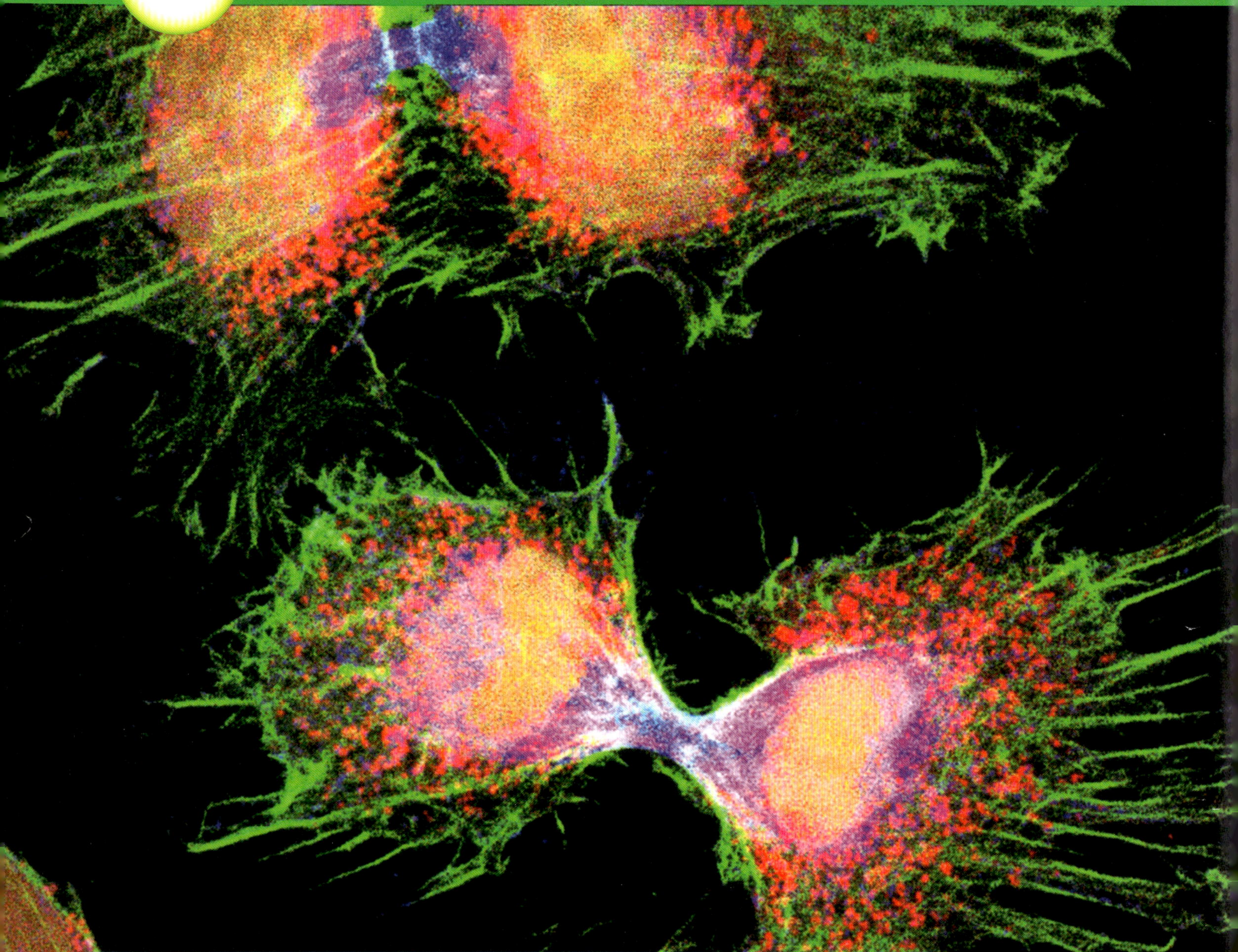

Els organismes pluricel·lulars estan formats per cèl·lules, les unitats bàsiques de la vida.

- **Saps quines són les funcions vitals de les cèl·lules?**

Les cèl·lules són com els maons amb els quals es construeixen els edificis, però a diferència dels maons, les cèl·lules acostumen a tenir una vida molt més curta que la del mateix individu. El creixement de l'organisme i la possibilitat de renovar els seus teixits és conseqüència de la divisió cel·lular.

- **Saps quines són les fases de la divisió cel·lular? Són les mateixes fases que tenen lloc en el procés de divisió de les cèl·lules sexuals?**

La divisió cel·lular fa possible que les cèl·lules filles continguin la mateixa informació genètica que la cèl·lula mare.

- **Saps en quina molècula està continguda la informació genètica de la cèl·lula?**

Foto: Imatge de microscòpia amb fluorescència de cèl·lules en divisió.

EN AQUESTA UNITAT APRENDRÀS...

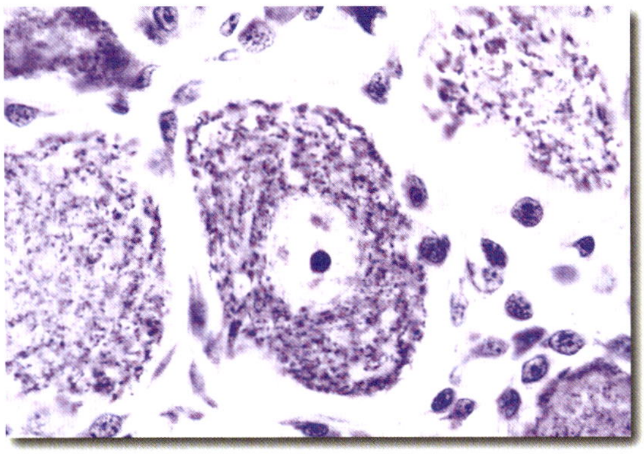

1 Quina és la unitat bàsica de la vida, les seves funcions i organització.

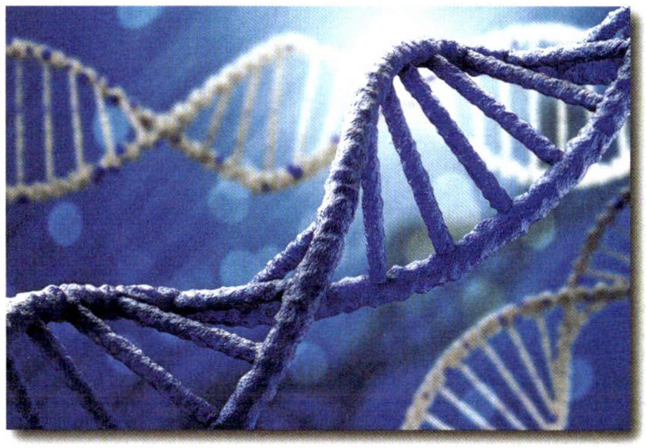

2 Quina molècula conté la informació per controlar totes les funcions cel·lulars i com s'organitza.

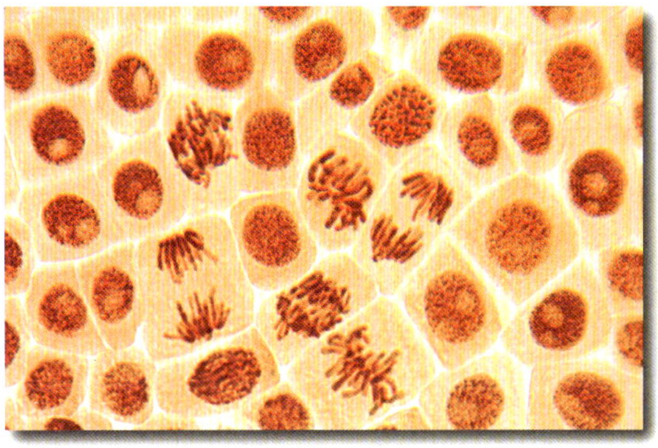

3 Quins són els processos pels quals una cèl·lula es divideix per donar lloc a dues cèl·lules filles idèntiques.

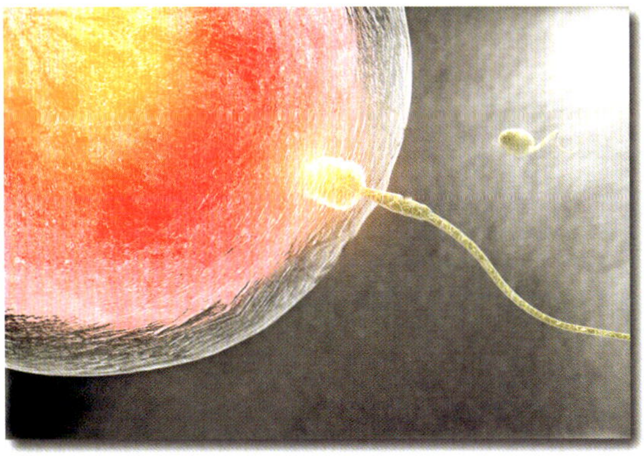

4 Quin altre tipus de divisió cel·lular és propi de les cèl·lules sexuals.

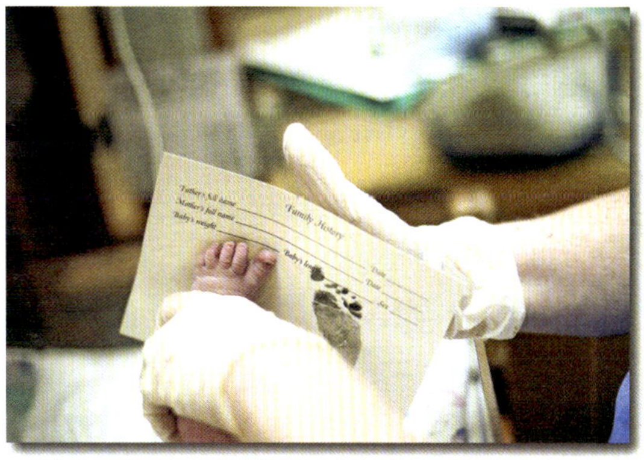

5 Quines són les diferències més significatives entre la mitosi i la meiosi.

I SERÀS CAPAÇ DE...

- Interpretar esquemes i imatges relacionats amb la cèl·lula.
- Analitzar i interpretar la informació que es pot deduir d'un cariotip humà.
- Identificar les fases de la divisió cel·lular a través d'imatges de microscòpia.
- Completar taules i mapes conceptuals sobre els processos de divisió cel·lular.

1. La cèl·lula

L'invent del microscopi òptic va permetre descobrir que tots els éssers vius estan formats per una estructura bàsica comuna. Saps quina és la unitat bàsica de la vida, les seves funcions i organització?

Feu una cerca i organitzeu la informació

a | La **teoria cel·lular** agrupa uns dels coneixements més bàsics i rellevants de la biologia. Quins són els postulats de la teoria cel·lular?

b | Quines són les funcions vitals que duu a terme la cèl·lula?

1.1 Cèl·lules procariotes i eucariotes

Si bé totes les cèl·lules duen a terme les mateixes funcions, no totes tenen la mateixa estructura.

Observeu i investigueu

Fixeu-vos en els esquemes següents:

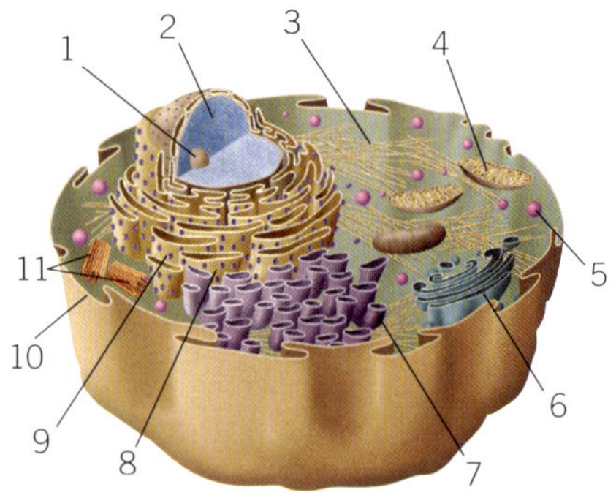

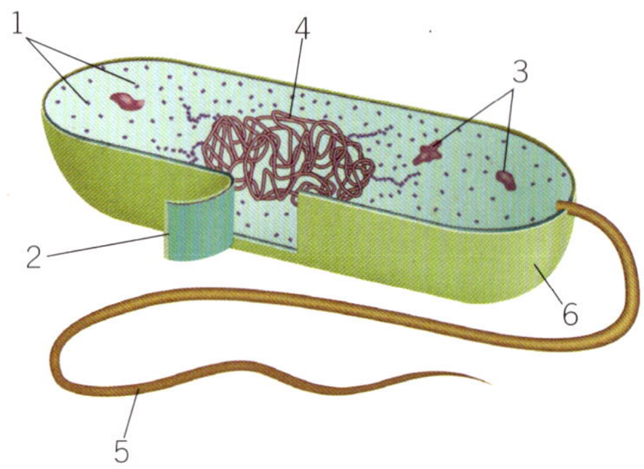

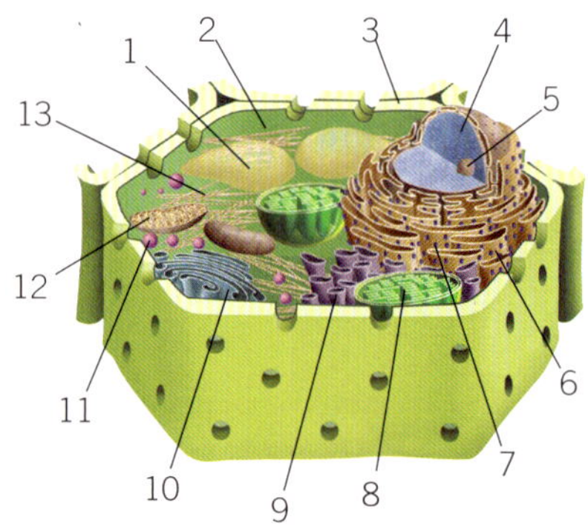

a | Assenyaleu la cèl·lula procariota, la cèl·lula eucariota animal i la cèl·lula eucariota vegetal i digueu-ne les principals diferències.

b | Consulteu el web i identifiqueu les estructures numerades de cada cèl·lula.

c | Ompliu una taula com la següent:

	Procariota	Eucariota animal	Eucariota vegetal
Organismes en els quals les trobem			
Mida			
Estructura nuclear			
Citoesquelet (sí/no)			
Orgànuls			
Orgànuls exclusius			
Paret cel·lular (sí/no)			

d | Quines són les funcions dels orgànuls que són exclusius de la cèl·lula eucariota animal? I dels de la vegetal?

e | Quines cèl·lules (procariotes o eucariotes) acostumen a poder-se moure autònomament amb més facilitat? Quines estructures permeten la mobilitat de les cèl·lules? Expliqueu un exemple de cèl·lula que les posseeixi.

Observeu i investigueu

Fixeu-vos en les fotografies següents:

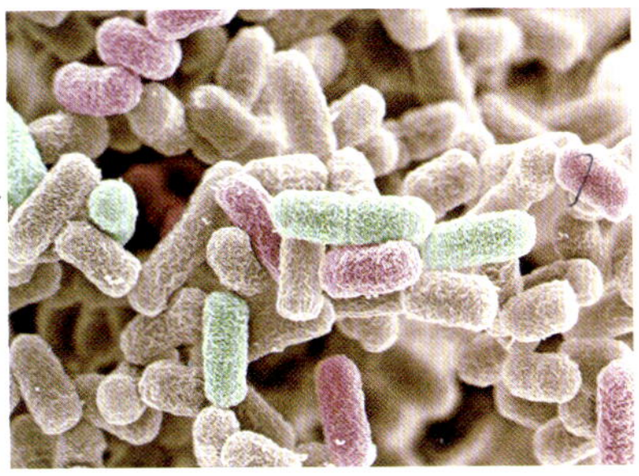

Bacteri *Escherichia coli*.

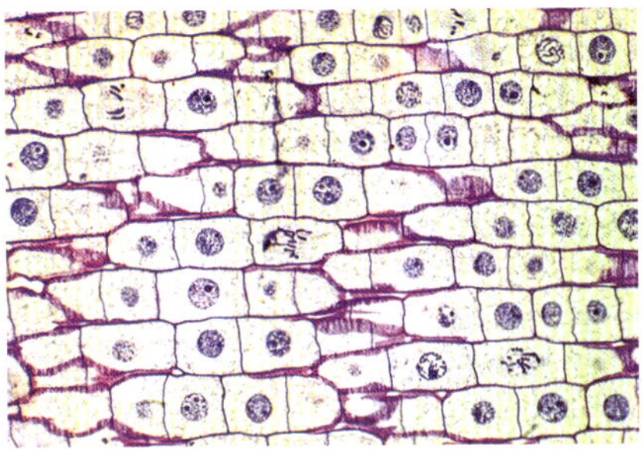

Cèl·lula eucariota.

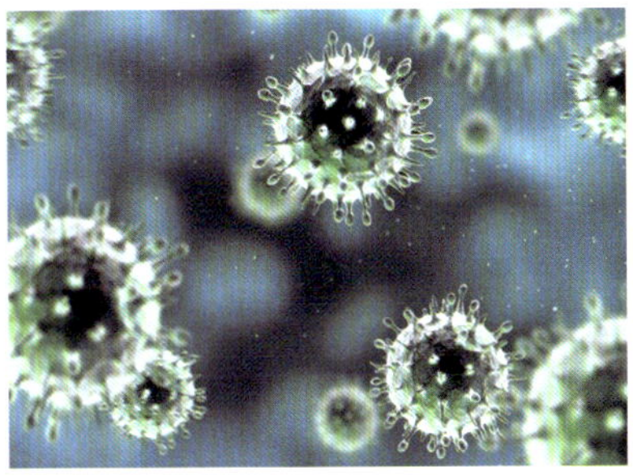

Virus de la grip.

a | Quina fotografia correspon a un organisme unicel·lular? I a un organisme pluricel·lular?

b | Un **virus** és un organisme unicel·lular o pluricel·lular? Busqueu informació.

c | A partir de la informació que heu obtingut, sabeu que els virus no poden reproduir-se per ells mateixos. Poden parasitar cèl·lules eucariotes i procariotes? Busqueu un exemple de cada.

d | Els **prions** són molècules de proteïna que actuen com a paràsits i que provoquen malalties. Quina estructura us sembla més simple, un virus o un prió ? Per què?

e | Sabent que els virus són paràsits obligats, com explicaríeu el seu procés de reproducció? Ajudeu-vos de la imatge següent:

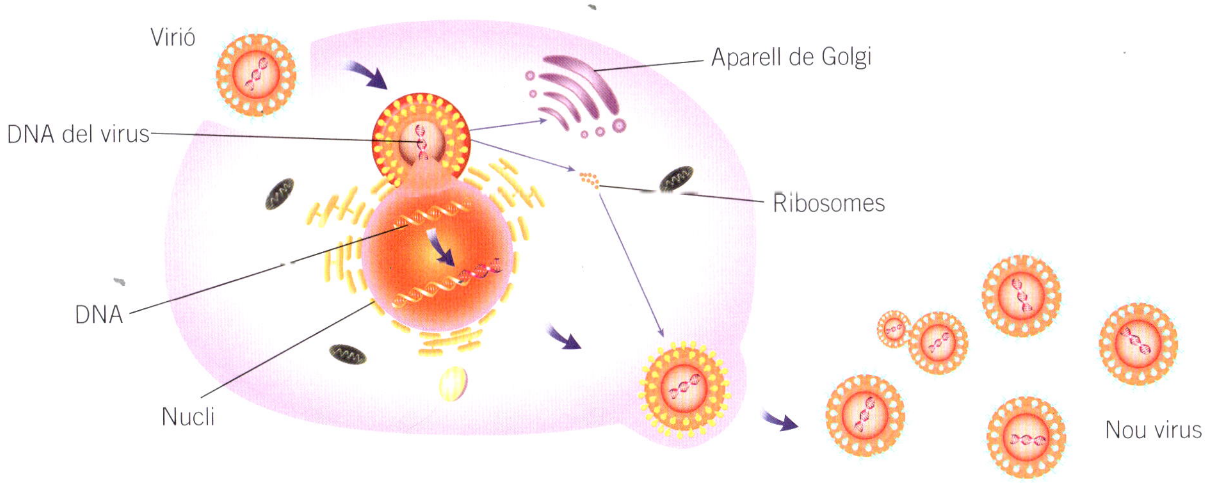

ACTIVITATS

1. Tots els organismes unicel·lulars són procariotes? I tots els pluricel·lulars són eucariotes? Explica-ho mitjançant exemples.
2. Per quines raons els virus no es consideren organismes vius i, per tant, no se'ls classifica ni com a procariotes ni com a eucariotes?
3. Cerca informació sobre la funció que realitza cada orgànul cel·lular i fes-ne un quadre resum al teu quadern. Si vols, pots consultar el web.
4. Al nucli de les cèl·lules eucariotes s'hi localitzen molt replegades les molècules de DNA. Quines diferències hi ha entre el material genètic de les cèl·lules procariotes i el de les eucariotes?

Activitats interactives
Activitat de síntesi

2. El DNA i els cromosomes

La informació genètica de les cèl·lules està continguda en una biomolècula que, en les cèl·lules eucariotes, té diversos nivells d'estructuració tridimensional. Quina molècula conté la informació per controlar totes les funcions cel·lulars i com s'organitza?

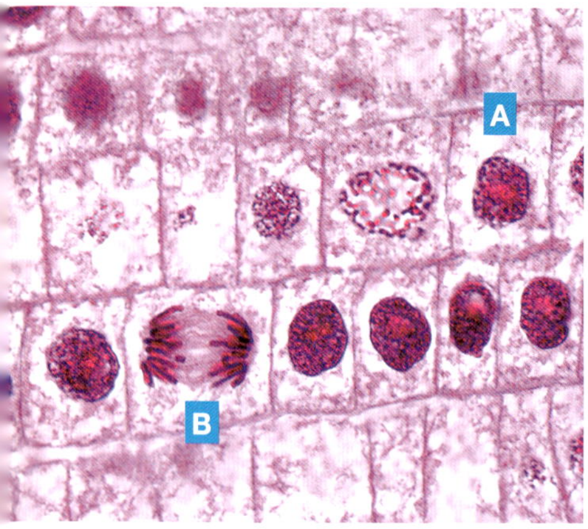

Observeu i deduïu

Fixeu-vos en la imatge del marge:

a | Què veieu en la imatge?

b | Es tracta d'un organisme eucariota o procariota? Per què?

c | Podríeu assenyalar on es troba el nucli, la membrana i el citoplasma de la cèl·lula A? I de la cèl·lula B?

d | Què està succeint a la cèl·lula B?

e | Quina és la informació essencial que contenen les molècules de DNA?

f | En el cas de la cèl·lula B, quines estructures forma el material que constitueix el nucli a la cèl·lula A? Per què es disposa d'aquesta manera?

2.1 La cromatina i els cromosomes

Histones: proteïnes bàsiques que es troben al nucli i permeten el seu empaquetament.

A les cèl·lules eucariotes el DNA es presenta associat a unes proteïnes, les **histones**, que donen lloc a la **cromatina**. Quan la cèl·lula no està en fase de divisió, la cromatina es troba dispersa per tot el nucli; quan comença la divisió, la cromatina es condensa i dóna lloc als **cromosomes**.

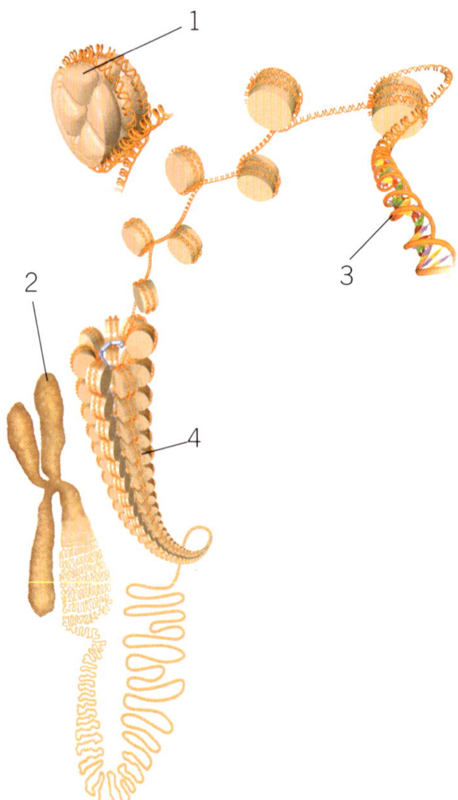

Relacioneu i investigueu

L'esquema correspon als diferents graus de condensació de la cromatina:

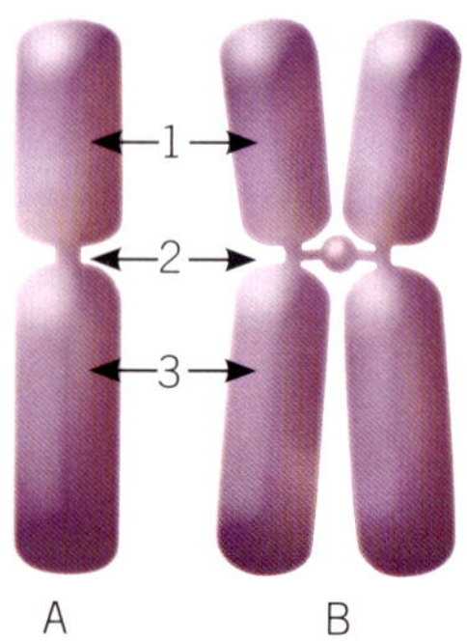

a | Identifiqueu a l'esquema les estructures següents: DNA, histones, cromatina i cromosoma.

b | Investigueu com s'anomenen les parts del cromosoma assenyalades amb els números 1, 2 i 3.

c | Quin nom reben els dos filaments idèntics de cromatina condensada que formen un cromosoma?

d | Les estructures A i B corresponen al mateix cromosoma però en diferents moments del cicle cel·lular. Quina estructura correspon al moment en què s'ha de dividir la cèl·lula? Raoneu la resposta.

e | La forma dels cromosomes és variable. Principalment depèn de la mida de les cromàtides i la posició que ocupa el centròmer que fa que els braços tinguin diferent longitud. Tenint en compte aquest darrer criteri, investigueu i dibuixeu els diferents tipus de cromosomes, indicant el seu nom.

2.2 El nombre de cromosomes de la cèl·lula

Cada espècie d'ésser viu té un nombre determinat de cromosomes a les seves cèl·lules.

Interpreteu i concloeu

Fixeu-vos en aquestes cèl·lules:

a | En què es diferencien l'una de l'altra?

b | Quina de les cèl·lules és **haploide** (n) i quina **diploide** ($2n$)? Raoneu la resposta.

c | En una cèl·lula diploide, com són els cromosomes que formen una parella? Com s'anomenen?

d | En cas que aquestes cèl·lules fossin humanes, quants cromosomes tindrien? I quants parells de **cromosomes homòlegs**?

e | Pel que fa al nombre de cromosomes, totes les cèl·lules humanes són iguals? Quines són diferents? Sabríeu explicar per què?

f | Cada cromosoma està format per una molècula de DNA que pot tenir de 3 cm a 4 cm. Perquè càpiga a la cèl·lula, aquesta molècula està completament enrotllada. Si es poguessin unir totes les molècules de DNA d'una cèl·lula humana en una sola molècula, quina longitud tindria?

Observeu i interpreteu

El conjunt de cromosomes d'un organisme viu rep el nom de **cariotip**. Per estudiar el cariotip d'una cèl·lula diploide és necessari disposar d'imatges dels cromosomes i aparellar els cromosomes homòlegs, disposant-los del més gran al més petit.

a | Les imatges corresponen a cariotips humans. Observeu-los atentament. Detecteu alguna diferència? Quina? Sabríeu dir quin cariotip correspon a un home i quin a una dona?

b | Els cromosomes que determinen el sexe s'anomenen **cromosomes sexuals** i la resta, **autosomes**. Quants parells de cromosomes sexuals té una cèl·lula humana? Quants parells d'autosomes?

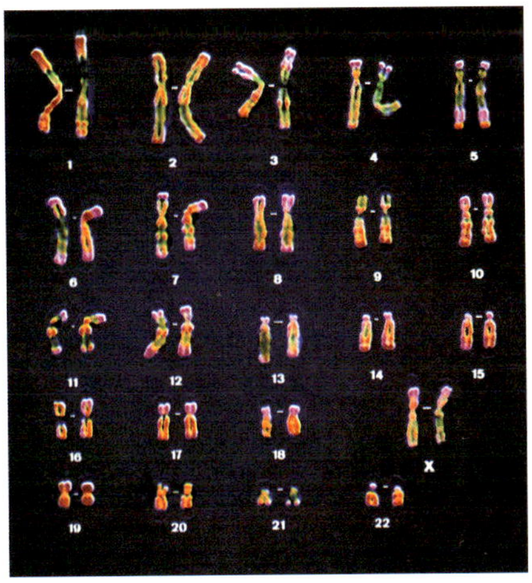

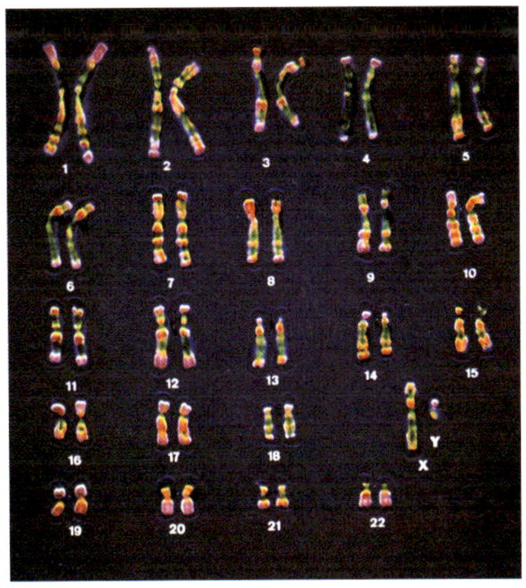

ACTIVITATS

5 Què és el cariotip? Si un investigador vol realitzar un cariotip humà, en quina etapa del cicle cel·lular hauria d'obtenir les mostres dels cromosomes?

6 En quines de les situacions següents es poden trobar cromosomes homòlegs: en un gàmeta, en un òvul fecundat, en una cèl·lula de la pell humana?

Activitats interactives
Activitat de síntesi

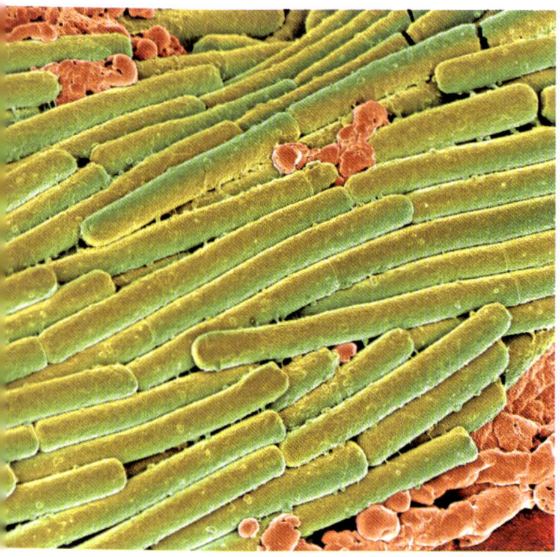

Divisió d'un bacteri.

No totes les cèl·lules procariotes tarden el mateix a dividir-se. Per què algunes poden arribar a tardar un any?

3. La divisió cel·lular. La mitosi

El procés de divisió cel·lular té el mateix objectiu en tots els organismes: obtenir dues cèl·lules filles a partir d'una cèl·lula mare, que continguin la mateixa informació genètica. Quins són els processos pels quals una cèl·lula es divideix per donar lloc a dues cèl·lules filles idèntiques?

3.1 La divisió cel·lular de les cèl·lules procariotes

Feu una cerca i responeu

L'esquema següent correspon a un dels processos de divisió cel·lular de les cèl·lules procariotes:

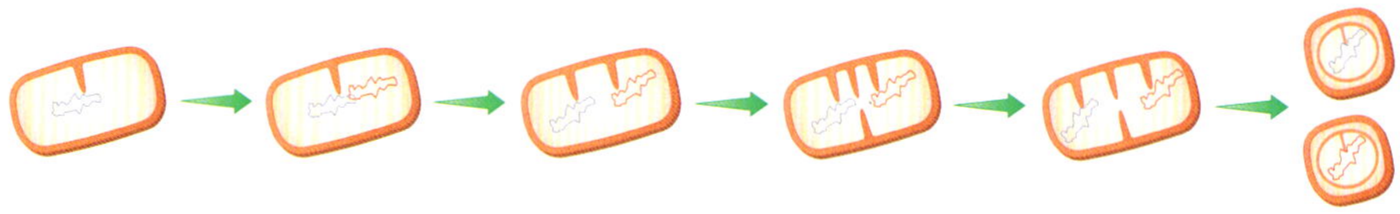

a | Descriviu què passa en cadascuna de les fases.

b | Com s'anomena el procés de divisió cel·lular que mostra l'esquema?

c | Quins altres processos de divisió cel·lular existeixen en les cèl·lules procariotes? Sempre donen lloc a dues cèl·lules filles? En quin procés això no és així? Descriviu-lo.

d | En l'enllaç que trobareu al web es pot veure la divisió d'un bacteri. Investigueu quant temps tarda a dividir-se una cèl·lula procariota en condicions òptimes.

e | Quantes cèl·lules hi hauria en un cultiu a partir d'una sola cèl·lula mare després de tres hores?

3.2 El cicle cel·lular de les cèl·lules eucariotes

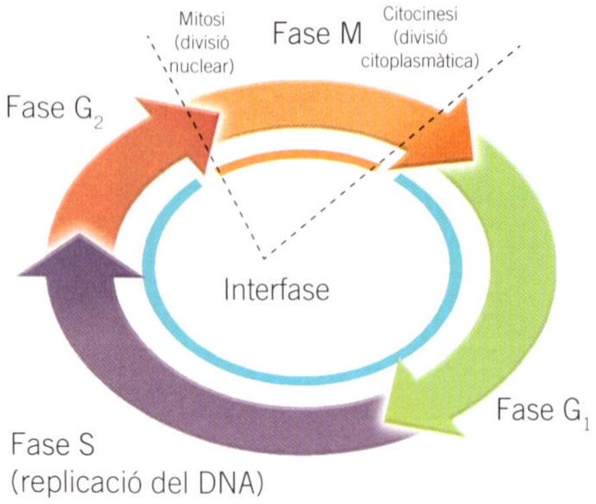

Interpreteu i deduïu

Observeu l'esquema del cicle cel·lular i responeu a les preguntes següents:

a | Les cèl·lules s'estan dividint contínuament?

b | Quines són les dues fases generals en què es divideix el cicle cel·lular?

c | Quina és la fase més curta de la interfase?

d | Quins processos tenen lloc durant la interfase? Quina funció tenen?

e | En aquest esquema, quina fracció del cicle correspon a la divisió de la cèl·lula?

f | Quins dos processos s'han de donar durant la divisió de la cèl·lula? En quin ordre se succeeixen? Sabeu en què consisteixen?

g | El cicle cel·lular està regulat per proteïnes nuclears que actuen en cascada. Què passaria si aquestes proteïnes no funcionessin correctament?

h | Quan les cèl·lules es divideixen de manera descontrolada, quina malaltia s'origina?

3.3 La divisió cel·lular: mitosi i citocinesi

La divisió cel·lular comença amb la divisió del nucli. Tot i ser un procés continu, podem distingir quatre etapes comunes a totes les cèl·lules eucariotes: **profase**, **metafase**, **anafase** i **telofase**. Una vegada dividit el nucli, es divideix el citoplasma i es reparteixen els orgànuls. Aquesta fase s'anomena **citocinesi** i presenta diferències entre la cèl·lula animal i la vegetal.

Observeu i interpreteu

a | Relacioneu cada fase de la taula següent amb l'esquema, la imatge microscòpica corresponent i la descripció del moment:

Profase	Metafase	Anafase	Telofase
A. Els cromosomes es descondensen i donen lloc a la cromatina. Es formen les membranes nuclears i es fa visible el nucleol. Al citoplasma van desapareixent les fibres del fus mitòtic. La divisió del nucli ha finalitzat. Comença la **citocinesi**.	**B.** En aquesta fase de la divisió del nucli de la cèl·lula ha desaparegut la membrana del nucli. Al centre de la cèl·lula els cromosomes (amb les dues cromàtides) s'uneixen pel centròmer als filaments del fus mitòtic i formen el que es coneix com a **placa equatorial**.	**C.** Els cromosomes es fan visibles i la membrana nuclear comença a desintegrar-se. El nucleol deixa de ser visible. Els centrìols es dupliquen i van cap als pols de la cèl·lula. Al citoplasma es comença a fer visible el **fus mitòtic** format per filaments proteics.	**D.** Els filaments del fus mitòtic comencen a contraure's i la tensió que es genera comença a separar les cromàtides de cada cromosoma. Cada cromàtide es dirigeix a un dels pols. Al final d'aquesta fase a cada pol hi haurà un joc complet de cromosomes.
1 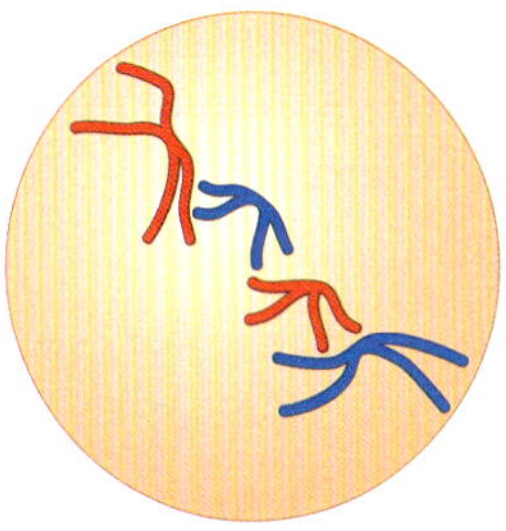	2 	3 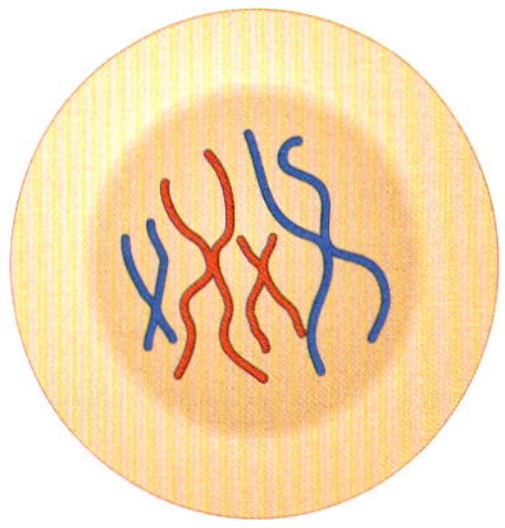	4 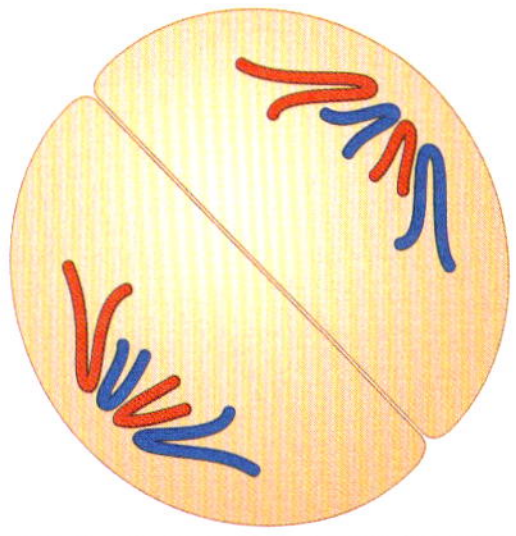
I 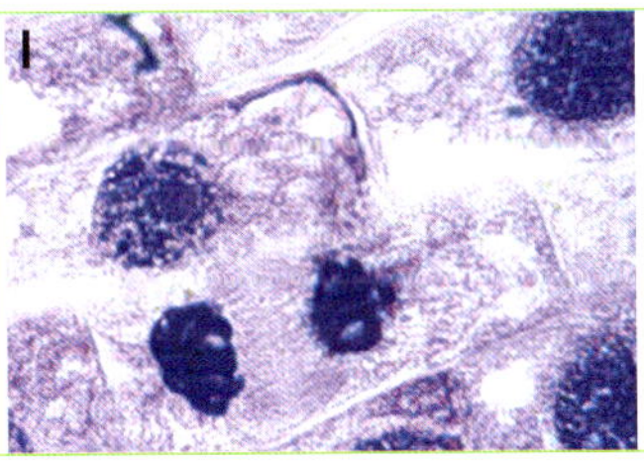	II 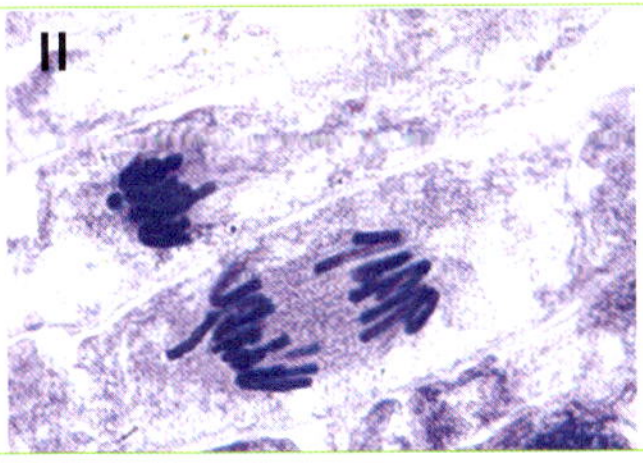	III 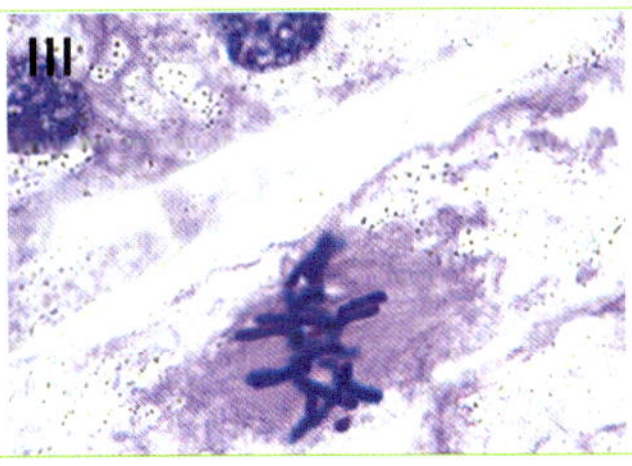	IV 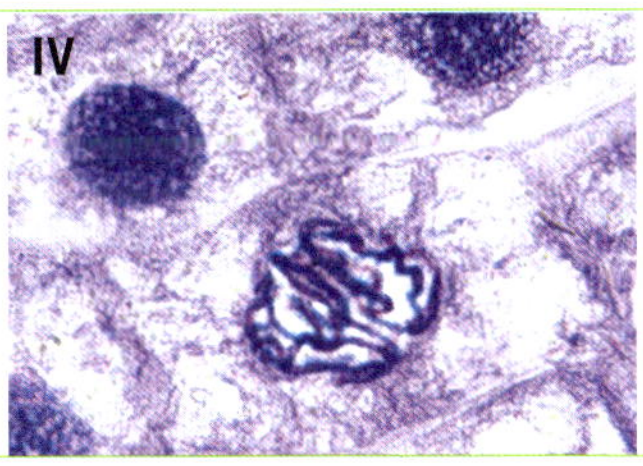

b | Un dels tractaments contra el càncer consisteix a administrar substàncies que impedeixen la formació del fus mitòtic. Per què aquest tractament és efectiu contra el càncer?

c | Una vegada s'ha dividit el nucli, ha acabat la divisió cel·lular? Quin procés creieu que falta per completar-la?

d | Cerqueu informació sobre la citocinesi i expliqueu les diferències que hi ha entre la citocinesi d'una cèl·lula vegetal i d'una cèl·lula animal.

ACTIVITATS

7. Es poden fer servir els termes *divisió cel·lular* i *mitosi* com a sinònims? Raona la resposta.

8. En una cèl·lula diploide amb $2n = 36$ cromosomes, quantes cromàtides hi haurà…

   a) A l'inici de la interfase?

   b) Al final de la interfase?

   c) Durant l'anafase?

   d) En finalitzar la citocinesi?

Activitats interactives

Activitat de síntesi

4. La meiosi

Hem vist com té lloc la mitosi, procés de divisió cel·lular que intervé en el creixement dels individus pluricel·lulars. Saps quin altre tipus de divisió cel·lular és propi de les cèl·lules sexuals?

Elaboreu una hipòtesi

La **meiosi** és el procés de divisió cel·lular que permet que d'una cèl·lula originària diploide se n'obtinguin **quatre gàmetes haploides**.

a | De quina manera d'una cèl·lula mare podrien obtenir-se quatre cèl·lules filles?

b | Amb els coneixements sobre la mitosi de què disposeu, com serien aquestes cèl·lules filles?

c | En una mitosi, com s'aconsegueix que les cèl·lules filles tinguin la mateixa dotació genètica que la cèl·lula mare? Què passaria si aquest procés no es donés? En aquest cas, quines diferències hi hauria en el material hereditari de les cèl·lules resultants en relació amb la cèl·lula mare?

d | Podríeu elaborar una hipòtesi i deduir què succeeix durant la meiosi?

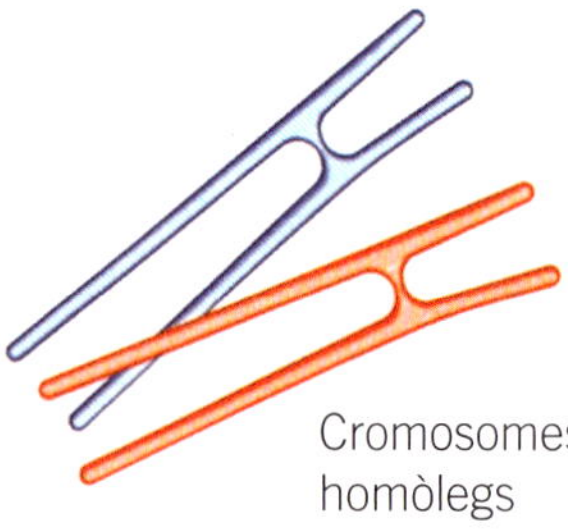

Cromosomes homòlegs

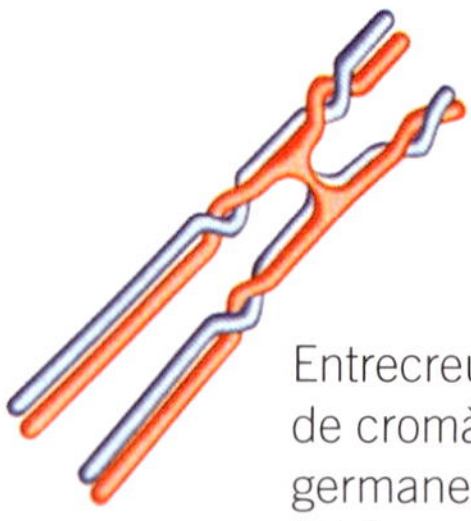

Entrecreuament de cromàtides no germanes (Quiasmes)

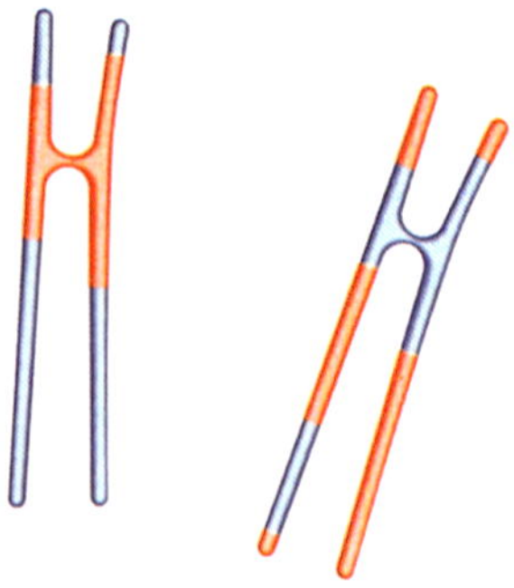

Cromàtides recombinants

L'entrecreuament de cromosomes homòlegs consisteix en l'intercanvi de DNA entre cromosomes homòlegs que aniran a parar a cèl·lules diferents.

Quina finalitat té aquest entrecreuament?

4.1 La meiosi I

La meiosi consisteix en una doble divisió cel·lular: la **meiosi I** i la **meiosi II**. La meiosi I consta de les mateixes fases que la mitosi, però amb certes singularitats.

Analitzeu i compareu

Tenint en compte el que ja sabeu sobre la mitosi, completeu la taula següent al vostre quadern amb els trets diferencials entre la meiosi I i la mitosi i dibuixeu l'esquema corresponent a cada fase en els dos tipus de divisió cel·lular:

Fases
Profase I. La membrana nuclear comença a desintegrar-se. El nuclèol deixa de ser visible. Els cromosomes es fan visibles i s'aparellen els homòlegs. Es produeix l'intercanvi de material genètic, procés anomenat **entrecreuament**. Els centríols es dupliquen i van cap als pols de la cèl·lula. Al citoplasma es comença a fer visible el fus mitòtic format per filaments proteics.
Diferències *vs.* mitosi
Metafase I. Ha desaparegut la membrana del nucli. Al centre de la cèl·lula els cromosomes (amb les dues cromàtides) s'uneixen pel centròmer als filaments del fus mitòtic ordenats per parelles d'homòlegs.
Diferències *vs.* mitosi
Anafase I. Les parelles de cromosomes homòlegs se separen, arrossegades pels filaments del fus, i es dirigeixen cap als pols de la cèl·lula. Cada cromosoma conserva les dues cromàtides.
Diferències *vs.* mitosi
Telofase I. Els cromosomes es descondensen una mica. Es formen les membranes nuclears i es fa visible el nuclèol. Al citoplasma van desapareixent les fibres del fus mitòtic. Comença la citocinesi. Cada cèl·lula té un joc únic de cromosomes amb les dues cromàtides.
Diferències *vs.* mitosi

4.2 La meiosi II

La **meiosi II** o **segona divisió meiòtica** té lloc a continuació de la primera en les dues cèl·lules filles simultàniament.

Comproveu la vostra hipòtesi

a | Quina és la dotació genètica de les cèl·lules que resulten de la meiosi I?

b | Si, seguidament, es produís una altra divisió cel·lular, com serien les cèl·lules resultants?

c | Si els gàmetes són haploides, quin és el procés que no ha de tenir lloc abans de la meiosi II?

d | Verifica o modifica això la vostra hipòtesi emesa en l'apartat anterior?

Interpreteu un esquema

La meiosi II també consta de quatre fases. A diferència de les altres divisions (mitosi i meiosi I), abans de la profase II **no hi ha duplicació del DNA**.

L'esquema que apareix a continuació representa la meiosi completa.

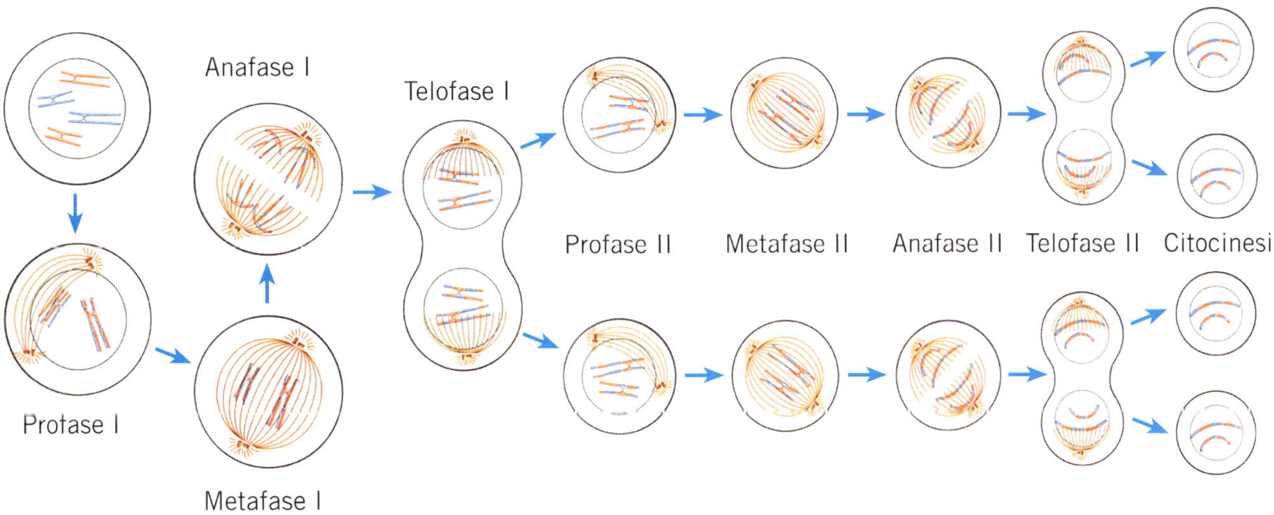

a | Assenyaleu les dues divisions meiòtiques.

b | Identifiqueu cada fase amb el seu nom.

c | Assigneu la dotació genètica de la cèl·lula (2*n* o *n*) en cadascuna de les fases.

d | En quin moment del procés:

- Es produeix l'entrecreuament de cromosomes?
- No es produeix la duplicació del DNA?
- Se separen els cromosomes homòlegs?
- Se separen les cromàtides germanes?

ACTIVITATS

9 Representa gràficament l'entrecreuament de dos cromosomes homòlegs utilitzant un codi de colors per fer visible el material genètic que s'intercanvia.

10 Quines de les següents afirmacions és certa? Fes també la correcció dels enunciats que siguin falsos.

a) En l'anafase II de la meiosi té lloc la separació de cromosomes homòlegs.

b) Durant la meiosi, entre les dues divisions consecutives, no hi ha interfase ni duplicació del DNA.

c) La mitosi té lloc a les cèl·lules somàtiques i la meiosi a les cèl·lules que donaran lloc als gàmetes.

d) L'entrecreuament entre cromosomes homòlegs té lloc a la profase II.

Activitats interactives
Activitat de síntesi

5. Diferències entre la mitosi i la meiosi

Totes les nostres cèl·lules són diploides i es divideixen per donar dues cèl·lules idèntiques a l'originària (2*n*), excepte les cèl·lules sexuals, les quals tenen un procés de divisió reduccional, de manera que les cèl·lules que s'obtinguin siguin haploides (*n*). Quines són les diferències més significatives entre la mitosi i la meiosi?

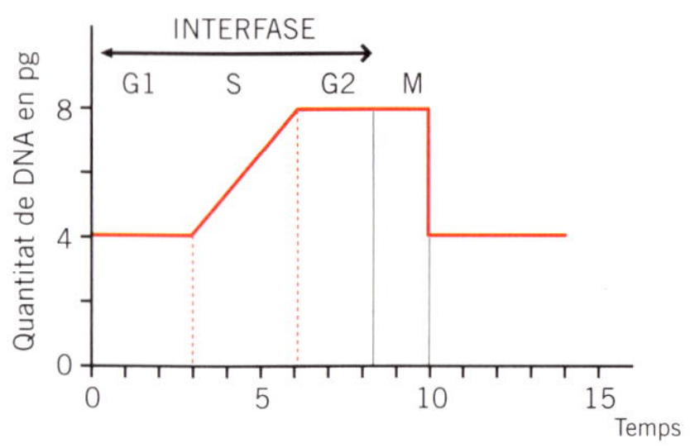

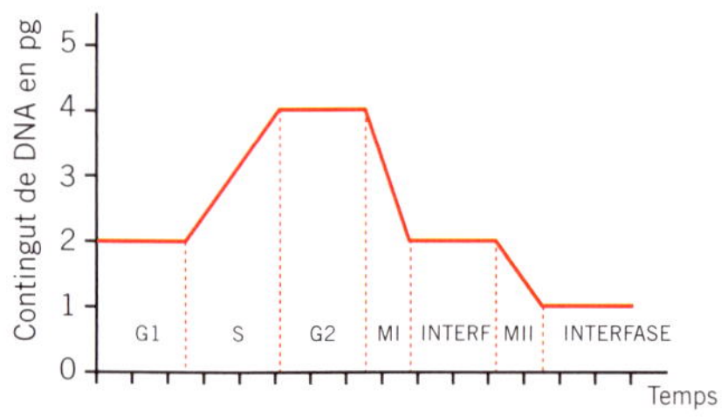

Interpreteu uns gràfics

Els gràfics del marge representen la quantitat de DNA de la cèl·lula durant el cicle cel·lular.

a | Quin correspon a la mitosi? Quin a la meiosi? Raoneu la resposta.

b | Del gràfic en podeu deduir força diferències entre ambdós processos:

- Quin dels dos processos és més complex? Justifiqueu la resposta.
- Hi ha un tram del segon gràfic que és idèntic al primer. Per què? Què passa en la segona part?
- Quina és la quantitat de DNA de les cèl·lules filles en un i altre procés?

Analitzeu i compareu

A més del que heu pogut deduir dels gràfics anteriors, apliqueu els vostres coneixements per completar la taula següent sobre les funcions de la mitosi i la meiosi:

Mitosi	Meiosi
S'obtenen dues cèl·lules filles.	S'obtenen…
Les cèl·lules filles són idèntiques a la mare.	Les cèl·lules filles es diferencien de la cèl·lula mare en… i en…
Es dóna en totes les cèl·lules de l'organisme.	Es dóna en les cèl·lules…
Es dóna en tots els organismes eucariotes.	Es dóna en els organismes amb…
En l'anafase se separen les cromàtides germanes.	En l'anafase I se separen… i en l'anafase II…
Permet el creixement i la reparació cel·lular.	Permet…

Cèl·lules somàtiques: són les que formen els teixits i òrgans d'un ésser viu i són cèl·lules diploides.

ACTIVITATS

11 En quins organismes s'espera que hi hagi més variabilitat genètica, en aquells que es reprodueixen asexualment o sexualment? D'on prové la variabilitat genètica?

12 Si un organisme $2n = 8$ cromosomes es reproduís sexualment mitjançant la fusió de cèl·lules somàtiques, quin seria el nombre de cromosomes dels individus de la 2a generació? I dels de la 3a?

13 Si a la metafase I els cromosomes homòlegs van cap a un pol o l'altre de la cèl·lula a l'atzar, en un organisme amb quatre cromosomes, quantes combinacions diferents de cromosomes serien possibles a les dues cèl·lules filles?

Activitats interactives
Activitat de síntesi

1. La cèl·lula

Segons la teoria cel·lular, la cèl·lula és, per tots els ésser vius:

- La **unitat vital**.
- La **unitat estructural**.
- La **unitat funcional**.
- La **unitat reproductora**.

Les cèl·lules tenen la capacitat de dur a terme les tres funcions vitals:

- La **nutrició**: obtenció de matèria i energia per crear i mantenir les estructures i dur a terme les funcions vitals.
- La **relació**: percepció dels canvis que es produeixen en el medi que les envolta i elaboració de respostes als mateixos.
- La **reproducció**: divisió per donar cèl·lules noves. En els organismes unicel·lulars es formen nous individus i en els pluricel·lulars permet el creixement i la reparació de les seves estructures corporals.

Segons el tipus d'organització, les cèl·lules es classifiquen en **procariotes** i **eucariotes**.

1.1 Les cèl·lules procariotes i eucariotes

Les cèl·lules procariotes

Tenen una estructura interna senzilla i un nombre reduït d'orgànuls cel·lulars. No disposen d'un nucli cel·lular delimitat per una membrana. El material hereditari és una única molècula de DNA circular que acostuma a localitzar-se a la part central de la cèl·lula. Alguns bacteris tenen també plasmidis, petits fragments de DNA. Externament, està delimitada per la membrana cel·lular, que pot estar coberta per una paret bacteriana o altres embolcalls. Els ribosomes són els únics orgànuls cel·lulars presents al citoplasma.

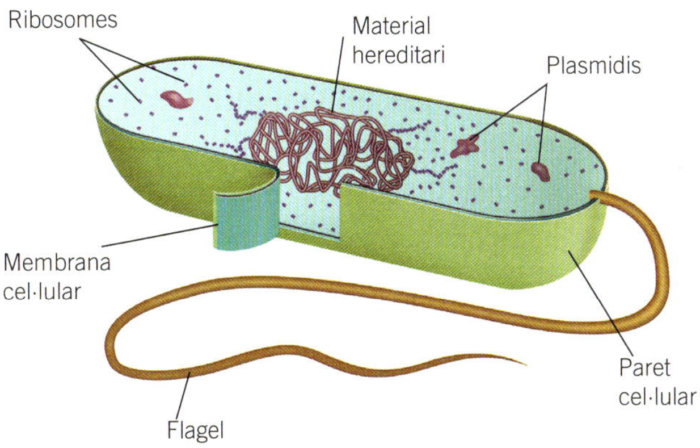

Les cèl·lules procariotes disposen de flagels i fímbries, prolongacions fines de citoplasma que sobresurten de la paret i faciliten la mobilitat de la cèl·lula.

Les cèl·lules eucariotes

Totes les cèl·lules eucariotes tenen:

- **Membrana cel·lular** o plasmàtica
- **Citoplasma**: és el contingut que omple la cèl·lula. S'hi troben els orgànuls cel·lulars, com els mitocondris, l'aparell de Golgi i el reticle endoplasmàtic.
- **Nucli**: és una estructura esfèrica, delimitada per una doble membrana amb nombrosos porus, que conté el material hereditari. En el nucli es localitzen les molècules de DNA, que són visibles en alguns moments del cicle cel·lular en forma de cromosomes.

Les cèl·lules eucariotes poden ser **animals** o **vegetals**. Les vegetals presenten paret cel·lular i cloroplasts.

Cèl·lula animal

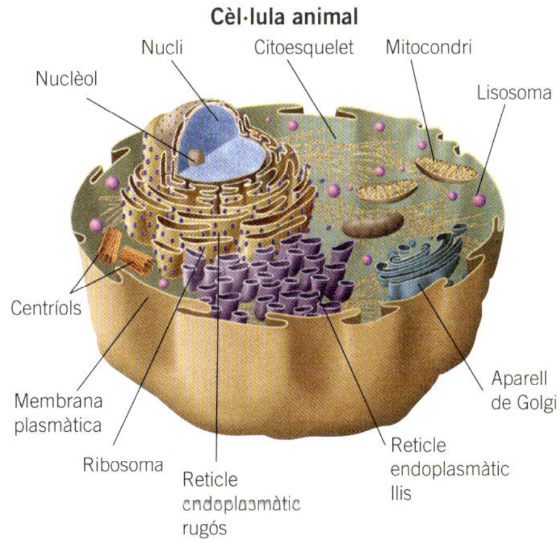

Cèl·lula vegetal

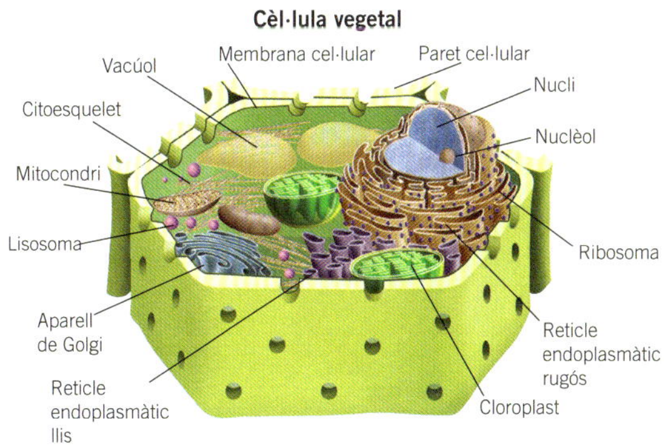

ACTIVITATS

1. Relaciona cadascuna de les paraules següents amb una funció vital: *estímul*, *nutrient*, *toxina*, *material hereditari*, *energia química* i *duplicació cel·lular*.
2. Compara la cèl·lula animal i la cèl·lula vegetal. Quines estructures són comunes? Quines són específiques de la cèl·lula animal? I de la vegetal?

2. El DNA i els cromosomes

El **DNA** és la biomolècula que emmagatzema la informació genètica de la cèl·lula. Aquesta informació està determinada per l'ordre en què es disposen els **nucleòtids**, unitats bàsiques que constitueixen la cadena de DNA.

En les cèl·lules eucariotes, el DNA és una molècula formada per dues cadenes lineals de nucleòtids, complementàries i unides entre elles mitjançant enllaços químics, que fan que l'estructura tridimensional sigui una **doble hèlix**. En les cèl·lules procariotes el DNA és una molècula única, generalment circular i de doble cadena, que es troba en una regió anomenada *nucleoide*.

2.1 La cromatina i els cromosomes

En les cèl·lules eucariotes, les cadenes de DNA estan associades a unes proteïnes anomenades **histones** que donen lloc a uns filaments que reben el nom de **cromatina**. Quan comença la divisió cel·lular, la membrana nuclear desapareix i la cromatina comença a condensar-se: els filaments s'enrotllen sobre ells mateixos i es fan més gruixuts, la qual cosa dóna lloc a unes estructures en forma de bastonets, els **cromosomes**. A més, el material genètic es duplica i per això els cromosomes presenten dues cromàtides idèntiques, l'una còpia de l'altra.

En aquesta imatge el cromosoma està duplicat i presenta les dues cromàtides germanes.

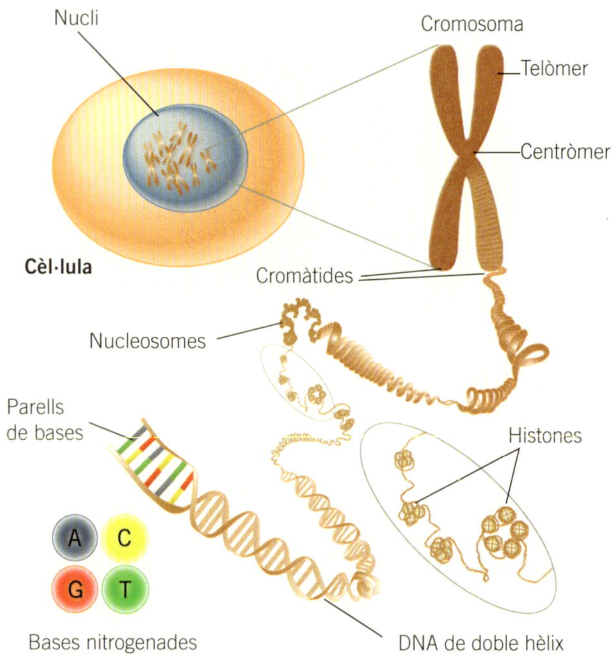

2.2. El nombre de cromosomes de la cèl·lula

Les cèl·lules, segons el nombre de jocs de cromosomes poden ser haploides o diploides.

- **Haploide**: la cèl·lula té un cromosoma de cada tipus, és a dir, un sol joc de cromosomes. Aquest nombre de cromosomes es representa amb la lletra *n*. Els òvuls i els espermatozoides són cèl·lules haploides.
- **Diploide**: la cèl·lula té dos cromosomes de cada tipus, és a dir, dos jocs iguals. Per representar el nombre de cromosomes s'utilitza l'expressió 2*n*. Cada parella de cromosomes iguals rep el nom de **cromosoma homòleg**.

El conjunt de tots els cromosomes d'una cèl·lula rep el nom de **cariotip**. Els éssers humans tenen 23 parells de cromosomes homòlegs, que fan un nombre total de 46 cromosomes ($2n = 46$). Hi ha un parell de cromosomes diferents dels altres que reben el nom **d'heterocromosomes** o **cromosomes sexuals**, i que determinen el sexe de l'organisme. En els humans, les dones tenen dos cromosomes *X* i els homes un cromosoma *X* i un *Y*. Els altres 22 parells de cromosomes reben el nom **d'autosomes**.

ACTIVITATS

3 Explica quina diferència hi ha entre DNA, cromatina, cromosoma i cromàtide.

4 Observa la imatge d'aquest cariotip:

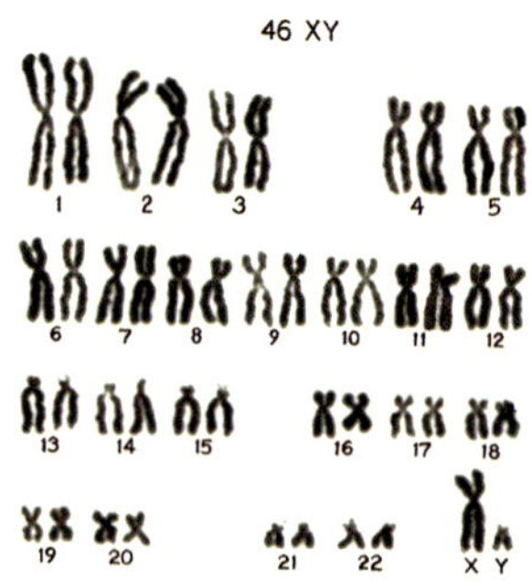

a) Quina és la diferència més destacable d'aquest cariotip respecte al de la pàgina 11?

b) Es tracta d'una cèl·lula haploide o diploide?

c) Quants cromosomes observes?

d) Quantes cromàtides té cada cromosoma?

e) Aquest podria provenir d'un gàmeta? Per què?

f) Quants cromosomes té un gàmeta d'aquesta espècie? A quants gàmetes diferents podria donar lloc?

3. La divisió cel·lular. La mitosi

És el procés pel qual la cèl·lula es reprodueix i origina dues o més cèl·lules filles idèntiques a la cèl·lula mare.

3.1 La divisió cel·lular de les cèl·lules procariotes

Les cèl·lules procariotes es poden dividir per bipartició, gemmació o esporulació.

En tots els casos, la cèl·lula mare, abans de la divisió, duplica el seu DNA tantes vegades com cèl·lules filles hagi de generar. Una vegada s'ha duplicat el DNA, la cèl·lula mare dóna lloc a dues o més cèl·lules filles, que poden ser de la mateixa mida o de mides diferents.

Bipartició

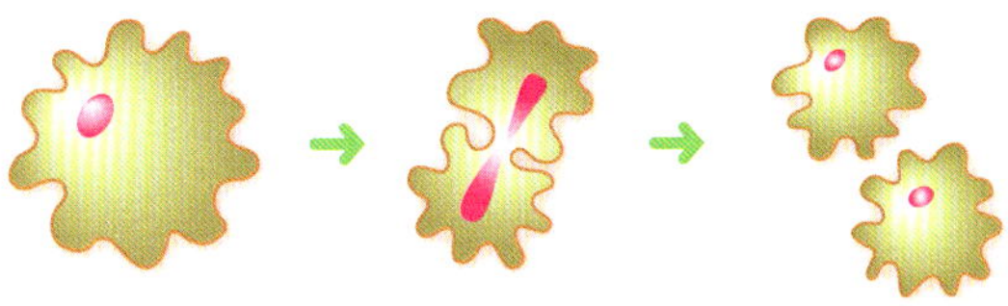

Esporulació

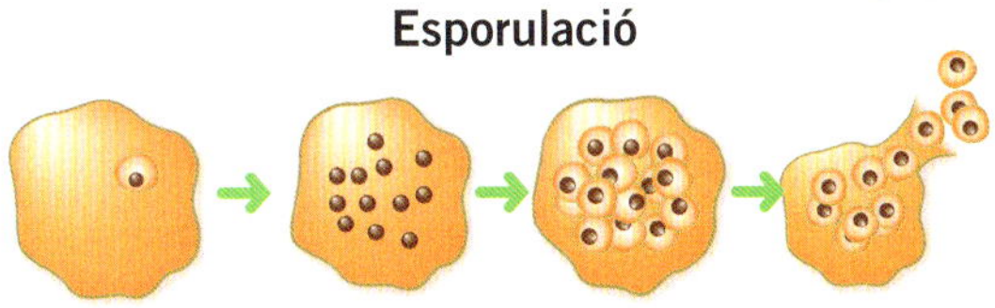

Gemmació

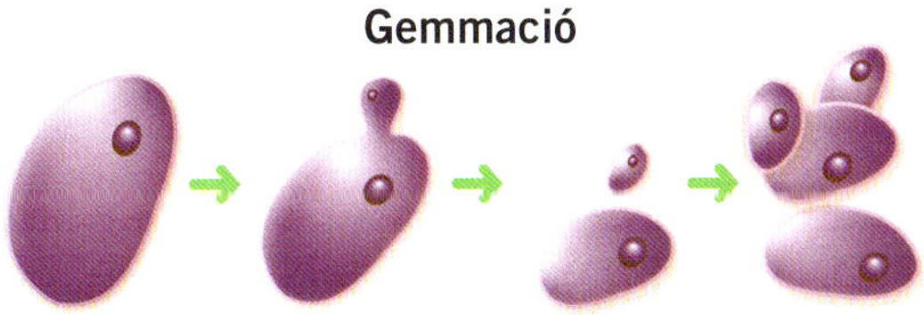

3.2 El cicle cel·lular de les cèl·lules eucariotes

El cicle cel·lular de les cèl·lules eucariotes consta de dues fases:

- **Interfase cel·lular**: és l'etapa més llarga del cicle cel·lular. Durant aquesta fase tenen lloc les funcions de nutrició i relació. La cèl·lula creix i sintetitza nous orgànuls i proteïnes. Al final de la interfase cel·lular, es duplica el DNA, procés que rep el nom de **replicació**. També es duplicaran els orgànuls citoplasmàtics.
- **Divisió cel·lular**: és la fase en què la cèl·lula es divideix. Consta de dues etapes: la divisió del nucli o **mitosi** i la divisió del citoplasma o **citocinesi**.

3.3 La divisió cel·lular: mitosi i citocinesi

La divisió nuclear o **mitosi**: és la primera etapa de la divisió cel·lular. És un procés continu en què es distingeixen quatre etapes: **profase**, **metafase**, **anafase** i **telofase**. Quan acaba la mitosi s'inicia la citocinesi.

- **Profase**: la membrana del nucli es desestructura. El nucleòl deixa de ser visible i es fan visibles els cromosomes amb les dues cromàtides.
- **Metafase**: els cromosomes estan al centre de la cèl·lula, units pel centròmer a les fibres del fus mitòtic, i formen la placa equatorial.
- **Anafase**: els filaments del fus mitòtic comencen a escurçar-se i se separen les dues cromàtides de cada cromosoma. Cadascuna d'elles va cap a un dels pols de la cèl·lula.
- **Telofase**: els cromosomes comencen a descondensar-se, apareix novament la membrana nuclear i es fa visible el nucleòl. Les fibres del fus mitòtic es van diluint. Apareixerà la membrana nuclear al voltant de cada joc de cromosomes.

La divisió citoplasmàtica o **citocinesi**: és el procés de divisió del citoplasma, que té lloc després de la mitosi, i consisteix en el repartiment dels orgànuls citoplasmàtics de la cèl·lula mare que han augmentat en nombre durant la interfase.

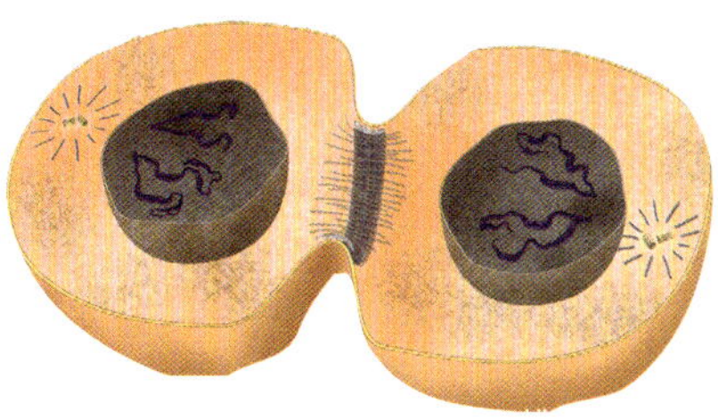

El procés és diferent segons si les cèl·lules eucariotes són animals o vegetals:

- **Cèl·lules animals**: el citoplasma s'estreny per la part central, de fora cap endins, fins que la cèl·lula es divideix en dues parts.
- **Cèl·lules vegetals**: la paret de cel·lulosa que envoltarà cada cèl·lula comença a formar-se a l'interior de la cèl·lula i creix de dins cap enfora.

ACTIVITATS

5 Per què abans de qualsevol tipus de divisió cel·lular és necessari que es dupliqui el DNA?

6 Hi algun tipus de divisió cel·lular que doni lloc a més de dues cèl·lules?

7 Relaciona cada fase de la divisió cel·lular amb el procés que correspongui:

PROFASE	El DNA passa de cromosoma a cromatina.
METAFASE	Els filaments del fus mitòtic s'escurcen.
ANAFASE	Es desestructura la membrana del nucli.
TELOFASE	Es forma la placa equatorial.

8 Observa les imatges següents:

A.

B.

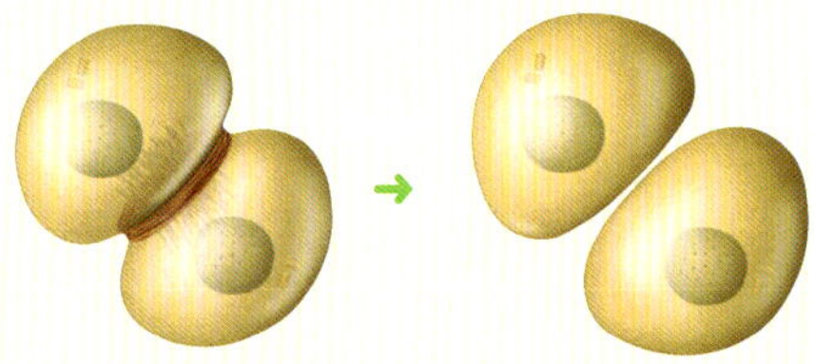

a) A quina fase de la divisió cel·lular corresponen?

b) Quin model és propi d'una cèl·lula vegetal? I d'una d'animal? Raona la resposta.

c) Assenyala la diferència més destacable de cada model.

4. La meiosi

La meiosi és un procés de divisió cel·lular propi dels organismes que tenen reproducció sexual. Té com a objectiu produir les cèl·lules sexuals o gàmetes, els quals es fusionen per donar lloc a un zigot que es desenvoluparà i donarà lloc a un nou individu.

Aquest individu ha de tenir el mateix nombre de cromosomes que els seus progenitors. Perquè això sigui possible, cada gàmeta ha de tenir la meitat de cromosomes. D'altra manera, a cada generació es duplicaria el nombre de cromosomes. Així doncs, la meiosi és el procés pel qual **d'una cèl·lula diploide (2*n*) s'obtenen quatre cèl·lules haploides (*n*)**, després de dues divisions cel·lulars.

5. Diferències entre la mitosi i la meiosi

La mitosi té lloc a totes les cèl·lules somàtiques i permet el creixement dels organismes i la renovació de les cèl·lules. De cada cèl·lula, se n'obtenen dues idèntiques entre si i a la cèl·lula mare.

La meiosi és pròpia dels organismes que tenen reproducció sexual i es dóna a les cèl·lules reproductores. A partir d'una cèl·lula mare (2*n*) es formen quatre gàmetes haploides (*n*) amb la meitat de material genètic.

La meiosi és un procés més complex que la mitosi, ja que consta de dues divisions consecutives amb una única duplicació de DNA. Es produeix l'entrecreuament de cromosomes homòlegs i per tant, hi ha intercanvi de DNA i els cromosomes homòlegs es distribueixen a l'atzar entre les dues cèl·lules filles. D'aquesta manera és possible que hi hagi molts gàmetes diferents genèticament. Aquesta variabilitat representa un avantatge per als organismes amb reproducció sexual.

ACTIVITATS

9 Seria correcte dir que abans d'una mitosi es produeix la duplicació del DNA i que en la meiosi aquest procés té lloc dues vegades perquè la meiosi consta de dues mitosis consecutives? Raona la resposta.

10 Quina és la finalitat de l'entrecreuament entre cromosomes homòlegs?

11 Si un cèl·lula de la pell d'un gos té 78 cromosomes, quina serà la dotació de les cèl·lules filles després de la mitosi? I si realitzessin un procés de meiosi? Quants cromosomes tindran els gàmetes del gos ? I el zigot resultat de la fusió dels gàmetes?

12 Si volguessis obtenir dues cèl·lules filles idèntiques a partir d'una cèl·lula originària, quin procediment seria més adequat, la mitosi o la meiosi ? Raona la resposta.

13 Completa el quadre resum següent:

	Mitosi	Meiosi
A quines cèl·lules té lloc?		
Hi ha intercanvi de material genètic?		
Quantes cèl·lules filles s'obtenen?		
Les cèl·lules filles són idèntiques?		
Les cèl·lules filles són idèntiques a la cèl·lula mare?		

Comprova el que saps
Mapa conceptual

Observació de cèl·lules durant la mitosi

En aquesta activitat prepararem i examinarem al microscopi diferents moments de la mitosi amb cèl·lules de l'extrem apical de les arrels (fàcils d'observar perquè són zones de creixement ràpid) i identificarem cromosomes.

Segueix els passos...

1. Reuneix el material necessari

• Ceba, porro o all fresc de cultiu ecològic • Got de precipitats • Vidres de rellotge • Paper de filtre	• Tisores i cúter • Pinces • Agulla emmanegada • Bec de Bunsen (o fogonet) • Pinces de fusta	• Aigua • Orceïna A • Orceïna B • Portaobjectes i cobreobjectes • Microscopi

2. Prepara el material:
   - Uns dies abans de la pràctica, posa una ceba tal com indica la fotografia perquè creixin les arrels 2 o 3 cm (les arrels han de quedar prop de l'aigua, però no gaire submergides, per evitar que es podreixin).
   - Talla uns quants fragments de 5 mm dels extrems de les arrels i diposita'ls en un vidre de rellotge.
3. Tinció amb orceïna A:
   - Afegeix 2 o 3 gotes d'orceïna A:
   - Subjecta el vidre de rellotge amb les pinces de fusta, i acosta'l a la flama del cremador fins que surtin vapors. Procura que no bulli perquè no es facin malbé les cèl·lules. Repeteix l'operació tres vegades, deixant passar uns 5 segons entre una i altra.
   - Deixa'l refredar i passa cada arrel a un portaobjectes diferent amb l'ajuda de l'agulla emmanegada.
4. Tinció amb orceïna B:
   - Afegeix 2 gotes d'orceïna B a cada preparació i espera 5 o 6 minuts.
5. Munta la preparació:
   - Amb el cúter, talla els dos darrers mil·límetres de l'extrem de l'arrel i descarta la resta.
   - Col·loca un cobreobjectes sobre la preparació. A continuació, posa un tros de paper de filtre plegat diverses vegades. Pressiona amb el polze, girant lleugerament. Amb aquest procediment, anomenat *squash*, escampem la mostra pel portaobjectes.

6. Observa al microscopi:
   - Fes un dibuix del que observes i identifica les fases basant-te en les imatges següents:

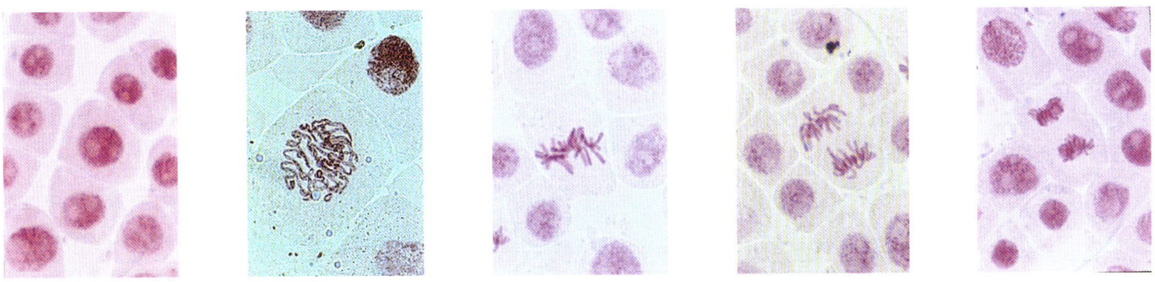

ACTIVITATS

1. Identifica les diferents fases de la mitosi. En quines d'elles pots observar els cromosomes?
2. Fes l'observació en tres camps diferents i fes el recompte de cèl·lules en divisió i en quina fase es troben.
3. Quina mostra de teixit animal es podria utilitzar per observar moltes cèl·lules en divisió?

ACTIVITAT FINAL

LA LAURA ESTÀ EMBARASSADA

La Laura té trenta-sis anys i està embarassada. Li han recomanat fer-se diverses proves de diagnòstic prenatal tenint en compte que, per la seva edat, l'embaràs pot ser considerat de risc. Per fer-se l'amniocentesi ha hagut d'esperar a estar de 16 setmanes. La Laura i el Xavi tenen un munt de dubtes, d'una banda perquè és una prova invasiva i de l'altra pel possible resultat. L'especialista els ha explicat que l'amniocentesi permet detectar algunes de les anomalies cromosòmiques a partir de l'estudi del cariotip. Per tal que ho entenguessin bé, els ha mostrat com a exemple un cariotip en el qual s'observava una alteració que rep el nom de *trisomia 13*. El fet que hi hagi tres cromosomes a la parella de cromosomes número 13, provoca un trastorn genètic conegut com a *síndrome de Patau*. Durant el procés de divisió cel·lular que dóna lloc als gàmetes, es poden produir alteracions que són fàcilment detectables amb l'amniocentesi.

Perquè ho comprenguessin bé els ha mostrat aquest esquema.

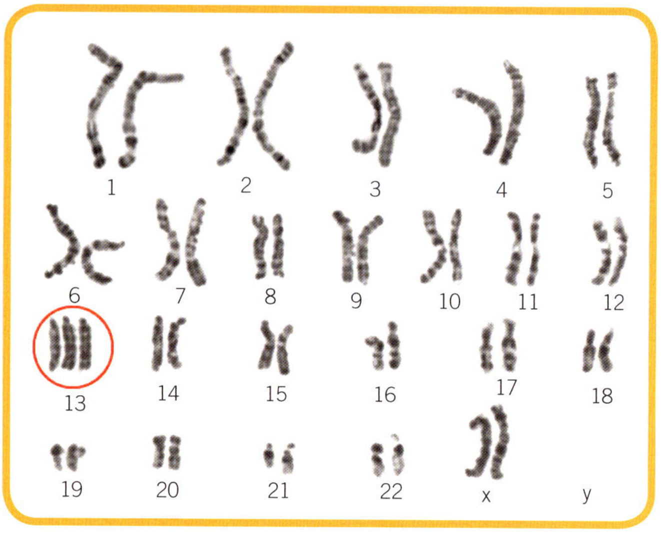

Observa les imatges següents i respon a les preguntes:

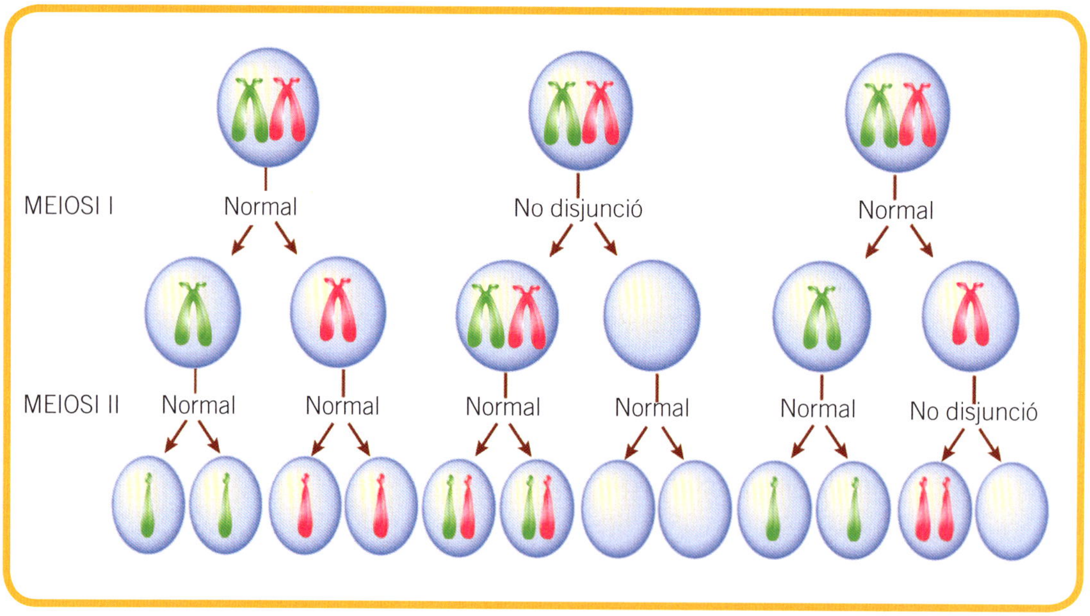

Amb tota la informació recollida, la Marta i el Xavi han decidit fer-se l'amniocentesi. Ara ja han passat dues setmanes i tenen el resultat: el cariotip del Dídac està bé!

ACTIVITATS

1. Al cap de 12 setmanes, el que inicialment era una única cèl·lula anomenada *zigot*, ha originat ja tots els òrgans del futur nadó. Mitjançant quin procés de divisió cel·lular s'han format aquests òrgans?
2. Cerqueu informació i expliqueu en què consisteix l'amniocentesis.
3. És igual el tipus de cèl·lules del qual partim per fer un cariotip? Raoneu la resposta.
4. Observeu el cariotip. Què són els bastonets que apareixen? Per què n'hi ha 23 grups? De qui procedeixen aquestes estructures en forma de bastonet? Què indica el buit sobre la lletra Y?
5. Tenint en compte que cada cromosoma de la parella és aportat per un dels progenitors, com explicaríeu el fet que hi hagi tres cromosomes 13 en lloc de dos?
6. En quina fase o fases d'aquest procés que es mostra en l'esquema es podria haver produït l'error? Què és el que no se separa, cromosomes homòlegs o cromàtides? Quina és la dotació cromosòmica d'aquests gàmetes? Què passarà després de la fecundació?

Autoavaluació

REVISTA DE CIÈNCIA

La metàstasi, el pitjor malson del càncer

De càncers n'hi ha de molts tipus, però tots són fruit del mateix procés: una alteració en el genoma que provoca que el mecanisme de divisió cel·lular no funcioni correctament. El resultat és una multiplicació descontrolada de les cèl·lules i la formació d'un tumor.

Cada dia s'avança en el coneixement del paper de les mutacions cromosòmiques com a desencadenants del càncer, en els mecanismes de vigilància o *check-points* que controlen el cicle cel·lular i en les tècniques per detectar i eliminar de manera selectiva les cèl·lules afectades per càncer, entre altres aspectes. Tots aquests avenços permeten vèncer el càncer en molts pacients; però no sempre és així, perquè un cop extirpat un tumor, hi ha la possibilitat que se'n generin d'altres en òrgans diferents. És la metàstasi, l'espasa de Dàmocles del malalt de càncer.

Recentment s'ha descobert que els tumors no provoquen metàstasi de manera indiscriminada o a l'atzar. La seva estratègia és similar a la d'un escamot de reconeixement en una batalla: milers de microvesícules, denominades **exosomes**, s'avancen i es dirigeixen a un òrgan determinat, com si duguessin incorporada una adreça IP. Un cop hi han arribat, provoquen canvis que faciliten la posterior metàstasi, és a dir, l'arribada de cèl·lules tumorals i la seva multiplicació.

Els investigadors estan treballant per esborrar l'adreça dels exosomes de manera que no reconeguin l'òrgan diana. Els primers estudis fets en ratolins, en els quals es manipulaven les proteïnes de les membranes de l'exosoma encarregades de reconèixer el teixit diana, han donat com a resultat una reducció del 80 % de possibilitat de metàstasi. Tot i que queda molt de camí per recórrer, els científics esperen disposar d'aquesta eina en un futur proper per continuar lluitant contra el càncer.

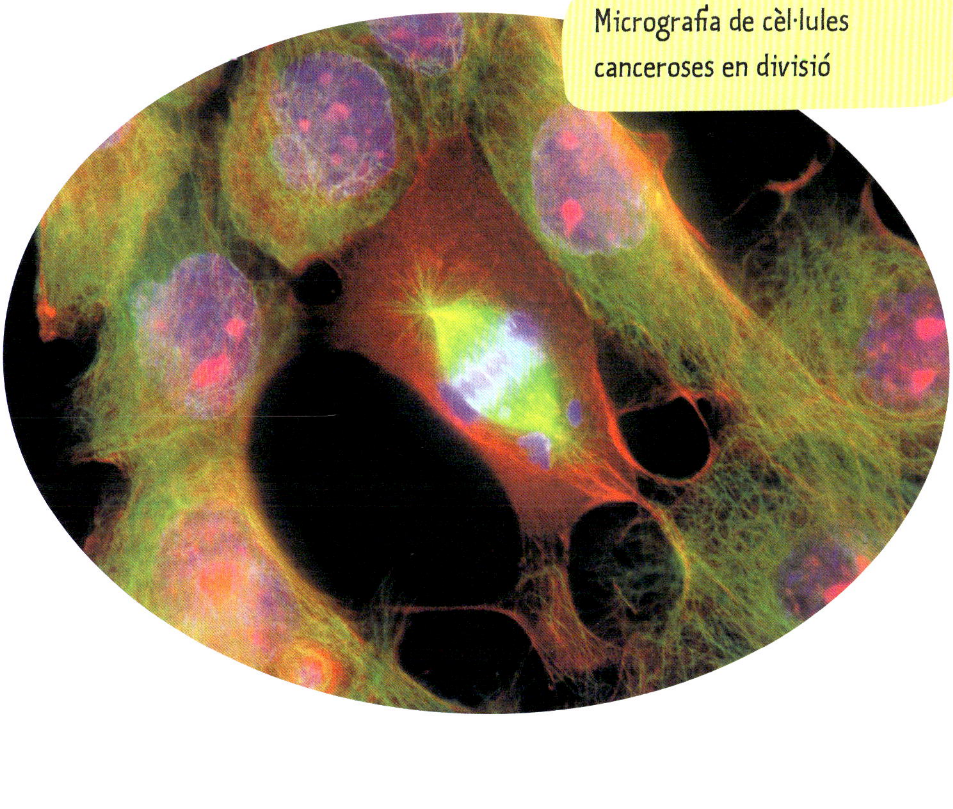

Micrografia de cèl·lules canceroses en divisió

COMPRENSIÓ LECTORA I REFLEXIÓ

1. Què són les metàstasis?
2. Explica què vol dir que les metàstasis són l'espasa de Dàmocles dels malalts de càncer.
3. Per què creus que són necessaris els mecanismes de control del cicle cel·lular? Què succeiria si una cèl·lula se saltés aquests controls?
4. Explica el paper dels exosomes en el procés de metàstasi.
5. Valora les implicacions que comporta per a la curació del càncer la reducció de la possibilitat de patir metàstasi.
6. A l'estudi del càncer, una de les principals causes de mortalitat als països desenvolupats, es destinen uns recursos econòmics i humans molt superiors als que es dediquen a l'estudi de malalties com la malària o la diftèria, que afecten les zones més desfavorides. Per què creus que succeeix això?

UNITAT 2

L'HERÈNCIA BIOLÒGICA

Totes les persones compartim característiques bàsiques que ens defineixen com a humans, però alhora podem distingir-nos clarament dels altres.

- Quins trets del teu físic o del teu caràcter creus que has rebut del teu pare? I de la teva mare?
- Saps per quin mecanisme es transmeten els caràcters entre generacions?

Les qüestions relacionades amb l'herència no van tenir resposta fins que Gregor Mendel va investigar com es transmeten els caràcters d'una generació a la següent.

- Saps quines són les lleis de l'herència de Mendel?

Foto: Moltes vegades és evident la semblança entre pares i fills.

EN AQUESTA UNITAT APRENDRÀS...

1 Què és el que ens fa iguals i alhora diferents.

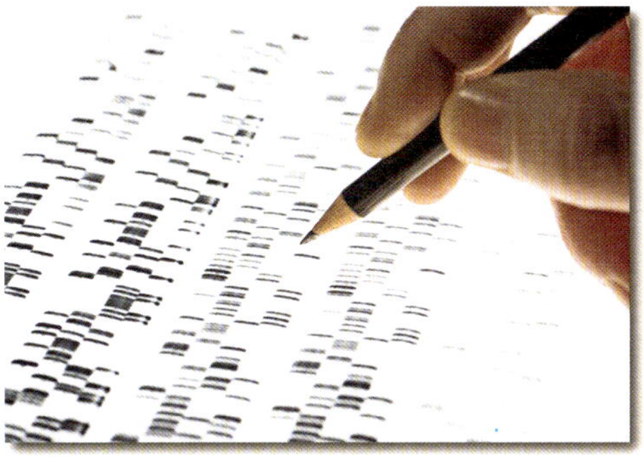

2 Com són, on es localitzen i com s'hereten els gens.

3 Què vol dir que un gen pot presentar diferents variants i quines relacions s'estableixen entre elles.

4 Quines lleis segueix l'herència dels caràcters biològics i qui les va descobrir.

5 Per què neixen aproximadament el mateix nombre de mascles i de femelles.

6 Per què algunes característiques s'hereten de manera diferent segons el sexe de l'individu.

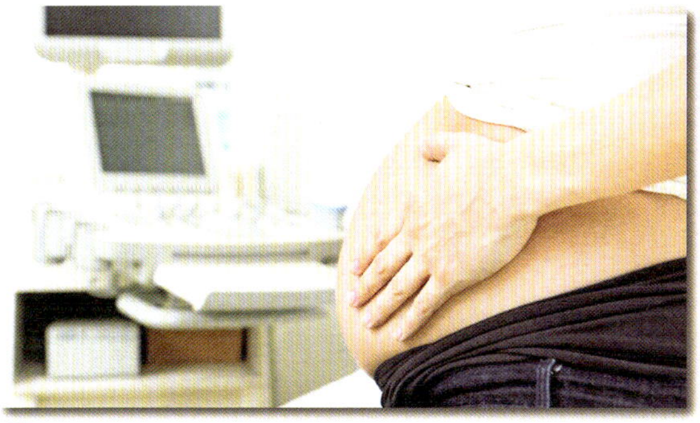

7 Quines són les proves de diagnòstic prenatal i quina informació proporcionen.

I SERÀS CAPAÇ DE...

- Construir i interpretar gràfics i esquemes relacionats amb l'herència dels caràcters.
- Interpretar resultats d'encreuaments.
- Construir arbres genealògics i llegir la informació que proporcionen.
- Calcular la probabilitat de l'aparició d'una determinada característica en una família.
- Resoldre problemes de genètica.

1. Tots som iguals i a la vegada diferents

Tots els éssers humans que actualment habitem la Terra pertanyem a la mateixa espècie; per tant, podem tenir una descendència fèrtil que mostrarà trets o caràcters tant del pare com de la mare.

A què creus que són degudes les diferències que existeixen entre les persones de les dues fotografies?

Tots els organismes d'una mateixa espècie compartim una sèrie de característiques anomenades **característiques específiques**, però també posseïm uns trets que ens fan únics com a individus, denominats **variacions individuals**. Saps explicar qué és el que ens fa iguals i alhora diferents?

Observeu i deduïu

Una **espècie** és un conjunt d'organismes o poblacions naturals que són capaços d'encreuar-se entre ells per engendrar nous individus fèrtils i d'aspecte, característiques i genoma similars.

Observeu les imatges següents:

Genoma: conjunt de gens que posseeix un organisme.

a | Digueu si els animals de les imatges aparellades pertanyen a la mateixa espècie. Justifiqueu la resposta.

b | Quina condició han de complir els organismes per considerar-los membres d'una mateixa espècie?

c | Han de ser exactament iguals dos organismes de la mateixa espècie? Raoneu la resposta ajudant-vos de les fotografies.

Observeu i deduïu

Observeu la il·lustració següent:

a | Indiqueu algunes característiques dels organismes de la il·lustració.

b | Quines de les característiques que heu esmentat a la pregunta anterior es poden transmetre als seus descendents?

c | Escriviu una definició de **característica heretable** i una altra de **característica no heretable** o **adquirida**. Poseu-ne exemples.

Interpreteu gràfics

Aquests dos gràfics representen com es distribueixen dues característiques heretables entre els alumnes d'un centre: la capacitat d'enrotllar la llengua en U i l'alçada.

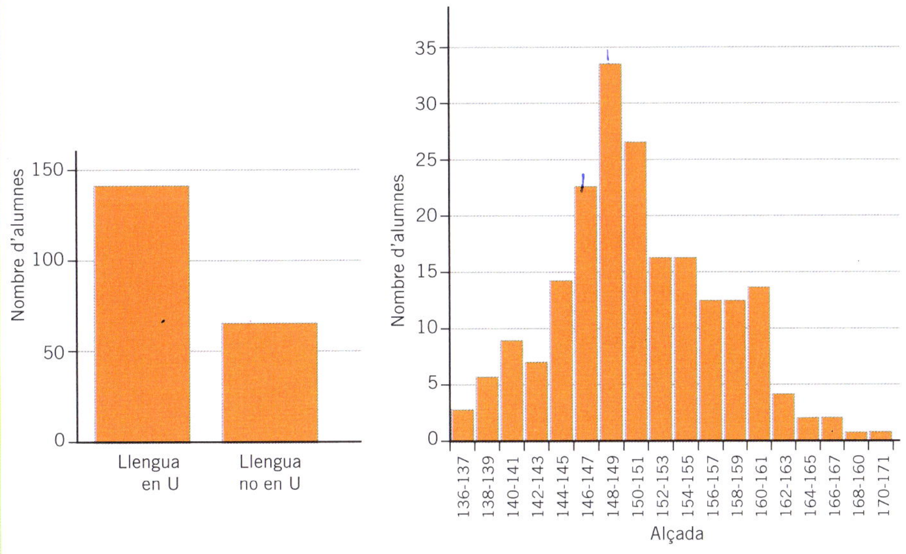

La capacitat per enrotllar la llengua en forma de U fora de la boca és una característica hereditària.

Tu pots fer-ho?

a | Segons aquest gràfic, quants alumnes poden enrotllar la llengua? Quants no ho poden fer?

b | Quants alumnes tenen una estatura compresa entre 144 cm i 145 cm? I entre 145 cm i 148 cm? I entre 166 cm i 167 cm?

c | Un dels gràfics mostra un tipus de variació que es denomina *discontínua* (no hi ha situacions intermèdies) i l'altre un tipus anomenat *variació contínua* (amb moltes situacions intermèdies possibles). Sabríeu dir quina és quina?

d | En general, les característiques de variació contínua depenen exclusivament de l'herència; en canvi, en el cas de les discontínues, l'ambient hi té una gran influència. Què penseu que passaria si una noia de pares molt alts patís malnutrició durant l'època del seu desenvolupament?

ACTIVITATS

1. Hi ha caràcters heretables força curiosos, com ara la forma d'encreuar les cames (posant a sobre la dreta o bé l'esquerra), la manera en què pleguem els braços (col·locant la mà dreta o l'esquerra a fora), la major o menor longitud del dit índex respecte de l'anular i el fet de tenir el dit gros del peu més llarg o més curt que l'índex adjacent.
   a) Fes una taula per indicar com manifestes aquests caràcters i com ho fan els teus progenitors.
   b) Creus que els caràcters heretables dels pares es manifesten sempre en els fills?
2. Digues tres exemples de característiques de variació contínua i tres més de discontínua.
3. Fes una taula de les característiques humanes següents, segons que puguin ser modificades per l'ambient o no: grup sanguini, color dels ulls, bon o mal temperament, alçada, pes, forma del lòbul inferior de les orelles, sentit de l'humor, cabells arrissats, aliments preferits, color dels cabells, interès per la música, timbre de la veu, pigues a la pell, habilitats esportives.

Activitats interactives
Activitat de síntesi

2. Els gens i l'herència biològica

El nombre exacte de gens de l'espècie humana està encara per determinar, però està a l'entorn dels 30.000.

Sabries dir quants gens, aproximadament, tenen els genomes d'alguns organismes que s'utilitzen com a model experimental com ara el ratolí o la mosca del vinagre (*Drosophila melanogaster*)?

El material genètic contingut en el nucli de les cèl·lules és el portador de la informació sobre les característiques heretables dels éssers vius. Aquesta informació es troba emmagatzemada dins els gens. Cada gen porta informació sobre una característica específica, per això considerem que els gens són la **unitat d'informació genètica**. Saps com són, on es localitzen i com s'hereten els gens?

2.1 Localització i composició dels gens

Observeu i deduïu

Cada espècie té un nombre determinat de gens, generalment més gran com més complex és l'organisme. Cada gen ocupa un lloc precís en un cromosoma determinat. Observeu el cromosoma següent:

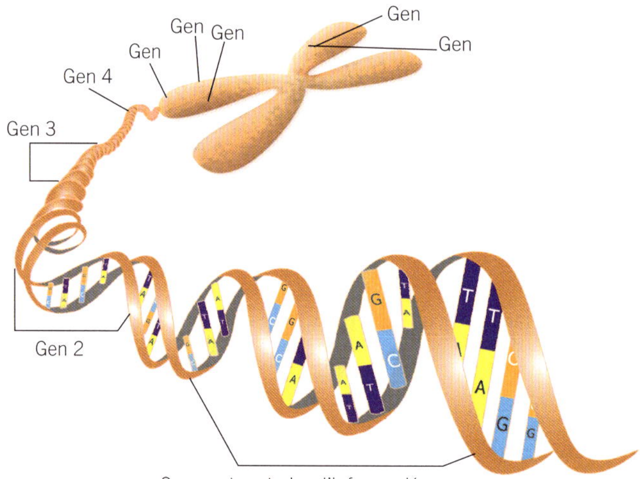

Segment portador d'informació o **gen**

a | Escriviu el màxim nombre de frases possible sobre la informació que proporciona aquesta il·lustració.

b | A quina fase del cicle cel·lular correspon el cromosoma de la il·lustració? Com era abans aquest cromosoma? Justifiqueu les dues respostes.

c | Les dues cromàtides d'aquest cromosoma són idèntiques? Contenen els mateixos gens? Què passaria si no fos així? Raoneu la resposta.

d | Expliqueu per què cada gen pot portar informació diferent. Com està «escrita» la informació dels gens?

ACTIVITATS

4. El projecte Genoma Humà és un projecte internacional iniciat el 1990 amb l'objectiu de determinar amb exactitud tots els gens humans, la seva localització i la seva seqüència de nucleòtids. Creus que en un futur certes persones podrien patir algun tipus de discriminació arran de la seva informació genètica? Posa algun exemple.

5. Els gens de tots els humans són iguals en un 99,9 %. El 0,1 % restant és el que determina la diferent predisposició hereditària per la sensibilitat musical, el càlcul mental, la pràctica de l'esport o per patir determinades malalties, entre d'altres. Coneixes alguna malaltia associada a una certa predisposició genètica?

2.2 Les diferents variants d'un mateix gen

Cada gen porta informació sobre una característica determinada de l'organisme, encara que algunes característiques depenen de molts gens alhora.

En molts casos, un mateix gen pot presentar diferents variants. Per exemple, el gen que porta la informació sobre el color dels ulls pot presentar-se en la variant de color blau, marró o verd. Les diferents variants d'un gen s'anomenen **gens al·lels** o, simplement, **al·lels**.

Observeu i interpreteu

Observeu les il·lustracions i responeu:

Cromosomes homòlegs
A l'inici de la divisió cel·lular

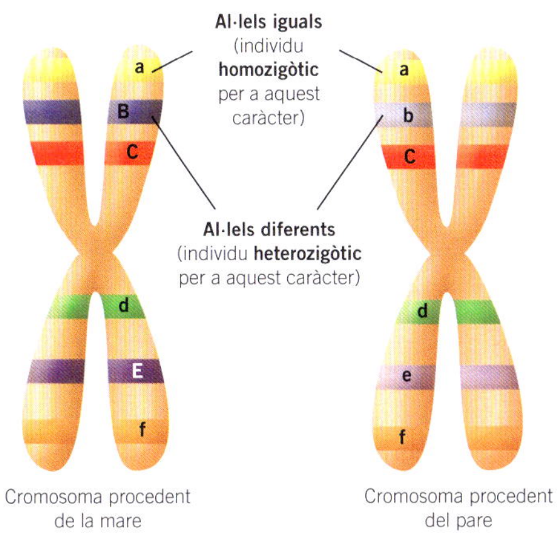

Cromosomes homòlegs
Al final de la divisió cel·lular

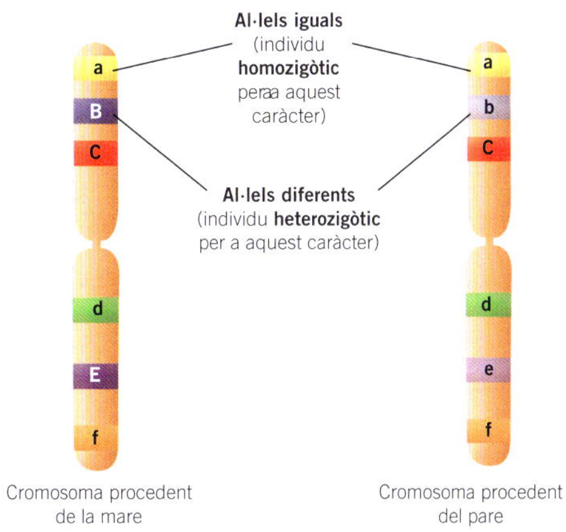

a | Indiqueu si és certa o falsa cadascuna d'aquestes afirmacions i justifiqueu-ho en cada cas:
- Les dues cromàtides germanes d'un mateix cromosoma tenen sempre els mateixos gens amb els mateixos al·lels.
- Els al·lels dels dos cromosomes homòlegs no són mai diferents.
- Els dos cromosomes de cada parell d'homòlegs porten els mateixos gens, encara que poden portar diferents al·lels.
- A la imatge del requadre esquerre hi ha representades quatre molècules de DNA amb un total de vuit cadenes i en el de la dreta dues molècules de DNA amb un total de quatre cadenes.

b | Indiqueu quantes còpies del gen blau hi ha en una cèl·lula qualsevol del cos que no s'estigui dividint i quantes n'hi ha en una cèl·lula que es trobi en metafase. Justifiqueu la resposta.

c | Indiqueu quantes còpies de l'al·lel b i quantes còpies de l'al·lel B hi ha en una cèl·lula qualsevol del cos que no s'estigui dividint. Justifiqueu la resposta.

d | Indiqueu si són certes o falses cadascuna d'aquestes afirmacions i justifiqueu-ho en cada cas:
- Cada individu té en les seves cèl·lules dos al·lels per a cada característica heretable.
- Els dos al·lels de cada característica heretable són variants d'un mateix gen, i són sempre iguals.
- Un individu és heterozigòtic o bé homozigòtic, però no pot ser homozigòtic per a algunes coses i heterozigòtic per a d'altres.

Homozigot o homozigòtic/a: individu o cèl·lula que presenta el mateix al·lel d'un determinat gen en els dos cromosomes homòlegs.

Heterozigot o heterozigòtic/a: individu o cèl·lula que presenta dos al·lels diferents d'un determinat gen en els dos cromosomes homòlegs.

2.3 L'herència dels gens

Es calcula que des de l'aparició de l'espècie humana fins avui han existit uns 107.000 milions d'individus.

És possible que hagin existit dos individus exactament iguals?

Calculeu i deduïu

Observeu el procés de reproducció sexual de l'espècie humana:

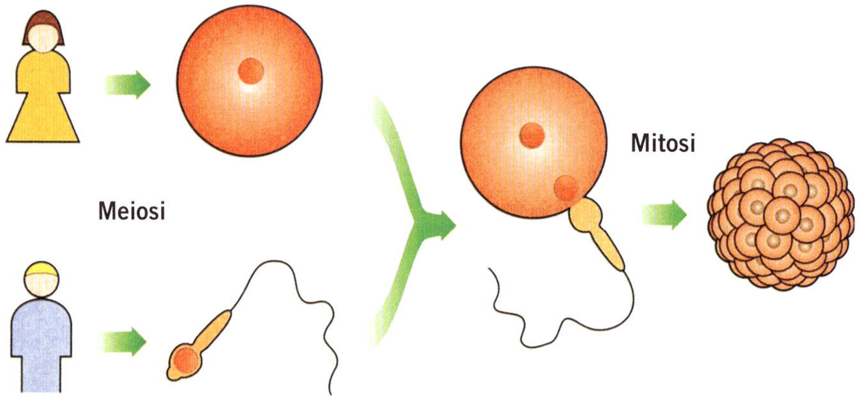

a | Entre els milions d'espermatozoides que pot produir un mascle o entre tots els d'òvuls que pot arribar a produir una femella, no n'hi ha cap que tingui la mateixa combinació de gens. Raoneu per què és possible aquesta variabilitat.

b | Els gàmetes, en fusionar-se en la fecundació, originen la primera cèl·lula del nou organisme, amb dos jocs de cromosomes i una combinació de gens totalment única. Quins avantatges creieu que pot tenir que cada individu sigui únic en la seva espècie?

c | Sabent que en la primera divisió de la meiosi els cromosomes es disposen per parelles d'homòlegs en el fus mitòtic, i tenint en compte que els dos homòlegs de cada parell no són idèntics (poden tenir al·lels diferents), calculeu de quantes maneres diferents poden distribuir-se els 23 parells d'homòlegs a l'hora de formar un espermatozoide o un òvul.

d | És possible que una parella que ha tingut un fill, anys després, tingui un altre fill genèticament idèntic? Justifiqueu-ho basant-vos en a la resposta de l'apartat anterior.

e | A l'esquema s'esmenten dos processos de divisió cel·lular diferents. Contesteu, tant per a la **mitosi** com per a la **meiosi**, les preguntes següents:

- De quines fases consta? (Enumereu-les en ordre.)
- Quin és el nombre de cèl·lules resultant?
- Quina és la dotació cromosòmica de les cèl·lules resultants (haploide n o diploide $2n$)?
- La informació genètica de les cèl·lules resultants és idèntica? Raoneu-ho.
- En quins processos es dóna aquest tipus de divisió cel·lular?

ACTIVITATS

6 Defineix: *cromàtides germanes*, *cromosomes homòlegs*, *locus.*

7 En quin moment del cicle cel·lular té lloc la duplicació del DNA en el nucli de la cèl·lula?

8 El nombre de cromosomes d'una espècie determinada de mamífer és 32. Quants cromosomes tindran els seus espermatozoides? I els seus òvuls?

Interpreteu un esquema

L'esquema següent mostra la formació de gàmetes (**gametogènesi**) masculins i femenins i totes les combinacions de gàmetes possibles considerant únicament una parella d'al·lels: Aa.

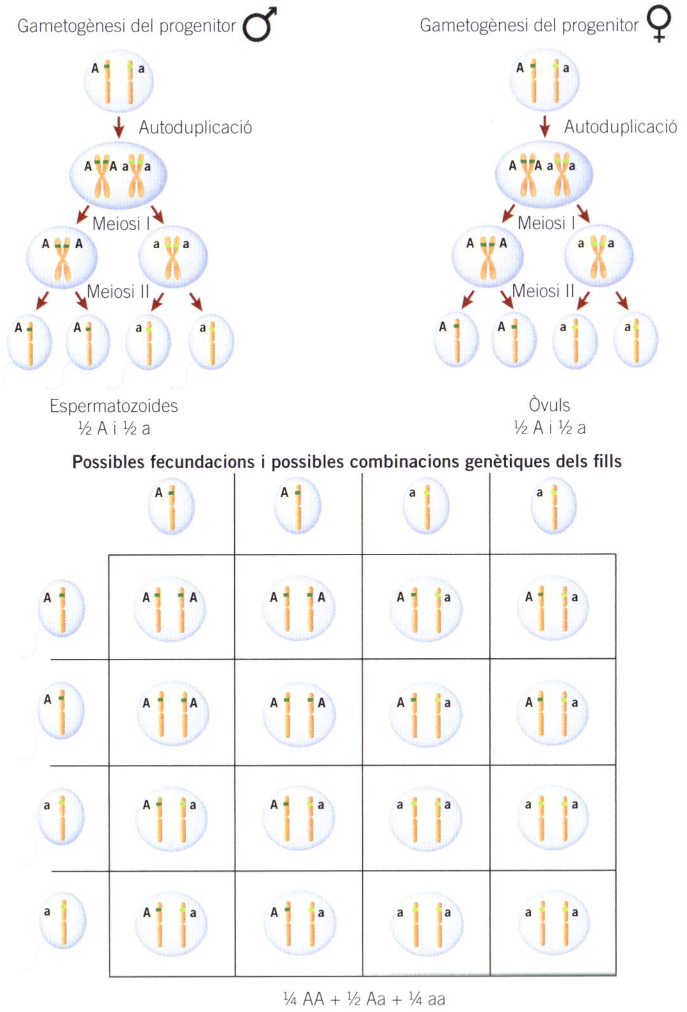

Aquest tipus de taula s'anomena *taula de punnett*.

a | Quants tipus de cèl·lules sexuals pot produir un individu que tingui els al·lels Aa, si ens fixem només en aquest gen? En quina proporció es troben?

b | Quina informació genètica poden heretar els fills d'una parella d'individus Aa? Aquestes diferents combinacions d'al·lels són equiprobables?

c | És cert que alguns fills seran iguals que els pares per a la característica que determina aquest gen i d'altres seran diferents que els pares?

d | Si els individus Aa que es reprodueixen són un home i una dona que tenen dos fills, és possible que ambdós siguin AA? I si són plantes que engendren centenars de llavors, és possible que totes siguin AA? Justifiqueu la resposta en cada cas.

e | Representeu com es transmetrien els al·lels en cas que els progenitors haguessin estat homozigots, AA i aa respectivament. Per fer-ho, copieu la il·lustració anterior exactament igual, excepte en les lletres dels al·lels, que hauran de ser les que corresponen a aquest cas.

Activitats interactives
Activitat de síntesi

3. Relacions entre al·lels

Sovint un individu hereta dues variants diferents d'un determinat gen. <u>Què vol dir que un gen pot presentar diferents variants i quines relacions s'estableixen entre elles?</u>

3.1 Dominància i recessivitat

Interpreteu i concloeu

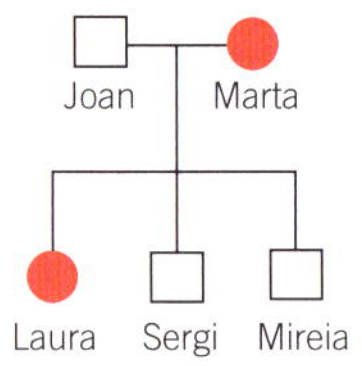

Avis materns de la Laura:

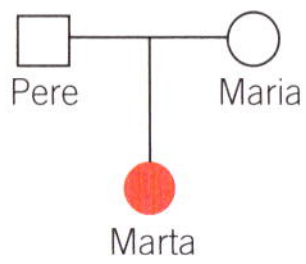

Per exemple, la Laura:

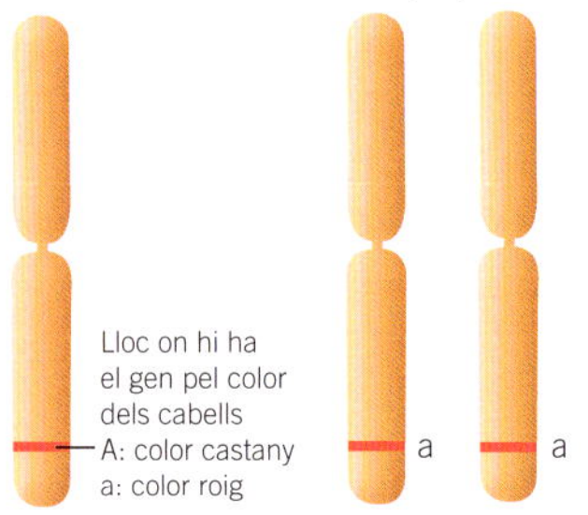

El següent **arbre genealògic** representa l'herència del caràcter del color dels cabells en una determinada família. L'al·lel a «cabells rojos» diem que és **recessiu** perquè no es manifesta quan va acompanyat de l'altre al·lel A «cabells castanys», que és el **dominant**. Els caràcters dels al·lels dominants, en canvi, es manifesten encara que només siguin presents en un dels dos al·lels d'un individu. Els símbols ombrejats indiquen els individus que presenten la característica «cabells rojos». Els que no ho estan, tindrien els cabells castanys.

a | Quants al·lels favorables als «cabells rojos» ha heretat la Laura?

b | Quins al·lels pel color dels cabells han heretat els seus germans?

c | Quins al·lels pel color dels cabells tenen el seu pare i la seva mare?

d | Suposem que els avis materns de la Laura no tenen els cabells rojos. Quins seran els seus al·lels pel que fa al color dels cabells?

e | Dibuixeu l'arbre genealògic de tota la família (incloent-hi els avis) i representeu per a cada individu els cromosomes i els al·lels del color dels cabells utilitzant els símbols que teniu dibuixats. Consulteu el web per conèixer les convencions que se segueixen per elaborar un arbre genealògic.

f | Quins individus d'aquesta família són homozigots? I heterozigots?

g | El **genotip** és el conjunt d'al·lels que té un individu, i el **fenotip**, el conjunt de caràcters que manifesta. El fenotip depèn, en bona part, de la informació dels gens (genotip) i de l'ambient. Completeu la taula següent a la llibreta tenint en compte les definicions anteriors:

Fenotip	Genotip	Homozigot o Heterozigot
Cabells castanys	AA	
	aa	Homozigot
	Aa	

Acondroplàsia: anomalia determinada per un gen que dóna lloc a un tipus de nanisme en l'espècie humana.

ACTIVITATS

9 Dues pesones que presenten acondroplàsia tenen dos fills, un d'alçada normal i un altre d'acondroplàsic. Dedueix si es tracta d'un caràcter dominant o recessiu i justifica-ho. Quina és la probabilitat que el proper descendent de la parella tingui una estatura normal? I que sigui acondroplàsic?

10 Un nan pot tenir dos progenitors alts? Justifica la resposta.

11 Sabent que en les gallines el plomatge negre domina sobre el blanc, com es podrà esbrinar que una gallina negra és homozigòtica o heterozigòtica per al caràcter negre?

3.2 Herència intermèdia

Hi ha casos en què els al·lels que determinen un caràcter no són ni dominants ni recessius. Es tracta de l'**herència intermèdia**. En aquest cas els dos al·lels s'escriuen en majúscula.

Observeu i deduïu

Un cas comú d'herència intermèdia té lloc en el caràcter del color de les flors de nit (*Mirabilis jalapa*). Els individus homozigots tenen flors de color blanc BB o vermell VV, mentre que en els heterozigots BV les flors són de color rosa. Observeu l'esquema següent i responeu:

- **a** | Quin és el fenotip del progenitor 1? I el genotip?
- **b** | Quin és el fenotip del progenitor 2? I el genotip?
- **c** | Quin al·lel portaran els gàmetes del progenitor 1? I els del 2?
- **d** | Quin serà el genotip dels fills? I el fenotip?
- **e** | Expliqueu amb les vostres paraules què significa *herència intermèdia*.
- **f** | Quina descendència s'esperaria d'encreuar una flor de nit rosa amb una flor de nit vermella? I una de rosa amb una de blanca?

3.3 Codominància

Observeu i deduïu

Un altre tipus d'herència és la **codominància**. Un cas freqüent de codominància és el color del pèl d'alguns animals, com ara les vaques de la raça Shorthorn. En aquestes vaques, el color del pèl depèn de dos al·lels: P^R, pèl roig, i P^B, pèl blanc. En aquest cas, els al·lels s'indiquen amb una lletra majúscula amb un superíndex alfabètic.

De l'encreuament d'una vaca de pèl roig i un brau de pèl blanc hem obtingut l'exemplar que veieu a la fotografia:

- **a** | Quin és el fenotip de la vaca mare? I el genotip?
- **b** | Quin és el fenotip del pare? I el genotip?
- **c** | Quin al·lel portaran els gàmetes de la mare? I els del pare?
- **d** | Quin genotip suposem que té la vaca filla? Com és el seu fenotip?
- **e** | Expliqueu amb les vostres paraules què és la codominància.
- **f** | Quina diferència hi ha entre codominància i herència intermèdia?

3.4 Al·lelisme múltiple

Hi ha caràcters que estan determinats per més de dos al·lels, aquesta situació es denomina **al·lelisme múltiple**. Entre aquests al·lels poden haver-hi diferents relacions d'herència.

Antigen: molècula (generalment una proteïna o un polisacàrid) que indueix la producció d'anticossos.

Interpreteu una taula

El cas més estudiat d'al·lelisme múltiple en l'ésser humà és l'**herència dels grups sanguinis**. En aquest cas el nombre d'al·lels que determinen el grup sanguini són tres: l'A, el B i el 0 (zero).

- L'al·lel A és el responsable de la síntesi de l'antigen A.
- L'al·lel B és el responsable de la síntesi de l'antigen B.
- L'al·lel 0 no porta informació per a la síntesi de cap antigen, ni A ni B.

Les possibles combinacions de parelles d'al·lels determinen els quatre grups sanguinis possibles: A, B, AB i 0 (zero).

Analitzeu la taula següent i contesteu les preguntes:

a | Quina relació d'herència s'estableix entre l'al·lel A i l'al·lel 0?

b | Quina relació s'estableix entre l'al·lel B i l'al·lel 0?

c | Quina relació s'estableix entre l'al·lel A i l'al·lel B?

Genotip	Fenotip o grup sanguini
AA	A
A0	
BB	B
B0	
AB	AB
00	0

Compreneu un text

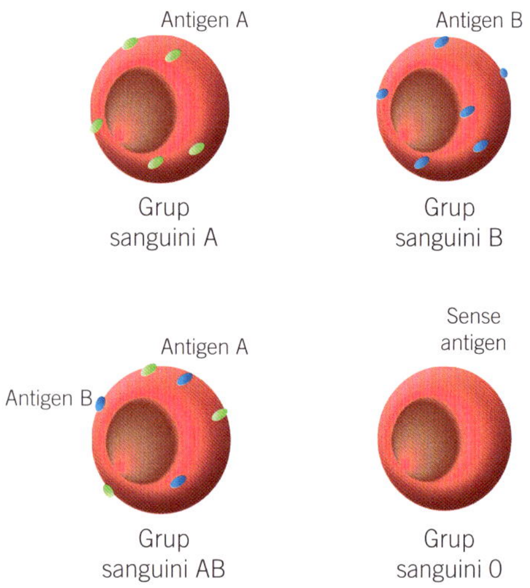

Llegiu el text següent i contesteu les preguntes:

El sistema ABO de grups sanguinis

El fet de pertànyer a un o a un altre grup sanguini depèn de la presència o no d'antígens A i B sobre les membranes dels glòbuls vermells: el nostre grup sanguini és A quan tenim antigen A, és B si tenim antigen B, és AB si tenim els dos tipus d'antígens i és 0 si no en tenim cap.

En el plasma sanguini hi ha anticossos contra els antígens del grup sanguini que no es troben a la membrana dels glòbuls vermells. Així, en el plasma sanguini les persones del grup A tenen anticossos anti-B, les del grup B tenen anticossos anti-A, dels del grup 0 tenen anti-A i anti-B, i les del grup AB no tenen aquests anticossos.

En posar en contacte glòbuls vermells amb plasma sanguini es pot produir una reacció d'aglutinació de la sang si reacciona l'antigen amb l'anticòs corresponent; per exemple, glòbuls vermells amb antigen A i plasma amb anticossos anti-A. Per aquest motiu, si una persona rep una transfusió amb sang no compatible, es produeix una reacció d'aglutinació i la persona receptora pot arribar a morir.

Expliqueu per què les persones de grup sanguini 0 es denominen *donants universals* i les del grup sanguini AB *receptors universals*.

Analitzeu un cas

En un hospital han nascut quatre nadons de quatre mares diferents en el mateix moment. Els treballadors sanitaris s'han confós i ara no saben quin fill és el de cada parella. Ràpidament analitzen el grup sanguini dels bebès i el comparen amb el de les parelles de progenitors.

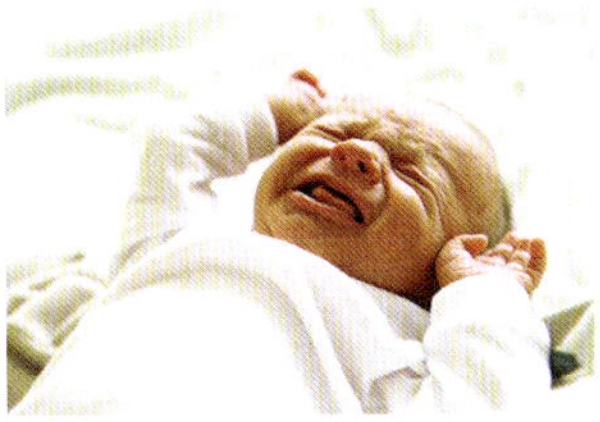

Grup sanguini A

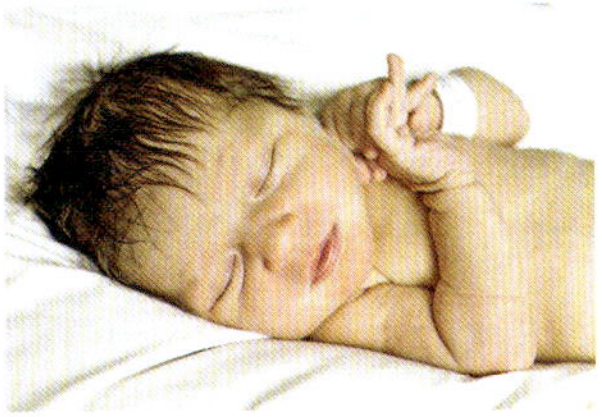

Grup sanguini B

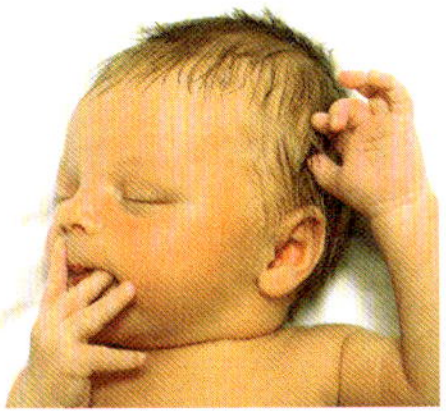

Grup sanguini 0

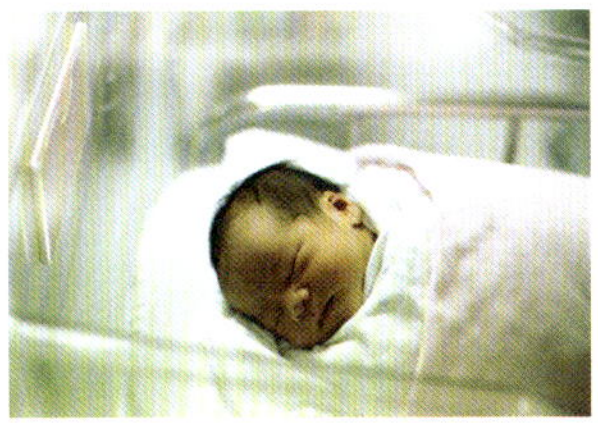

Grup sanguini AB

Parella 1: AA × 00

Parella 2: A0 × B0

Parella 3: AA × BB

Parella 4: AB × BB

a | Assigneu un fill a cada parella de progenitors tenint en compte que només hi ha una combinació vàlida possible. Responeu abans a les preguntes següents:

- Quants tipus de gàmetes diferents podran formar cadascun dels individus de la primera parella?
- Quins genotips i fenotips podrien tenir els seus fills?
- Responeu a les mateixes preguntes per a les parelles 2, 3 i 4.

b | Alguna de les parelles podria tenir quatre fills cadascuna amb un grup sanguini diferent? Justifiqueu la resposta.

ACTIVITATS

12 L'albinisme és un cas d'herència recessiva. Les persones albines són homozigòtiques per a aquest caràcter. L'anèmia falciforme i la fibrosi quística són altres exemples d'herència recessiva. Coneixes alguna altra malaltia hereditària recessiva?

13 La presència de pigues a la pell és un cas d'herència dominant. El color d'ulls foscos, la polidactília, el foradet a la barbeta o a les galtes i el naixement del cabell en el front en forma de pic també són caràcters amb herència dominant. En coneixes altres exemples?

14 El plomatge d'una varietat de gallina està determinat per dos al·lels, plomes llises (P^L) i plomes arrissades (P^A). Les gallines mostren tres plomatges diferents: plomes arrissades, plomes llises i plomes arrissades i llises. Si es tracta d'un cas d'herència codominant, determina el genotip dels tres possibles fenotips. Quines seran les proporcions de la primera generació filial en encreuar dos individus heterozigots si els dos al·lels s'expressen amb la mateixa intensitat?

15 Hi ha persones denominades *donants universals*, ja que el seu tipus de sang és compatible amb qualsevol altre grup. Quin és el seu grup sanguini?

16 Quin grup sanguini pot rebre sang de qualsevol altre grup (receptor universal)?

Activitats interactives
Activitat de síntesi

4. Els experiments de Mendel

La genètica moderna és el resultat del treball de moltes científiques i científics que han fet aportacions crucials. Entre aquests cal destacar un home que, gràcies a la seva innovadora manera d'aplicar el mètode científic, a la seva mentalitat matemàtica, la seva perseverança i el seu rigor, va entendre les lleis de l'herència biològica molt abans que es descobrissin el DNA, els cromosomes, la mitosi, la meiosi i els gens. Quines lleis segueix l'herència dels caràcters biològics i qui les va descobrir?

Feu una cerca i organitzeu la informació

Llegiu el text següent:

Gregor Mendel va néixer el 1822 a Brünn –a l'actual República Txeca– i va morir el 1884. El seu pare era jardiner i amb ell va adquirir l'interès per les plantes i els secrets de la natura. Tot i procedir d'una família humil, va aconseguir accedir als estudis superiors. A vint-i-un anys es va fer monjo i va continuar formant-se. Es va llicenciar en Teologia, doctor en Matemàtiques i doctor en Ciències Naturals. Interessat per descobrir com s'heretaven les característiques dels éssers vius, va realitzar rigorosos experiments a l'hort del seu monestir, a partir dels quals va formular la primera explicació científica verificada sobre l'herència biològica. El valor del seu treball, publicat l'any 1865, rau en el fet que va intuir el concepte dels gens molt abans que es fessin els descobriments de la genètica molecular.

Per tal de copsar la importància de Mendel en l'evolució de la ciència moderna, construïu una línia del temps amb els fets més destacats de la història de la genètica.

a | Busqueu en quines dates es van produir els fets següents i quins científics els van protagonitzar. Recolliu també fotografies per il·lustrar-los, incloent-hi fotografies dels científics. Podeu consultar el web.

- Publicació dels experiments de Mendel.
- Descobriment dels cromosomes.
- Descobriment de la mitosi i de la meiosi.
- Creació del concepte *genètica*.
- Demostració que el DNA és el material hereditari.
- Creació del terme *gen*.
- Projecte Encode.
- Descobriment de l'estructura del DNA.
- Descobriment que cada gen serveix per produir una proteïna.
- Demostració que els humans tenim 46 cromosomes.
- Projecte Genoma Humà.

b | Sobre una cartolina, en disposició horitzontal i deixant uns certs marges, dibuixeu una línia o franja que la recorri de banda a banda.

c | Calculeu la longitud de la línia que heu traçat i marqueu, a escala, tots els intervals de temps que transcorren entre els fets esmentats.

d | Situeu els fets sobre la vostra línia del temps i acompanyeu-los de les fotografies que heu seleccionat.

e | Escriviu, amb lletres grans, un títol ben suggeridor per al vostre pòster.

4.1 Les lleis de Mendel

Mendel va utilitzar diverses varietats de l'espècie *Pisum sativum* (pesolera), que diferien en característiques com ara la longitud de la tija, el color de les flors, o el color i la textura de les llavors. Després d'experimentar durant més de vuit anys amb més de 20.000 plantes fent encreuaments dirigits, va arribar a importants conclusions. Aquestes van ser anomenades posteriorment **lleis de Mendel**.

Observeu i interpreteu

Els experiments sobre la primera llei consistien a encreuar individus de dues races pures diferents i estudiar els descendents de la 1a generació (generació filial o F_1). Observeu l'esquema corresponent a la **1a llei de Mendel** i responeu:

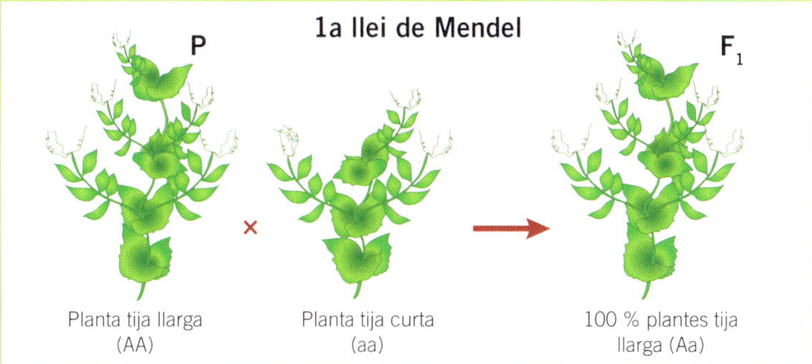

a | Com són els descendents de la primera generació filial o F_1? Mendel, per descriure aquests resultats, va inventar els termes *caràcter dominant* i *caràcter recessiu*. Indica a quin correspon cadascun en aquest experiment.

b | Completeu l'enunciat de la 1a llei de Mendel amb les paraules següents: *oposats, idèntics, raça pura.*

«Quan s'encreuen dues plantes que són de ______ i tenen caràcters ______ per a una característica, tots els seus descendents de la primera generació són ______ entre ells en aquella característica».

c | Per què la 1a llei de Mendel també se l'anomena *llei de la uniformitat*?

Raça pura: són de raça pura per a una o més característiques tots aquells individus que, quan s'encreuen entre ells, només donen descendents amb aquelles mateixes característiques. El concepte de raça pura és el que posteriorment s'ha anomenat homozigot.

Observeu i interpreteu

Els experiments sobre la segona llei consistien a encreuar individus de la primera generació filial i estudiar-ne els descendents (2a generació filial o F_2). Observeu l'esquema corresponent a la **2a llei de Mendel** i responeu:

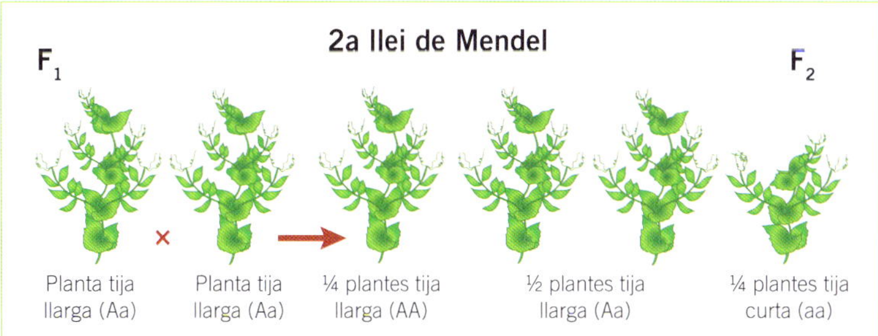

a | Com són els descendents de la segona generació filial o F_2? En quines proporcions es presenten el caràcter dominant i el caràcter recessiu? Quants són de raça pura?

b | Completeu l'enunciat de la 2a llei de Mendel amb les paraules següents: *recessiu*, *uniformes*, *dominant*, *híbrids*.

«Quan s'encreuen dos individus ______ de la primera generació filial, els seus descendents no són ______, sinó que el 75 % mostren el caràcter ______ i el 25 % mostra el caràcter ______.»

c | Per què la 2a llei de Mendel també rep el nom de *llei de la segregació dels caràcters antagònics*?

Híbrid: aquells individus que, quan s'encreuen entre ells, poden donar descendents amb algun caràcter que no estava present en els progenitors. Aquest concepte posteriorment s'ha anomenat heterozigot.

Observeu i interpreteu

Els experiments sobre la tercera llei eren similars als que havia fet per a la primera i la segona llei però, en lloc de partir de 2 individus que diferien només en una característica, va prendre 2 individus que diferien en 2 característiques. Observeu l'esquema corresponent a la **3a llei de Mendel** i responeu:

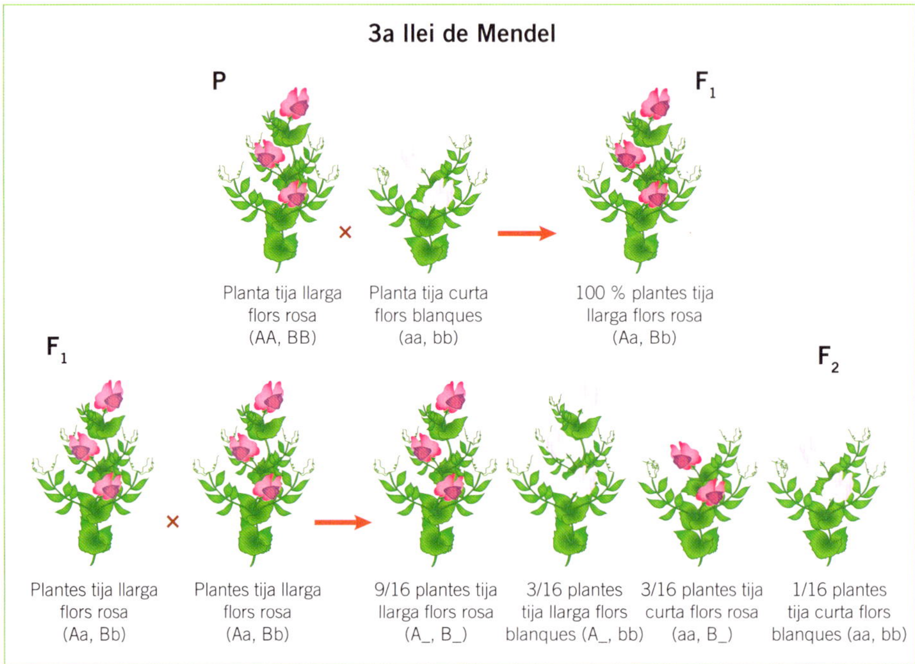

a | Comproveu si es compleix la 1a llei en aquest experiment.

b | Comproveu si també es compleix la 2a llei.

c | Completeu l'enunciat de la 3a llei de Mendel amb aquestes paraules: *descendència*, *caràcters*, *raça pura*.

«Quan s'encreuen dos individus de ______ que es diferencien en dos o més ______, aquests es transmeten de forma independent a la seva ______ .»

d | Per què la 3a llei de Mendel també se l'anomena *llei de l'herència independent dels caràcters no antagònics*?

ACTIVITATS

17 Mendel va arribar a la conclusió que cada individu tenia dos «elements» o «factors» per a cada característica hereditària i que aquests, a l'hora de formar les cèl·lules reproductores, se separen a l'atzar, de manera que cada gàmeta en porta un i, amb la fecundació, cada nou individu hereta una nova combinació de dos factors. Tenint en compte que Mendel va escriure això molt abans del descobriment del DNA, dels cromosomes, dels gens i de la mitosi i la meiosi, utilitza els teus coneixements sobre aquests conceptes per explicar:

a) Què són el que ell anomena *elements* o *factors* hereditaris per als caràcters.

b) Per què les cèl·lules de cada individu tenen dos factors per a cada característica, que poden ser iguals o diferents.

c) Com és que les cèl·lules sexuals porten un sol factor per a cada característica, i què passa amb aquests en la fecundació.

18 Com deuen ser els al·lels dels individus de raça pura? Justifica-ho.

19 Com deuen ser els al·lels dels individus híbrids? Justifica-ho.

20 Raoneu amb els vostres coneixements científics, per què es compleixen la 1a i la 2a llei de Mendel.

4.2 El cas particular dels gens lligats

Analitzeu un cas

Mendel, sense saber-ho, va centrar els seus experiments en característiques determinades per gens localitzats en cromosomes diferents; per això, en estudiar l'herència de 2 o més d'aquestes característiques sempre es complia la 3a llei (la llei de la herència independent dels caràcters no antagònics). Tanmateix, els gens que estan situats en un mateix cromosoma s'anomenen **gens lligats** i les característiques que determinen no segueixen aquesta llei de Mendel.

Analitzeu aquestes figures:

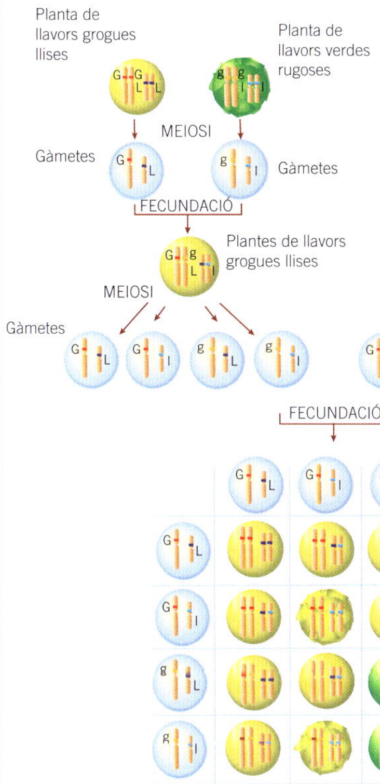

A. Predicció de l'herència de 2 característiques, suposant que depenen de gens no lligats.

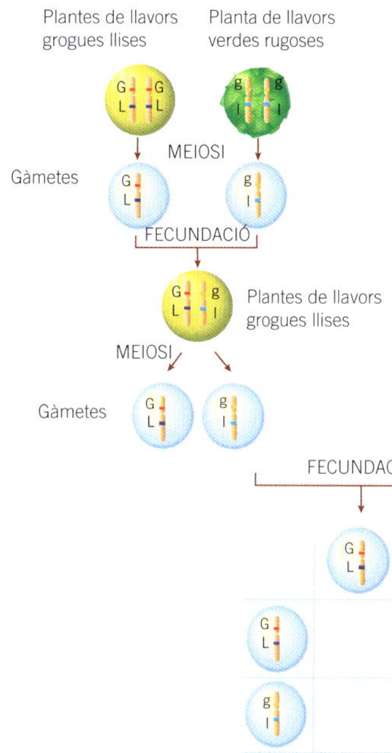

B. Predicció de l'herència de 2 característiques, suposant que depenen de gens lligats.

a | Indiqueu les proporcions dels diferents fenotips dels descendents de la 2a generació quan els dos caràcters depenen de dos gens no lligats.

b | Completeu, al vostre quadern, la taula corresponent a la 2a generació del cas B i indiqueu les proporcions dels diferents fenotips dels descendents de la 2a generació quan els dos caràcters depenen de dos gens lligats.

c | En quin dels dos casos apareixen descendents amb fenotips diferents dels fenotips paterns? Per què?

d | Segons el cas B, representeu com seria un parell de cromosomes homòlegs d'un individu de la F_1, en l'estadi de profase I de la meiosi. Si en algun cas es donés un intercanvi de cromàtides que afectés aquests dos gens, cosa que passa amb certa freqüència entre gens distanciats, creieu que això podria repercutir en les proporcions que heu calculat abans per a la F_2?

e | En encreuar pesoleres de races pures, unes de flors rosa i tija llarga i les altres amb flors blanques i tija nana, es va obtenir, a la F_2, aquesta descendència: 101 plantes de tija llarga i flors blanques, 34 de tija nana i flors blanques, 306 de tija llarga i flors rosa i 102 de tija nana i flors rosa. Calculeu les proporcions dels diferents tipus de descendents i, a partir d'aquestes, deduïu si aquestes dues característiques depenen de gens lligats o no.

Activitats interactives

Activitat de síntesi

5. La determinació del sexe

En els éssers humans, el sexe d'un individu està determinat pels dos cromosomes sexuals (X i Y). Tanmateix, hi ha altres espècies en les quals el sexe d'un individu no depèn dels cromosomes sexuals. Sabries explicar per què neixen aproximadament el mateix nombre de mascles i de femelles?

Interpreteu i concloeu

L'esquema següent mostra com es determina l'herència del sexe:

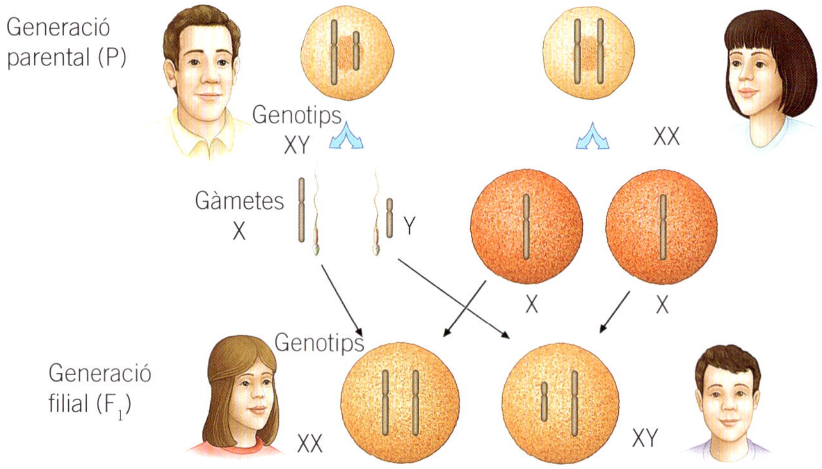

a | Consulteu el que heu après a la unitat 1 i dibuixeu com són els cariotips d'un home i d'una dona. Recordeu quin és el parell de cromosomes que determina el sexe?

b | Quins cromosomes sexuals porten els espermatozoides? I els òvuls?

c | El sexe d'un nadó, depèn de l'espermatozoide o de l'òvul?

d | Expliqueu per què a l'espècie humana neixen, aproximadament, el mateix nombre de nens i de nenes.

Investigueu

Consulteu el web i contesteu les preguntes següents:

a | Hi ha espècies en què el sexe d'un individu no depèn dels cromosomes sexuals. Cerqueu informació i expliqueu de quins factors depèn el sexe de certes espècies com les tortugues i els cocodrils.

b | En altres espècies de plantes i animals, com la sargantana, el sexe no està determinat per un cromosoma. Com es determina el sexe en aquestes espècies?

c | Finalment, expliqueu com es determina el sexe en els insectes socials com les abelles o les formigues.

d | Les abelles obreres tenen una dotació cromosòmica *n* o 2*n*?

Construïu un gràfic i deduïu

En un centre de cria de tortugues es vol estudiar com afectarà el canvi climàtic en la determinació del sexe de la descendència. Per fer aquest estudi, es mesura la temperatura d'incubació de les postes de dues espècies diferents i es compten el nombre de mascles i femelles que han nascut.

Temperatura posta °C	% mascles espècie 1	% mascles espècie 2
22	0	100
24	30	100
26	60	100
27	40	100
28	5	100
29	2	25
30	0	25
31	0	0
32	0	0

a | Representeu les dades de la taula en una gràfica. Poseu a l'eix horitzontal la temperatura i a l'eix vertical, el percentatge de mascles nascuts. Utilitzeu un color per a cada espècie.

b | A quina temperatura neix el mateix percentatge de mascles que de femelles en cadascuna de les espècies?

c | En quin interval de temperatures a l'espècie 1 només neixen femelles i a l'espècie 2 només mascles?

d | Observeu les dues gràfiques i feu una predicció de quina serà la tendència de la proporció de sexes dels descendents en les dues espècies si el canvi climàtic tendeix a augmentar la temperatura.

e | Quantes femelles de l'espècie 1 naixeran d'una posta de 45 ous si la temperatura d'incubació és de 24 °C?

Interpreteu un gràfic

En un llac situat a prop d'un polígon industrial s'ha observat un increment de 2,2 °C de la temperatura de l'aigua en els darrers 20 anys. En el llac hi viuen dues espècies, A i B. El gràfic representa l'evolució dels percentatges de mascles de cada població en funció de la temperatura durant un període de 20 anys.

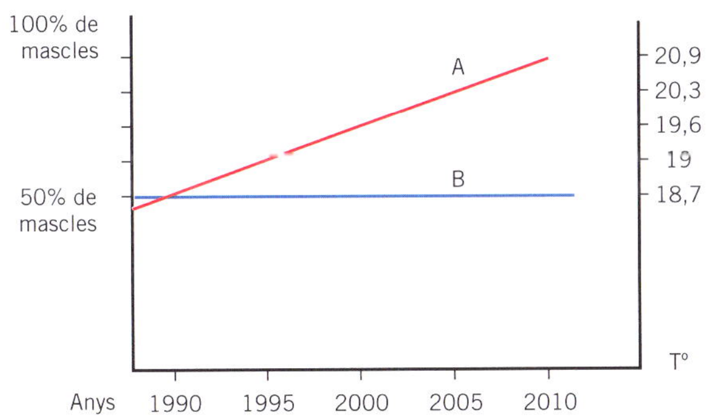

Any	Temperatura (°C)
1990	18,7
1995	19
2000	19,6
2005	20,3
2010	20,9

a | Escriviu una hipòtesi per explicar la variació observada en la població A.

b | Escriviu una altra hipòtesi que justifiqui la tendència de la proporció de mascles en la població B.

c | Creieu que en el futur el canvi climàtic podria agreujar la situació de les espècies que habiten al llac? Com hi podria reaccionar cada espècie?

ACTIVITATS

21 Quants cromosomes porta un gàmeta masculí? Quants d'ells són autosomes i quants cromosomes sexuals? I un gàmeta femení?

22 Si dos fills d'una parella són nois, quina és la probabilitat que el tercer fill sigui un altre nen?

Activitats interactives
Activitat de síntesi

6. L'herència lligada i influïda pel sexe

En els **cromosomes sexuals** tant s'hi troben els gens que determinen el sexe de l'individu com d'altres gens que controlen característiques no sexuals. Aquestes s'anomenen **característiques lligades al sexe**. Per què algunes característiques s'hereten de manera diferent segons el sexe de l'individu?

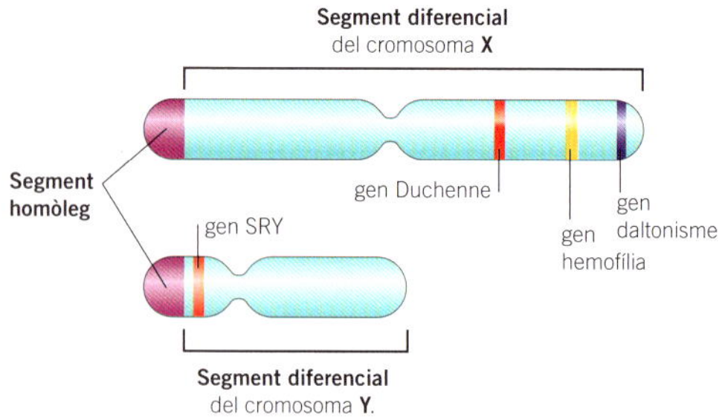

Observeu i deduïu

En el cromosoma Y humà, el gen SRY porta la informació per a la masculinització de l'embrió i per a la producció de l'esperma en l'adult. En absència d'aquest gen es desenvolupen òrgans reproductors femenins. Els cromosomes X i Y també contenen gens de caràcters no sexuals ubicats tant al seus segments homòlegs com diferencials.

Fixeu-vos bé en l'estructura dels dos cromosomes:

a | Què és el segment homòleg dels cromosomes sexuals?

b | Què és el segment diferencial dels cromosomes sexuals?

c | Compareu els segments diferencials dels dos cromosomes. Quin cromosoma penseu que contindrà més gens?

d | Per què creieu que la major part de característiques conegudes lligades al sexe (com ara el daltonisme, l'hemofília, o la distròfia muscular de Duchenne) es troben en el cromosoma X?

e | És possible que existeixi una dona heterozigota per al daltonisme? I un home? Justifiqueu la resposta.

Interpreteu i concloeu

Hi ha característiques que estan determinades per gens situats en els autosomes o bé en el segment homòleg dels cromosomes sexuals, però la seva manifestació depèn de si es troben en els mascles o en les femelles. Se'ls denomina **gens influïts pel sexe**. Aquest comportament diferent és degut, en la major part dels casos, a l'efecte de les hormones masculines.

Un exemple és la presència o absència de banyes en algunes races ovines.

Ovelles Dorset homozigotes per a l'al·lel dominant «presència de banyes».

Ovelles Dorset heterozigotes.

Ovelles Dorset homozigotes per a l'al·lel recessiu «absència de banyes».

Fixeu-vos en les fotografies i expliqueu a què és deguda la presència de fenotips diferents en les ovelles heterozigotes.

Activitats interactives
Activitat de síntesi

Observeu i deduïu

El **daltonisme** és un trastorn heretable que provoca que l'afectat no distingeixi certs colors, especialment el vermell i el verd, encara que en alguns casos són el blau i el groc.

Fixeu-vos en l'esquema i responeu:

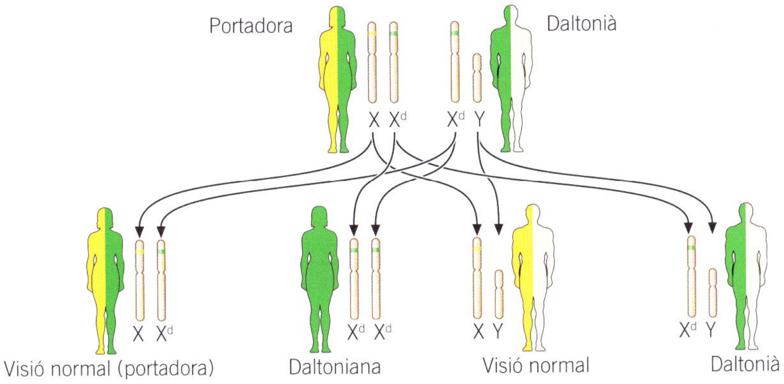

a | L'al·lel del daltonisme és dominant o recessiu?

b | La filla de visió normal, de quin dels seus pares ha heretat la capacitat de distingir els colors?

c | El fill daltonià, de quin dels seus pares ha heretat el daltonisme?

d | Expliqueu per què el 8 % dels homes són daltonians i només l'1 % de la població femenina és daltoniana.

e | El procediment més emprat per a la diagnosi del daltonisme són les **cartes d'Ishihara**. Amb l'ajut de les il·lustracions següents, identifiqueu si hi ha alguna persona daltoniana en el vostre entorn.

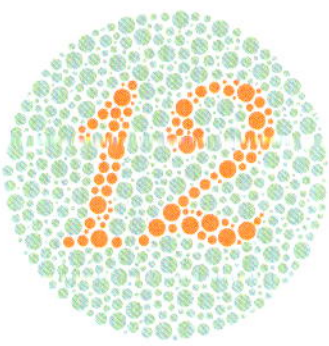

Número 12

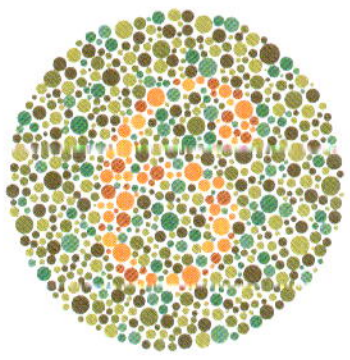

Número 6

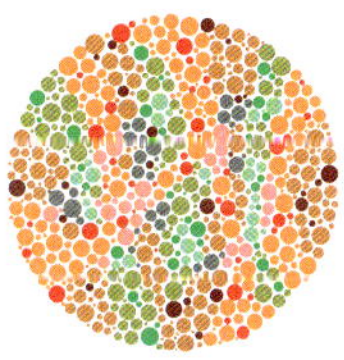

Res (els daltonians veuen el número 2)

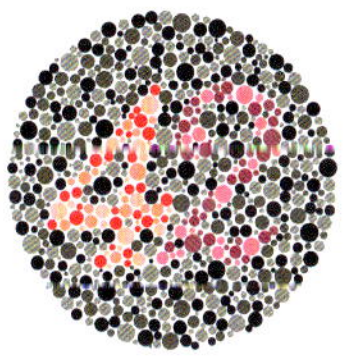

Número 42

ACTIVITATS

23 L'**hemofília** és una malaltia greu en la qual la sang de l'afectat no coagula bé, de manera que qualsevol cop o ferida pot ocasionar-li hemorràgies internes o externes. Sabent que la transmissió de l'hemofília es regeix pel mateix patró que el daltonisme, respon: un home hemofílic i una mare sana i no portadora poden tenir un fill de gènere masculí hemofílic? Justifica la resposta.

24 Suposa un encreuament entre un home de visió normal i una dona el pare de la qual és daltonià. Algun dels fills d'aquesta parella pot ser daltonià? Expressa el raonament en forma d'arbre genealògic indicant els genotips i els fenotips dels diferents individus.

25 Un exemple de caràcter influït pel sexe és la calvície hereditària prematura en els humans, un gen que en els homes es comporta com a dominant i en les dones com a recessiu. Per què hi ha poques dones calbes?

Activitats interactives
Activitat de síntesi

7. Diagnòstic prenatal

A les dones embarassades se'ls fan un conjunt de proves per detectar possibles anomalies en el fetus abans del naixement. El resultat d'aquestes proves és el denominat **diagnòstic prenatal**. Saps quines són les proves de diagnòstic prenatal i quina informació proporcionen?

Compareu i interpreteu

Quan l'edat de la mare és avançada o quan se sap que els progenitors són portadors de gens responsables d'una malaltia heretable, s'acostuma a realitzar una **amniocentesi** o una **biòpsia coriònica**.

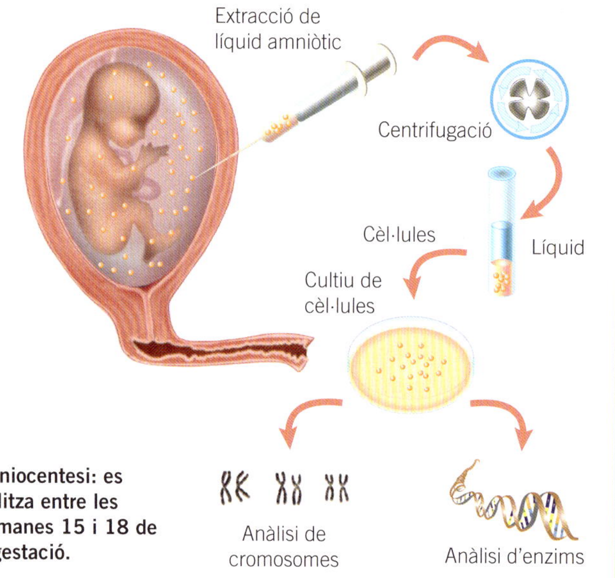

Amniocentesi: es realitza entre les setmanes 15 i 18 de la gestació.

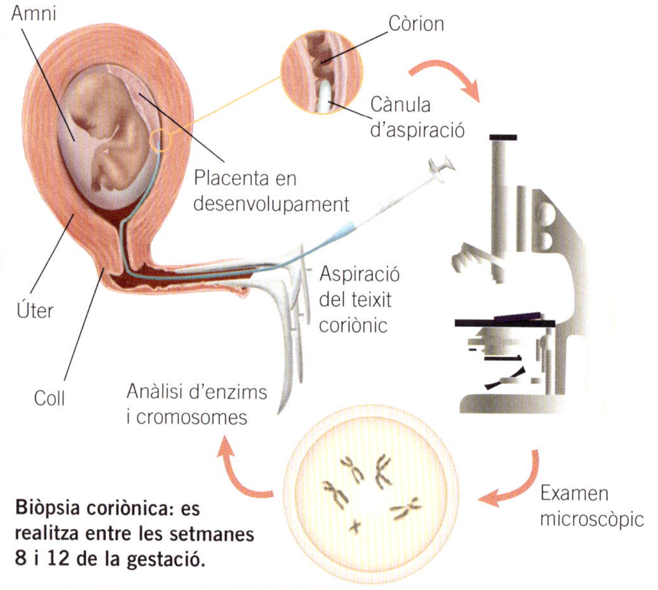

Biòpsia coriònica: es realitza entre les setmanes 8 i 12 de la gestació.

a | Analitzeu els esquemes anteriors i descriviu en què consisteixen la biòpsia coriònica i l'amniocentesi.

b | Quin és l'objectiu comú d'aquestes dues proves de diagnòstic prenatal?

Feu una cerca i responeu

Observeu aquest cariotip que s'ha obtingut d'un fetus de 16 setmanes.

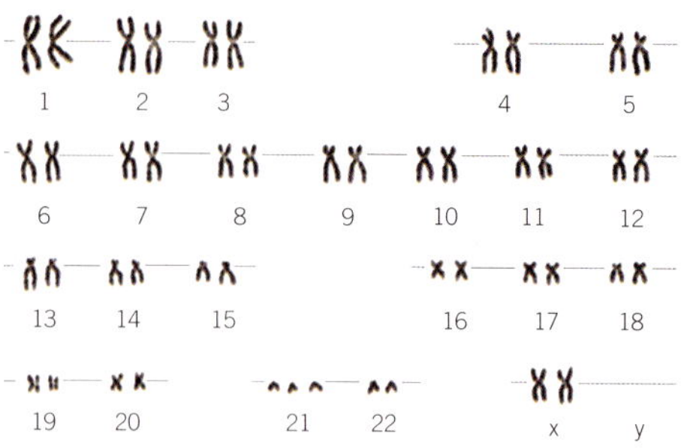

a | Quina anomalia cromosòmica s'hi detecta?

b | Com s'anomena l'alteració que ocasiona? Investigueu quins són els símptomes de les persones afectades.

c | Cerqueu informació sobre les síndromes de Turner, d'Edwards i de Klinefelter; indiqueu quins són els cromosomes afectats i quins símptomes provoquen.

Ecografia: diagnòstic prenatal per ultrasons.

ACTIVITATS

26. Quin dels mètodes per determinar el sexe del fetus creus que és més fiable, una ecografia o una amniocentesi? I quin comporta menys risc?
27. Consulta el web i explica quina diferència hi ha entre les proves de diagnòstic prenatal invasives i no invasives.

Activitats interactives
Activitat de síntesi

1. Tots som iguals i a la vegada diferents

Els éssers humans, com la resta d'éssers vius, tenim trets semblants als dels nostres progenitors. Tots els humans tenim un aspecte similar, amb molts trets o caràcters comuns a la resta de persones, però amb altres que ens fan ser únics.

Aquesta idea de semblances compartides entre individus ens permet definir el concepte d'**espècie**: conjunt d'organismes o poblacions naturals que són capaços d'encreuar-se entre ells per engendrar nous individus fèrtils i d'aspecte, característiques i genoma similars.

Tots els éssers humans pertanyem a la mateixa espècie. Els organismes d'una mateixa espècie comparteixen una sèrie de característiques anomenades **característiques específiques**, mentre que els trets que fan únic un individu són les **variacions individuals**.

Característiques específiques	Característiques individuals
Tenir cabells al cap	

Característiques heretables i adquirides

Les característiques dels individus es classifiquen en dues categories segons si es transmeten o no dels progenitors als descendents:

- Les característiques **heretables** són les que provenen dels progenitors. Es tracta de trets transmesos a través de la descendència. Aquest seria el cas del color dels ulls o dels cabells i, també, del grup sanguini.
- Les característiques **no heretables** o **adquirides** depenen de la influència de l'ambient o de les condicions de vida. En són exemples la immunitat adquirida davant d'una malaltia, el desenvolupament muscular a conseqüència d'una activitat física o el sobrepès a causa d'una alimentació desequilibrada.

ACTIVITATS

1. Quines diferències hi ha entre una característica heretable i una d'adquirida? Posa alguns exemples de característiques heretables i d'adquirides.
2. Observa la fotografia i completa al teu quadern la taula amb tres característiques específiques de l'espècie humana que siguin visibles en aquesta imatge i amb algunes variacions individuals de cadascuna d'elles.

2. Els gens i l'herència biològica

El material genètic contingut en el nucli de les cèl·lules és el portador de la informació sobre les característiques heretables dels éssers vius. Aquesta informació es troba emmagatzemada dins els **gens**. Cada gen porta informació sobre una característica específica, per això considerem els gens com la **unitat d'informació genètica**.

2.1 Localització i composició dels gens

Cada espècie té un nombre determinat de gens, més gran com més complex és l'organisme. El nombre de gens de l'espècie humana està a l'entorn dels 30.000.

Un **gen** és un segment d'una molècula de DNA que té una seqüència determinada de nucleòtids i que ocupa un lloc precís en un cromosoma concret. La seva seqüència de nucleòtids dels gens determina la informació genètica de l'individu, és a dir, tots els trets heretables. El **locus** és la posició que ocupa un gen al cromosoma. Aquesta localització és fixa.

Alguns gens són molt llargs i d'altres molt curts. Cada molècula de DNA del nucli d'una cèl·lula és una llarga seqüència de nucleòtids que en alguns segments porta informació per a la cèl·lula (els gens) i en d'altres no. A l'hora de la divisió cel·lular, les molècules de DNA, amb tots els seus gens, es condensen i formen **cromosomes**.

2.2 Les diferents variants d'un mateix gen

Cada gen aporta informació sobre una característica determinada de l'organisme, encara que algunes característiques depenen de molts gens alhora. En molts casos un mateix gen pot presentar diferents variants. Per exemple, el gen encarregat del color dels ulls pot presentar-se en la variant que determina color blau, o la de color marró, o la de color verd, etc. Les diferents variants d'un mateix gen que determinen un caràcter s'anomenen **gens al·lels** o simplement **al·lels**.

Quan després de la duplicació del DNA es formen els cromosomes amb dues cromàtides, com que aquestes són idèntiques, tenen els mateixos al·lels. Tanmateix, els dos cromosomes de cada parell d'homòlegs, tot i que tenen la mateixa col·lecció de gens, poden tenir o no els mateixos al·lels, ja que un prové del pare i l'altre de la mare.

Segons això, per a cada gen cal distingir dues possibles situacions:

- **Homozigot/a o homozigòtic/a**: individu o cèl·lula que presenta el mateix al·lel en els dos cromosomes homòlegs.
- **Heterozigot/a o heterozigòtic /a**: individu o cèl·lula que presenta dos al·lels diferents en els dos cromosomes homòlegs.

Tots els individus són homozigots per a alguns gens i heterozigots per a d'altres.

I també parlem de:

- **Genotip**. Conjunt d'al·lels que té un individu per a cada gen. Per representar el genotip per a un caràcter es fa servir un codi de dues lletres, una per cada al·lel. Si l'al·lel és dominant, s'utilitza una lletra majúscula i, si és recessiu, una de minúscula.
- **Fenotip**. Conjunt de caràcters visibles que es manifesten en l'individu. El fenotip depèn, en més o menys mesura, de la informació dels gens (genotip) i de la influència de l'ambient.

ACTIVITATS

3 Construïu un mapa conceptual amb aquests conceptes: *gen, DNA, nucleòtids, unitat d'informació genètica*, *al·lels*, *cromosomes*, *homozigot*, *heterozigot*.

2.3 L'herència dels gens

La informació genètica d'un individu s'expressa ja des de l'incipient estadi embrionari, quan és tan sols una cèl·lula, i persisteix en les fases infantil, juvenil i adulta fins al moment de la seva mort. Aquesta informació la va heretar dels seus pares i s'ha mantingut constant al llarg de tota la seva vida en les cèl·lules del seu cos.

Quan un individu té fills, transmet una part dels seus gens als seus fills. Els espermatozoides i els òvuls es formen per meiosi i tenen un sol joc dels cromosomes del mascle o de la femella; i entre els milions d'espermatozoides que pot produir un mascle o entre tots els d'òvuls que pot arribar a produir una femella, no n'hi ha cap que tingui la mateixa combinació d'al·lels en els seus gens. Això és degut al fet que hi ha milions de maneres diferents de distribuir els parells d'homòlegs en la meiosi. En fusionar-se en la fecundació, originen la primera cèl·lula d'un nou organisme, amb dos jocs de cromosomes que tenen combinació d'al·lels totalment única.

Si ens centrem en l'herència d'un sol gen, poden donar-se dos casos:

- Si l'individu és homozigot per a una característica, totes les cèl·lules sexuals que produirà mitjançant la meiosi portaran un sol cromosoma d'aquell parell, evidentment amb aquell mateix al·lel.
- Si l'individu és heterozigot, en cada meiosi, un 50 % de les cèl·lules que es formin portarà un al·lel i el 50 % restant portarà l'altre.

Mitjançant la reproducció, cada fill rep un al·lel procedent de l'espermatozoide i un altre al·lel procedent de l'òvul. Com que en la fecundació s'uneixen a l'atzar un dels espermatozoides amb un dels òvuls, les combinacions d'al·lels dels fills són aleatòries.

ACTIVITATS

4 Explica per què, tot i procedir d'un únic tipus de cèl·lula, totes les cèl·lules sexuals d'un individu són genèticament diferents.

5 Si un noi té els al·lels AA per a un gen determinat, quina serà la informació genètica dels seus espermatozoides per a aquest gen?

6 Si una noia té els al·lels Aa per a un gen determinat, quina serà la informació genètica dels seus òvuls per a aquest gen?

3. Relacions entre al·lels

3.1 Dominància i recessivitat

Quan un organisme és heterozigot per a un determinat caràcter, es diu que hi ha dominància quan un al·lel es manifesta (**al·lel dominant**), mentre que l'altre queda ocult (**al·lel recessiu**).

3.2 Herència intermèdia

A l'herència intermèdia, els **dos al·lels es manifesten conjuntament**, de manera que el fenotip dels individus heterozigots és una barreja del fenotip dels individus homozigots.

3.3 Codominància

Hi ha codominància quan els individus heterozigots manifesten **simultàniament, però sense barrejar-se**, els caràcters dels dos al·lels.

ACTIVITATS

7 Indica un cas en què dos individus amb el mateix fenotip tinguin un genotip diferent.

8 Observa l'arbre genealògic que representa la transmissió d'una malaltia hereditària. Justifica el tipus d'herència a què és sotmès aquest caracter.

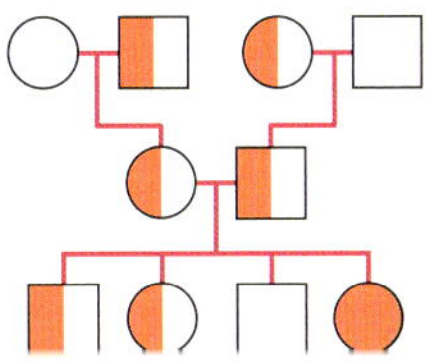

9 Fes el dibuix d'un arbre genealògic sobre la transmissió d'una malaltia amb una herència dominant a partir de la informació següent:

a) Un progenitor és heterozigòtic i l'altre és sa.

b) De l'encreuament en neixen quatre individus, dos mascles i dues femelles.

c) El 50 % de la generació filial és sana.

d) La femella afectada per la malaltia s'encreua amb una parella sana i en neixen una femella sana i dos mascles, un de sa i un de malalt.

10 Quina diferència hi ha entre la codominància i l'herència intermèdia? Què tenen en comú aquests dos tipus d'herència?

11 L'absència de potes en el bestiar respon a un gen letal recessiu. De l'aparellament entre un bou i una vaca, ambdós heterozigots per a aquest caràcter, quines proporcions genotípiques s'esperen en la F_2 adulta? (Els vedells sense potes moren en néixer.)

3.4 Al·lelisme múltiple

Hi ha gens que mostren més de dos al·lels, fins i tot, més de quatre, amb la peculiaritat que entre ells pot haver-hi diferents relacions d'herència. Quan un caràcter és determinat per més de dos al·lels es parla d'**al·lelisme múltiple**.

En els éssers humans, el nombre d'al·lels que determinen el grup sanguini són tres: l'A, el B i el 0 (zero). Entre els tres al·lels s'estableixen diferents relacions d'herència:

- L'al·lel A és dominant sobre el 0.
- L'al·lel B és dominant sobre el 0.
- L'al·lel A i l'al·lel B són codominants i s'expressen amb la mateixa intensitat.

Les possibles combinacions d'al·lels determinen sis genotips diferents que donen lloc als quatre grups sanguinis possibles: A, B, AB i 0 (zero).

Genotip	Fenotip o grup sanguini
AA	A
A0	
BB	B
B0	
AB	AB
00	0

El fet de pertànyer a un o a un altre grup sanguini depèn de la presència o no d'antígens A i B sobre les membranes dels glòbuls vermells: el nostre grup sanguini és A quan tenim antigen A, és B si tenim antigen B, és AB si tenim els dos tipus d'antígens i és zero si no en tenim cap.

ACTIVITATS

12 Quins seran els possibles grups sanguinis dels fills d'una parella en què el pare és del grup A homozigot i la mare del grup B heterozigota? Quin hauria de ser el genotip del pare per tenir un fill del grup 0?

13 Completa la taula següent:

GRUP SANGUINI	ANTÍGENS DELS GLÒBULS VERMELLS	ANTICOSSOS AL PLASMA
A		
B		
AB		
0		

a) A partir de les dades de la taula, dedueix quins són els donants per a cada grup sanguini.

b) Indica quin grup sanguini és compatible amb qualsevol altre grup (donant universal) i quin pot rebre sang de qualsevol altre grup (receptor universal).

4. Els experiments de Mendel

Malgrat que la selecció de caràcters per encreuament ha estat una pràctica molt comuna i útil per a l'ésser humà al llarg de la història, fins ben entrat el segle XIX no es van fer els primers estudis per esbrinar com es transmetien els caràcters hereditaris. Va ser Gregor Johann Mendel (1822-1884), un frare agustí fill d'un jardiner, que va mostrar interès sobre aquest tema i va fundar la genètica moderna.

Mendel va investigar la descendència que s'obtenia en encreuar varietats de pesolera (*Pisum sativum*). Per fer els seus estudis, es va fixar com es transmetien d'una generació a una altra els caràcters del color i la forma de la llavor, el color de les flors i l'alçada de la planta.

4.1 Les lleis de Mendel

Gregor Mendel va establir les lleis de l'herència biològica molt abans que es descobrís el DNA, els cromosomes, la mitosi, la meiosi i els gens. Aquestes lleis poden resumir-se així:

1a llei o llei de uniformitat: quan s'encreuen dues plantes que són de raça pura i tenen caràcters oposats per a una característica, tots els seus descendents de la primera generació són idèntics entre ells en aquella característica.

Són de **raça pura** per a una o més característiques tots aquells individus que, quan s'encreuen, només donen descendents amb aquelles mateixes característiques. Aquest concepte proposat per Mendel és el que coneixem actualment com a individus homozigots per a un o més caràcters.

2a llei o llei de la segregació dels caràcters antagònics: els descendents de la 2a generació (obtinguts per l'encreuament de dos exemplars de la 1a generació) són diferents entre si, de forma que 3 de cada 4 presenten el caràcter dominant i 1 de cada 4 el recessiu.

3a llei o llei de l'herència independent dels caràcters no antagònics: quan s'encreuen dues plantes que són de raça pura i tenen caràcters oposats per a dues o més característiques, aquests caràcters es transmeten als descendents de forma independent, de manera que cada característica s'hereta segons les lleis anteriors.

Tot i que encara no s'havia descobert el DNA, Mendel va anticipar els conceptes de gen i al·lel indicant que cada individu té dos «elements» o «factors» per a cada característica hereditària i que se separen en els gàmetes i es combinen de nou amb la fecundació.

ACTIVITATS

14. Indiqueu per què és important Gregor Mendel.
15. Com va anomenar Mendel allò que després els científics del s.XX denominarien *gens al·lels*?
16. Representa les combinacions d'al·lels que poden tenir els fills d'unes plantes de raça pura que tenen aquesta combinació d'al·lels per a 2 dels seus gens:

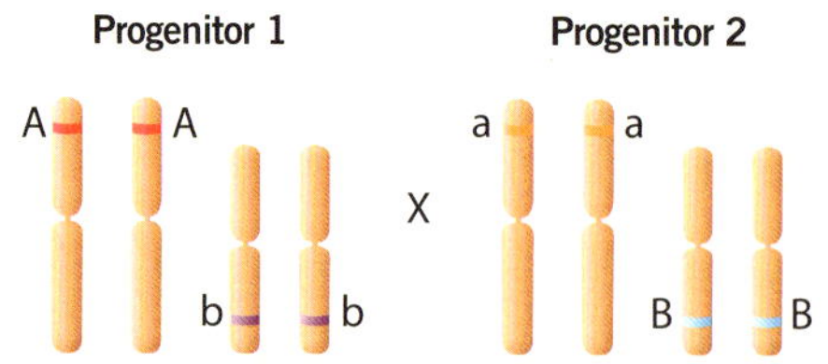

A continuació representa les combinacions d'al·lels dels néts, suposant que els fills s'encreuen entre ells. Finalment, engloba amb línies de colors diferents les dades que mostren cadascuna de les tres lleis de Mendel, tot indicant el seu títol.

4.2 El cas particular dels gens lligats

La 3a llei de Mendel es compleix en totes les característiques que ell va estudiar amb pèsols i també en l'herència de la majoria de característiques biològiques dels éssers vius, excepte en el cas dels **gens lligats**, que són els gens situats en un mateix cromosoma. Com que aquests gens no se separen en la meiosi, els gàmetes de cada individu porten la mateixa combinació d'al·lels que té aquest en els seus homòlegs. Per aquest motiu, en els descendents els al·lels d'aquests gens no es troben recombinats a l'atzar, sinó que poden presentar majoritàriament les mateixes combinacions d'al·lels que els progenitors.

Aquesta peculiaritat va ser estudiada per Thomas Morgan. Va determinar que, quan dos gens se situen en el mateix cromosoma, les proporcions dels fenotips de la generació filial F_2 no compleixen la tercera llei de Mendel: solament apareixen els fenotips visibles de la generació parental amb una proporció de 3:1, els mateixos valors que s'obtindrien si s'estudiés la transmissió d'un únic caràcter. Alguns dels fenotips esperats no apareixen.

La recombinació en els gens lligats

En els encreuaments que va realitzar, Morgan va adonar-se que algunes vegades els gens lligats no es transmetien junts. Existia alguna circumstància que els separava, de manera que ja no compartien el mateix cromosoma.

Morgan va deduir que durant la formació dels gàmetes, és a dir, durant la meiosi, existia un procés en el qual els cromosomes homòlegs intercanviaven fragments de DNA. Es tracta de l'entrecreuament que té lloc durant la profase I de la meiosi i que origina la **recombinació de gens** o **recombinació genètica**.

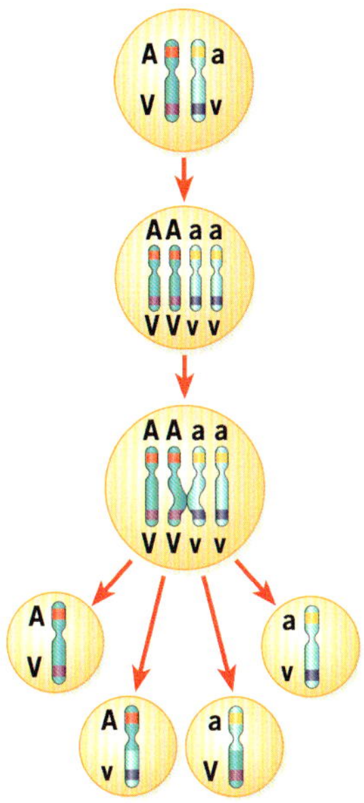

ACTIVITATS

17 Representa les combinacions d'al·lels que poden tenir els fills d'unes plantes de raça pura que contenen aquesta combinació d'al·lels per a 2 dels seus gens:

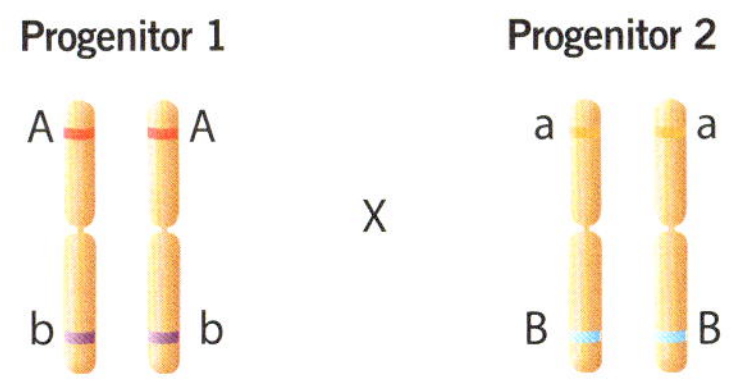

A continuació, representa les combinacions d'al·lels dels néts, suposant que els fills s'encreuen entre ells. Finalment, indica perquè no es compleix la 3a llei de Mendel en els encreuaments que has representat.

18 Tenim una pesolera heterozigota per a dos caràcters i volem saber si els gens que els controlen són gens lligats. Com ho podem esbrinar i quins resultats esperats ens ho demostrarien?

5. La determinació del sexe

En els éssers humans, el sexe d'un individu està determinat pels dos cromosomes sexuals. En els cromosomes sexuals X i Y hi ha els gens que determinen el sexe de l'individu, en concret la informació per al desenvolupament dels testicles en els homes i els ovaris en les dones.

Durant la meiosi, cada gàmeta rep 22 autosomes (un cromosoma de cada parell d'homòlegs) i un dels dos cromosomes sexuals.

Als **ovaris**, les cèl·lules precursores dels òvuls són femenines i, per tant, disposen de dos cromosomes sexuals idèntics: XX. Quan les cèl·lules precursores es divideixen per meiosi, cada cèl·lula filla rep un únic tipus de cromosoma sexual, X. Tots els òvuls que es formen disposen de 22 autosomes i un cromosoma X.

Als **testicles**, les cèl·lules precursores dels espermatozoides són masculines i els dos cromosomes sexuals són diferents: X i Y. Quan les cèl·lules precursores es divideixen per meiosi, cada espermatozoide rep o bé un cromosoma X o un cromosoma Y i 22 autosomes. Per tant, la meitat d'espermatozoides porten un cromosoma X i l'altra meitat un cromosoma Y.

Durant la fecundació es determina el sexe del nou individu; aquell dependrà del cromosoma sexual que porti l'espermatozoide que fecundi l'òvul.

Altres formes de determinació del sexe

A la natura, hi ha espècies en què el sexe d'un individu no depèn dels cromosomes sexuals. En les tortugues i els cocodrils, el sexe depèn de certes condicions ambientals, en aquest cas de la temperatura de la posta. En canvi, en moltes plantes i animals (com per exemple sargantanes) el sexe no està determinat per un cromosoma, sinó per un o uns pocs gens. Finalment, en els insectes socials (abelles i formigues), el sexe depèn de la dotació cromosòmica: si l'individu neix d'un òvul fecundat es desenvolupa una femella, mentre que si neix d'un ou no fecundat creix un mascle.

ACTIVITATS

19 De què depèn el sexe d'un nadó, de l'òvul o dels dos gàmetes que participen en la fecundació? Justifica la resposta.

6. L'herència lligada i influïda pel sexe

A més dels gens que determinen el sexe de l'individu, en els cromosomes X i Y hi ha altres gens que controlen característiques no sexuals. Aquestes característiques s'anomenen **característiques lligades al sexe**, i la manera com es transmeten de pares a fills, **herència lligada al sexe**.

En l'ésser humà, el cromosoma X és més gran que el cromosoma Y, fet que determina que la major part de caràcters coneguts lligats al sexe es trobin en el cromosoma X.

En els cromosomes sexuals, hi ha dues regions diferenciades:

- Una part comuna als dos cromosomes que constitueix el **segment homòleg**.
- Una part no comuna als dos cromosomes anomenada **segment diferencial**.

La majoria de caràcters lligats al cromosoma X tenen una herència recessiva, però el caràcter es manifesta diferent segons el sexe de l'individu:

En els **homes**, els caràcters lligats al cromosoma X estan controlats per un únic al·lel perquè només disposen d'un cromosoma X. Per aquesta raó, qualsevol gen del cromosoma X s'expressa sempre, independentment de si és dominant o recessiu.

En les **dones**, les característiques lligades al cromosoma X estan determinades per dos al·lels perquè disposen de dos cromosomes X. En aquesta situació els gens es manifesten com la resta de gens autosòmics: si un al·lel és recessiu, s'expressa en homozigosi i, si és dominant, es manifesta en heterozigosi. Les dones heterozigotes s'anomenen **portadores** perquè no manifesten el caràcter fenotípicament, però el poden transmetre a la seva descendència.

El daltonisme

El daltonisme és un trastorn hereditari que provoca un defecte en la visió. L'afectat no distingeix certs colors, especialment el verd i el vermell, encara que en alguns casos són el blau i el groc.

L'al·lel responsable del daltonisme és recessiu i la transmissió de l'anomalia es regeix pel model següent:

- Perquè un home manifesti el daltonisme ha de rebre l'al·lel recessiu (X^d) de la mare.
- Perquè una dona pateixi l'anomalia cal que els al·lels rebuts dels dos pares siguin recessius (X^dX^d). Les dones heterozigotes per a aquest caràcter no pateixen l'anomalia però la poden transmetre a la descendència.

ACTIVITATS

20. Què són les característiques lligades al sexe? Com es transmeten de pares a fills?
21. Per què és més habitual que els homes pateixin una malaltia lligada al sexe que les dones?
22. Una mare daltoniana i un pare que no pateix aquest trastorn, poden tenir una filla daltoniana? I un fill daltonià? Justifica la resposta.

7. Diagnòstic prenatal

El conjunt de proves que s'apliquen a les dones embarassades per detectar algunes anomalies hereditàries en el fill abans del naixement conformen el **diagnòstic prenatal**.

L'ecografia: a partir d'ultrasons, es forma una imatge del fetus en una pantalla i l'especialista pot determinar-ne el ritme cardíac, mesurar la longitud dels ossos i detectar possibles malformacions en el desenvolupament dels seus òrgans principals. Si el fetus està ben col·locat, també podrà determinar el sexe del fill. L'ecografia és una prova no invasiva que no comporta cap risc per a la mare ni altera el normal desenvolupament del fetus.

L'**amniocentesi** consisteix en una punció abdominal per extreure una petita quantitat d'amni, el líquid que hi ha a l'interior del sac amniòtic. La punció es realitza entre les setmanes 15 i 18 de gestació. És una tècnica delicada, i en tot moment s'observa el fetus a través d'una ecografia.

La **biòpsia coriònica** és l'extracció de vellositats coriòniques que formen la placenta. La prova es fa entre les setmanes 8 i 12 de gestació.

Les dues proves anteriors permeten obtenir cèl·lules del fetus per aïllar-ne el material genètic. Es fa un cultiu de les cèl·lules fetals i se n'extreu el DNA, que serveix per elaborar un cariotip o per detectar si hi ha algun gen que causa una malaltia hereditària important.

ACTIVITATS

23. Quina prova diagnòstica faries per saber si un fetus pateix polidactília? I per determinar si té la síndrome de Down?

Comprova el que saps
Mapa conceptual

Encreuant calidosectes

Objectiu

Simular l'herència de les característiques genètiques i ser conscient de la importància de la meiosi en l'augment de la variabilitat intraespecífica.

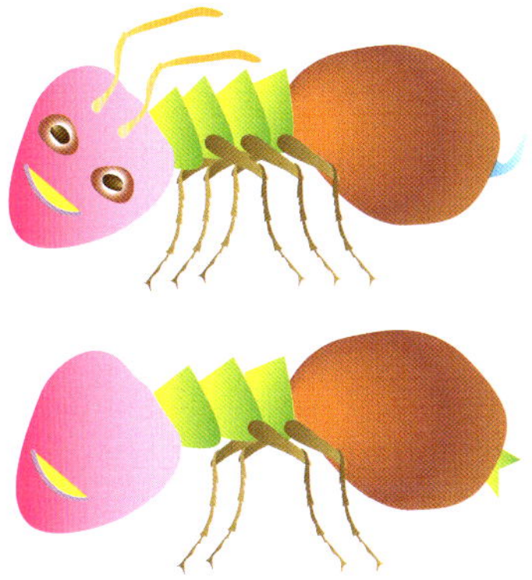

Material

- Fulls de dos colors diferents.

Procediment

Els calidosectes són animals imaginaris amb els quals us proposem treballar.

1. Observeu en la figura l'aspecte dels calidosectes, tenen característiques que son codificades per diferents gens.

Antenes	AA = 2 antenes	Aa = 2 antenes	aa = 0 antenes
Segments del tòrax	TT = 4 segments	Tt = 4segments	tt = 3 segments
Potes	PP = 6 potes	Pp = 6 potes	pp = 4 potes
Ulls	UU = 2 ulls	Uu = 2 ulls	uu = 0 ulls
Sexe	XX = femella	XY = mascle	

2. Treballeu en parelles. Cada membre de la parella copiarà un conjunt dels cromosomes de la figura i els retallarà. Dibuixeu cada conjunt de cromosomes en un paper de color diferent (així podreu distingir sempre els cromosomes d'origen patern o matern).
   - Quin és el número de cromosomes d'aquesta espècie?
   - En cada cromosoma hi ha dibuixades unes franges així com unes lletres escrites. Què representen?

3. La cria de calidosectes.
   - Escriviu el cariotip dels calidosectes progenitors.
   - Dibuixeu-los.
   - Poseu les targetes de cromosomes cara avall de manera que no pugueu veure els seus genotips i separeu-los per colors (és a dir, els del mascle i els de la femella).
   - Ordeneu les parelles de cromosomes del pare i de la mare.
   - Agafeu un cromosoma de cada parell de la mare i construïu així un gàmeta femení. Repetiu-lo per a cada parell de cromosomes del pare i construïu així el gàmeta masculí.
   - Realitzeu la fecundació unint el gàmeta femení i el masculí. Obtindreu la primera cèl·lula del primer fill de la parella.
   - Escriviu el genotip d'aquest nou individu i dibuixeu-lo.
   - Repetiu els dos últims passos per obtenir en total tres fills.
   - Han sortit idèntics tots els fills? Expliqueu a què és degut.

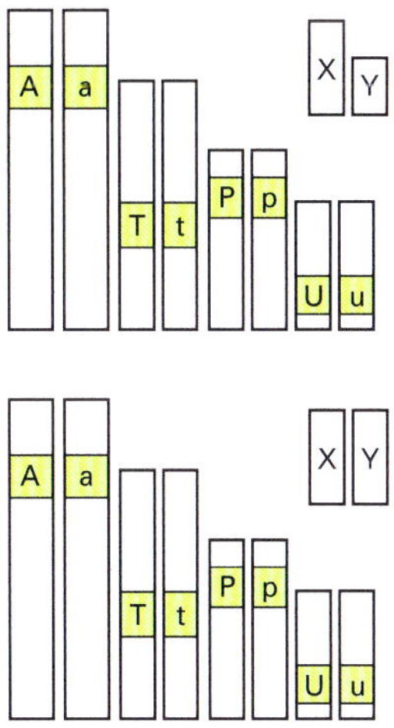

Cromosomes de calidosectes

ACTIVITATS

1. Trieu dos fills de la primera generació filial i feu-los servir com a pares de la següent generació de calidosectes.
2. Trieu una de les característiques i dibuixeu un arbre genealògic.
3. Simuleu una mutació recessiva d'alguna característica i comproveu com es transmet a les generacions següents.

ACTIVITAT FINAL

L'ANNA ES TROBA DAVANT D'UN DILEMA

La germana de l'Anna està embarassada de tres mesos. Quina il·lusió ser tieta! Ja s'imagina ajudant-la a cuidar el bebè. Però la seva germana i el seu marit estan preocupats. Fa dos mesos, quan van parlar amb la metgessa, li van explicar que, casualment, en les dues famílies s'havien donat alguns casos de poliquistosi renal recessiva, que és una greu malaltia hereditària; la doctora els va comentar que hi havia una certa probabilitat que el seu fill també la patís i que caldria fer una sèrie de proves per saber-ho. Els va insinuar que si els resultats indicaven que el fill portava els dos gens de la malaltia, seria legal aturar l'embaràs i que ells haurien de decidir si fer-ho o no. Justament avui li acaben de fer una amniocentesi i molt aviat coneixeran el resultat. Si tot surt bé saltaran d'alegria! Però, i si surt malament?

L'Anna té sentiments contradictoris i tampoc no sap què aconsellar a la seva germana. Li sembla una situació molt complicada. Té bona relació amb els seus professors i pensa que tal vegada algun d'ells podria ajudar-la. Potser el d'Ètica? O la de Biologia? Tots dos l'han escoltat i li han dit que la seva preocupació és justament un **dilema bioètic**, que moltes persones s'han trobat en situacions similars i que científics i filòsofs han reflexionat conjuntament per donar-hi orientacions. Li han facilitat alguns documents per ajudar-la.

ACTIVITATS

1. Busqueu informació sobre la poliquistosi renal recessiva i escriviu-ne un breu resum.
2. La poliquistosi renal recessiva està causada per una mutació en el gen PKHD1 situat al cromosoma 6. Es tracta d'una malaltia autosòmica o recessiva? Raona la resposta.
3. El diagnòstic prenatal d'aquesta malaltia es fa a partir de cèl·lules fetals que s'obtenen del líquid amniòtic que s'extreu en fer l'amniocentesi. A diferència de les alteracions cromosòmiques, com per exemple la síndrome de Down, aquesta malaltia no es pot detectar a partir del cariotip (imatge de tots els cromosomes de la cèl·lula) sinó que cal fer proves més específiques al DNA de les cèl·lules fetals. Què deuen detectar aquestes proves? Per què no és possible detectar aquesta malaltia a partir de l'observació dels cromosomes (cariotip)?
4. L'Anna a estones vol pensar que tot plegat és una exageració i que el nadó sortirà sa perquè els seus pares estan ben sans. Fins i tot de vegades es diu a ella mateixa que l'amniocentesi no és fiable o que, encara que portés els gens de la malaltia, no tindria per què patir-la. Apliqueu els vostres coneixements de biologia per a valorar si és o no encertat cadascun d'aquests tres pensaments.
5. Busqueu a Internet una definició de *bioètica* que us sembli entenedora.
6. Busqueu informació sobre els tres principis que cal tenir en compte en els dilemes bioètics i expliqueu-los:
   - El principi d'autonomia o de respecte a les persones.
   - El principi de beneficència.
   - El principi de justícia.

   Podeu consultar el web per ajudar-vos
7. Individualment, expliqueu com creieu que podria aplicar-se cadascun d'aquests principis en el cas que preocupa l'Anna. Després feu una posada en comú. Anoteu els aspectes coincidents i també les discrepàncies i discussions suscitades.

Autoavaluació

REVISTA DE CIÈNCIA
Un fill amb dues mares

Encara que la major part del genoma dels organismes eucariotes es localitza en el nucli cel·lular, i es transmet de generació en generació seguint les lleis de l'herència mendeliana, hi ha un nombre reduït de gens amagats en els mitocondris que no segueixen les mateixes lleis.

Si recordem l'origen endosimbiont del mitocondri, podem entendre que disposi d'una molècula de DNA pròpia, amb els gens necessaris per controlar el funcionament de l'orgànul i la seva duplicació. La característica que fa especial aquest DNA és la manera en què es transmet de generació en generació, procés que es coneix com a *herència materna o mitocondrial.*

Per entendre en què consisteix l'herència mitocondrial, cal fixar-nos en el moment en què s'esdevé la fecundació de l'òvul. Quan un espermatozoide aconsegueix perforar el recobriment que protegeix l'òvul, les membranes citoplasmàtiques dels dos gàmetes s'uneixen i el citoplasma de l'espermatozoide es barreja amb el de l'òvul. A continuació, es fusionen els dos nuclis i, en cas que hagin penetrat mitocondris paterns o la cua de l'espermatozoide, aquestes estructures es degraden. Així, els únics mitocondris que passaran a la descendència són els que provenien del citoplasma de la mare. Per tant, es tracta d'una transmissió hereditària en la qual només intervé la mare.

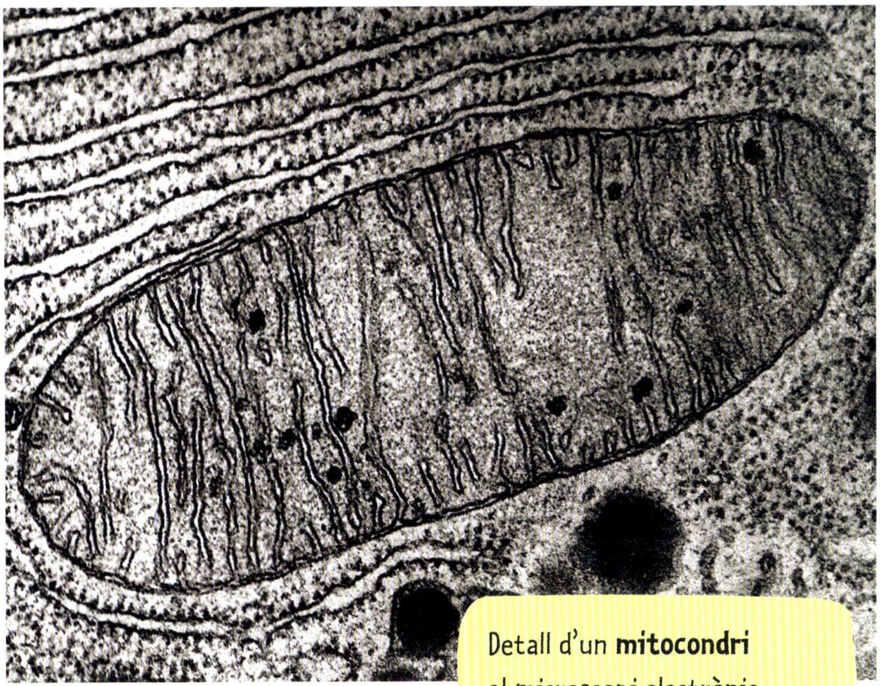

Detall d'un **mitocondri** al microscopi electrònic.

És un cas d'herència materna amb la peculiaritat que els gens no estan sotmesos a entrecreuament, però sí a mutacions. Mutacions que poden provocar malalties, algunes d'elles molt greus i que causen la mort del nadó abans del primer any de vida.

Atès que les mares que pateixen alguna malaltia genètica d'origen mitocondrial sempre passaran aquest tret als seus fills, s'ha dissenyat una tècnica de reproducció assistida que permet fecundar *in vitro* un òvul de mitocondris «defectuosos» amb un espermatozoide i, just després de la fecundació, substituir els mitocondris materns per altres de sans que provenen d'un segon òvul. Es tracta d'una fecundació a tres bandes, on la segona mare solament aporta un 0,18 % de tot el genoma del fill, però que és vital per a la supervivència del nou ésser.

COMPRENSIÓ LECTORA I REFLEXIÓ

1. Coneixes la teoria de l'endosimbiont? Explica-la breument.
2. Què vol dir que els gens mitocondrials són un cas d'herència materna?
3. Explica per què els gens mitocondrials s'hereten solament de la mare.
4. Quina és la peculiaritat d'aquesta tècnica de reproducció assistida?
5. Creus que els fills portadors transmetran la malaltia? I les filles que són el fruit d'aquesta nova tècnica de reproducció assistida? Justifica la resposta.

UNITAT 3

GENS I MANIPULACIÓ GENÈTICA

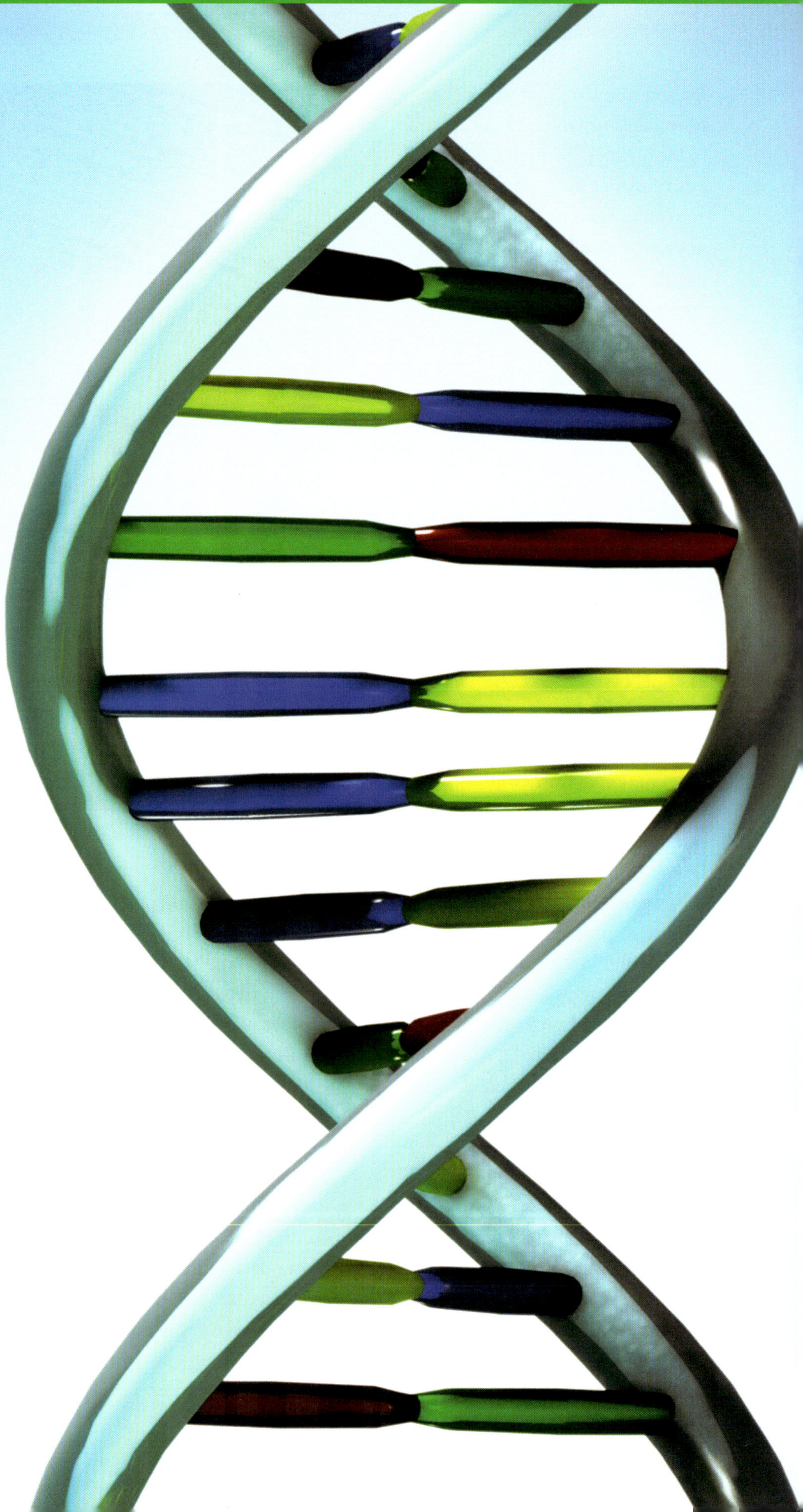

Conèixer l'estructura del DNA i desxifrar el codi genètic ha estat una fita decisiva per a la biologia moderna que ha permès obrir nous camps de recerca.

- **Per què creus que ha estat important descobrir el llenguatge dels gens?**

Sabem que el DNA, de manera sobtada i a l'atzar, pateix canvis en la informació que conté.

- **Recordes com s'anomenen aquests canvis?**

Aquestes alteracions, malgrat el perjudici que puguin ocasionar a l'ésser viu que les pateix, són la base de l'evolució de les espècies.

- **Podries inventar-te una situació en què una modificació en el DNA d'un organisme pogués beneficiar la seva descendència, i per tant, la seva espècie?**

En l'actualitat, sabem com s'escriu la informació genètica i això ens permet, en algunes situacions, de manipular-ne el contingut.

- **Saps com s'anomenen les tècniques destinades a manipular el material genètic?**

Foto: Model de l'estructura en doble hèlix del DNA.

EN AQUESTA UNITAT APRENDRÀS...

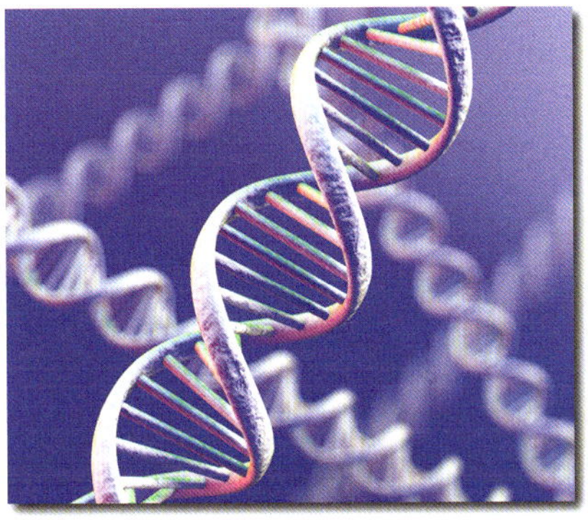

1 Quines són l'estructura i la funció del DNA.

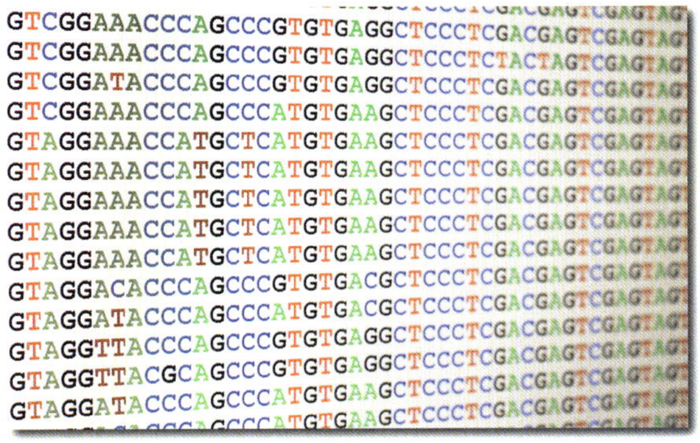

2 La relació que s'estableix entre els gens, les proteïnes i els caràcters hereditaris.

3 L'abast de les mutacions i la seva relació amb la diversitat gènica.

4 El procediment bàsic de l'enginyeria genètica.

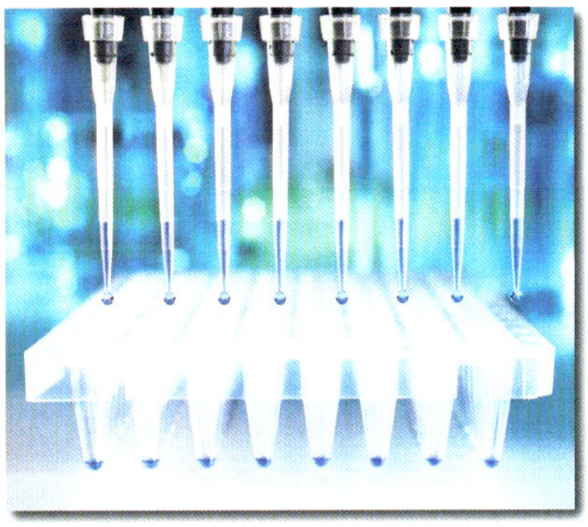

5 Les aplicacions dels organismes transgènics.

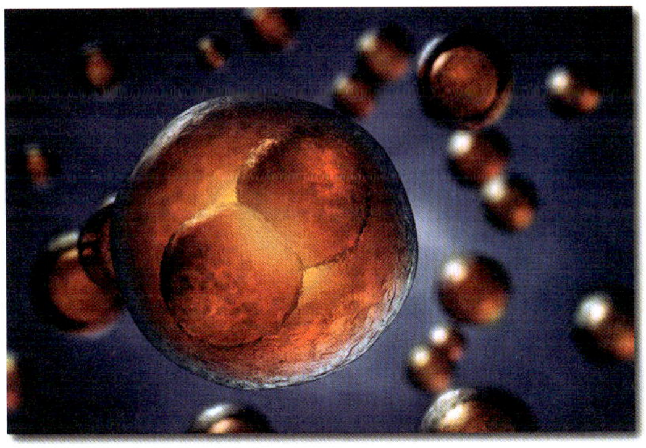

6 Quins tipus de clonació existeixen i amb quina finalitat es duen a terme.

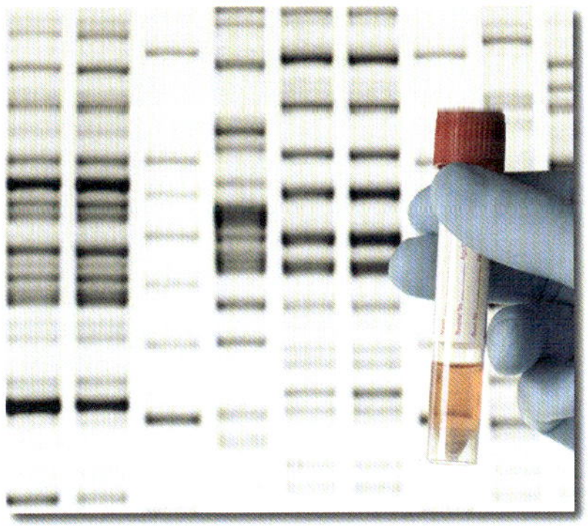

7 La importància del projecte Genoma Humà.

I SERÀS CAPAÇ DE...

- Interpretar gràfics i esquemes relacionats amb els gens i la seva manipulació.
- Utilitzar Internet per obtenir informació sobre el projecte Genoma Humà.
- Reconèixer de quina manera l'enginyeria genètica contribueix a millorar la salut de les persones.
- Valorar els aspectes positius i negatius de l'ús d'organismes transgènics.

1. Què és el DNA?

Francis Crick i James Watson al seu despatx. Pel seu treball van rebre el premi Nobel de medicina l'any 1962.

Quins altres premis Nobel de Medicina coneixes?

Els científics Francis Crick i James Watson van deduir a mitjan segle XX com devia ser el DNA, la molècula que garanteix la transmissió dels caràcters d'una generació a la següent. Quines són l'estructura i la funció del DNA?

Feu una cerca i responeu

- El **DNA** es una molècula formada per dues cadenes complementàries disposades en forma de doble hèlix, cadascuna de les quals és constituïda per la unió d'un gran nombre d'unitats anomenades *nucleòtids* organitzades en grups de tres.
- L'**RNA** és un altre tipus d'àcid nucleic, més simple que el DNA, format per una única cadena de nucleòtids.

Consulteu el web i responeu a les preguntes següents:

a | Feu un esquema que representi un nucleòtid i identifiqueu les tres molècules que el constitueixen.
- Descriviu quin és el glúcid present en els nucleòtids del DNA i de l'RNA.
- Digueu el nom de les bases nitrogenades dels dos tipus d'àcid nucleic.

b | Expliqueu què vol dir que les dues cadenes de nucleòtids del DNA són complementàries.

c | Busqueu una imatge al web per representar el model de doble hèlix del DNA i que reflecteixi la informació que heu explicat en les respostes anteriors. Indiqueu els noms dels diferents tipus de molècules que integren l'estructura del DNA en cas que a la imatge no hi figurin.

d | Com s'anomena el grup de tres nucleòtids en què s'organitza la informació del DNA?

e | Investigueu la funció del DNA i de l'RNA i relacioneu els termes següents:

DNA	Transporta els aminoàcids als ribosomes.
RNA missatger	Transmet la informació d'una cèl·lula mare a les cèl·lules filles.
RNA ribosòmic	Copia la informació del DNA i la transporta als ribosomes.
RNA transferència	S'uneixen a les proteïnes i formen els ribosomes.

Observeu i deduïu

La figura següent representa una seqüència d'un àcid nucleic.

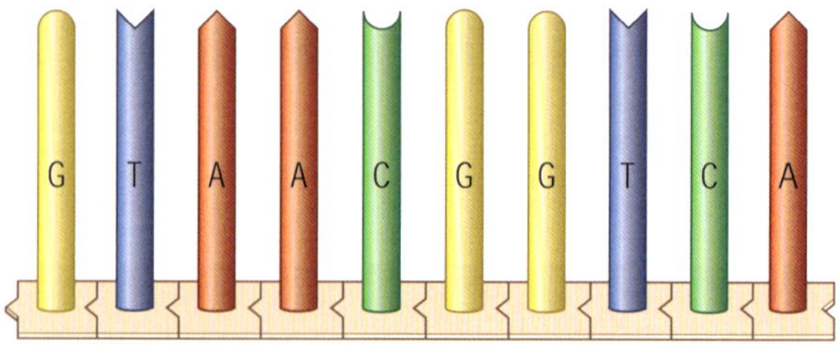

a | De quin àcid nucleic es tracta? Justifiqueu la resposta.

b | Indiqueu la seqüència de nucleòtids de la cadena complementària.

c | En quin lloc de la cèl·lula podem trobar aquesta molècula?

d | En el DNA humà hi ha aproximadament un 30 % d'adenina. Determineu el percentatge de la resta de bases nitrogenades: timina, citosina, guanina i uracil.

e | A partir dels resultats que heu obtingut, esbrineu si el fragment de DNA representat en la il·lustració anterior es humà. Comproveu-ho numèricament.

1.1 La replicació del DNA

Observeu i deduïu

El mecanisme pel qual el DNA produeix una còpia idèntica d'ell mateix s'anomena **replicació**. La imatge següent reflecteix aquest procés.

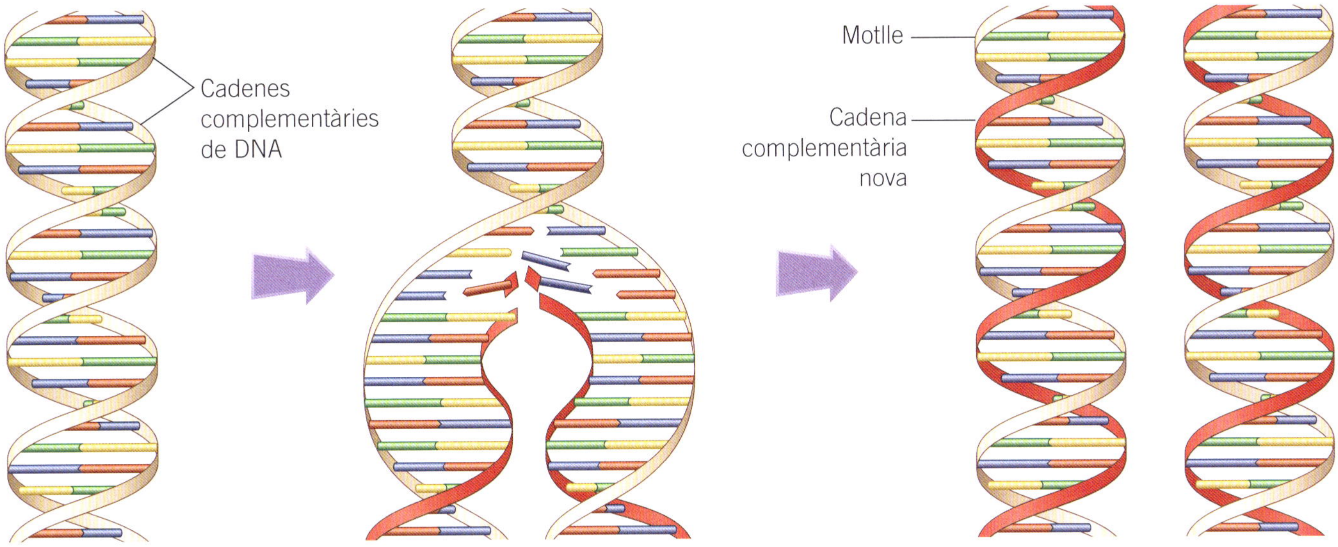

a | Observeu la imatge i deduïu el procediment de la replicació:

1. El primer pas és el ______ de les unions entre bases nitrogenades, de manera que se separen les dues ______.
2. Els nucleòtids lliures de la cèl·lula s'uneixen a ______.
3. Es restableixen les unions entre ______ de les dues cadenes complementàries i es recupera l'estructura en forma de ______.

b | Determineu si les afirmacions següents són certes o falses i, en el cas de les falses, esmeneu l'error.

- Després de la duplicació, una molècula de DNA conté dues cadenes de nova formació i l'altra molècula les dues cadenes antigues.
- La cadena duplicada conté uracil en lloc de timina.
- Després d'un procés de replicació, cada molècula que s'ha format equival a una cromàtide.

c | Per solucionar possibles errors en la replicació hi ha un sistema eficaç de reparació. Per què creieu que és important aquest sistema de control?

ACTIVITATS

1. Què és un nucleòtid? Quines molècules formen cada nucleòtid?
2. Si una de les cadenes de DNA té la seqüència de nucleòtids GGTTACTACG, quina serà la seqüència de la cadena complementària?
3. Omple la taula següent a la teva llibreta:

	Composició química	Estructura	Funció
DNA			
RNA			

Activitats interactives
Activitat de síntesi

2. Dels gens a les proteïnes

Els gens són fragments del DNA que contenen la informació necessària per produir una determinada proteïna, que a la vegada controla la manifestació d'un caràcter hereditari. Però, quina és la relació que s'estableix entre els gens, les proteïnes i els caràcters hereditaris?

2.1 L'expressió de la informació continguda als gens

Observeu i deduïu

Aquest esquema representa el procés des que es descodifica la informació del DNA fins que es forma la proteïna, activitat que té lloc en dues etapes: la **transcripció** i la **traducció**.

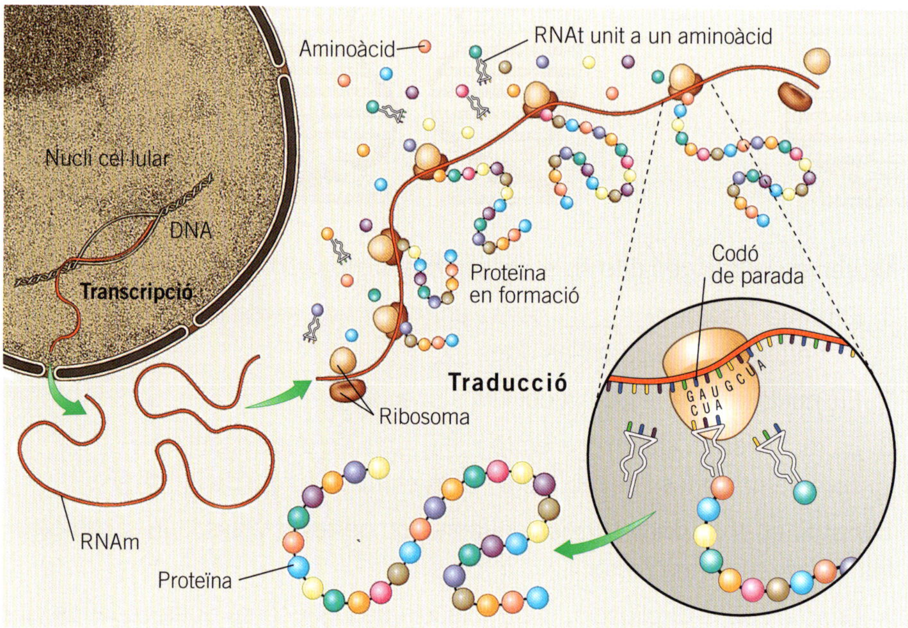

a | En quin lloc de la cèl·lula es realitza la transcripció?

b | Quin tipus d'RNA es forma en la transcripció del DNA?

c | En observar l'esquema s'aprecia que la transcripció és similar a un altre procés que ja hem estudiat. A quin procés ens referim?

d | Expliqueu detalladament com es forma la cadena d'RNAm, sabent que té lloc de manera molt similar al procés que ja hem estudiat. Com podem assegurar que es tracta d'una molècula d'RNA i no pas d'una cromàtide de DNA?

e | Cap a on es dirigeix la molècula d'RNAm formada en el nucli cel·lular?

f | Quins són els orgànuls encarregats de la síntesi de les proteïnes?

g | Quines són les molècules que en unir-se donaran lloc a una proteïna?

h | Quin tipus d'RNA és l'encarregat de transportar aquestes molècules i afegir-les a la cadena que s'està formant?

i | Completeu les oracions següents:

- La transcripció és el procés pel qual el missatge genètic expressat en el ______. es copia en forma de molècules de ______.
- La traducció és el procés pel qual el missatge que conté la molècula d' ______, expressat en forma d'una seqüència d' ______, es tradueix al llenguatge propi de les proteïnes, que consisteix en una seqüència ______.

2.2 El codi genètic

Interpreteu una taula

La taula següent mostra la correspondència entre els codons de l'RNAm i l'aminoàcid que codifiquen. Un **codó** és un triplet de nucleòtids de l'RNAm.

Primera lletra	Segona lletra: U	Segona lletra: C	Segona lletra: A	Segona lletra: G	Tercera lletra
U	UUU, UUC – Phe UUA, UUG – Leu	UCU, UCC, UCA, UCG – Ser	UAU, UAC – Tyr UAA Stop UAG Stop	UGU, UGC – Cys UGA Stop UGG Trp	U C A G
C	CUU, CUC, CUA, CUG – Leu	CCU, CCC, CCA, CCG – Pro	CAU, CAC – His CAA, CAG – Gln	CGU, CGC, CGA, CGG – Arg	U C A G
A	AUU, AUC, AUA – Ile AUG Met (inici)	ACU, ACC, ACA, ACG – Thr	AAU, AAC – Asn AAA, AAG – Lys	AGU, AGC – Ser AGA, AGG – Arg	U C A G
G	GUU, GUC, GUA, GUG – Val	GCU, GCC, GCA, GCG – Ala	GAU, GAC – Asp GAA, GAG – Glu	GGU, GGC, GGA, GGG – Gly	U C A G

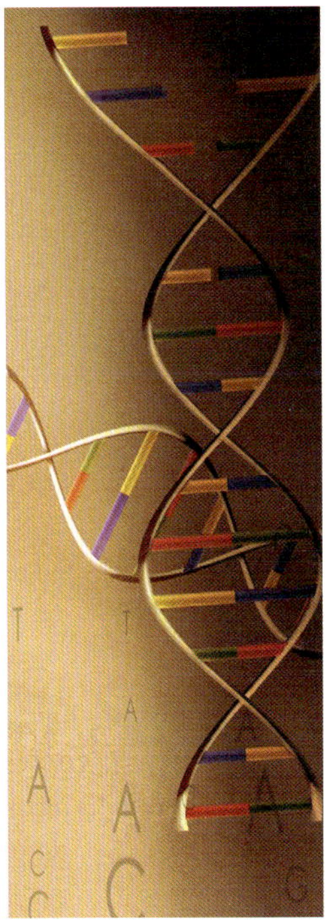

a | Consulteu el web i enumereu les característiques principals del codi genètic.

b | Aquesta és la seqüència d'una cadena de DNA:

TACCTACCGCGTGATGAACCGCATATT

- Escriviu la cadena de l'RNAm corresponent.
- Identifiqueu el codó d'inici de l'RNAm. A quin aminoàcid correspon?
- Identifiqueu el codó que marca el final de la traducció. Observeu la taula i anoteu els altres codons que també indiquen el final de la traducció.
- Determineu la seqüència d'aminoàcids que es formarà en traduir aquesta seqüència d'RNA. (Per facilitar aquesta tasca, podeu marcar amb una línia vertical on comença i on acaba cada codó.)

c | Escriviu una possible seqüència de nucleòtids d'un RNAm que codifiqui aquesta seqüència d'aminoàcids: Ala-Glu-Leu-Leu-Phe-Lys-Gly.

Recordeu que heu d'afegir-hi el codó d'inici i el codó que marca el final de la traducció.

Interpreteu i concloeu

Aquest esquema representa el procés des que es descodifica la informació del DNA fins que es forma la proteïna.

a | Identifiqueu els processos que tenen lloc als punts 1 i 2 i expliqueu-los.

b | Determineu la seqüència de nucleòtids de la cadena d'RNA. En què difereix aquesta cadena de la de DNA?

c | En quin tipus d'àcid nucleic es localitzen els codons?

d | En la síntesi de proteïnes, quina és la funció de l'RNA missatger? I de l'RNA de transferència?

e | En quin lloc de la cèl·lula es realitzen la traducció i la transcripció de la informació genètica?

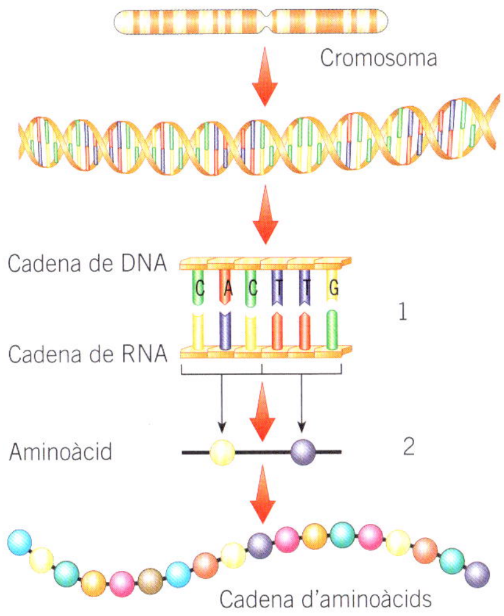

La pedra de Rosetta ha estat clau per desxifrar l'escriptura jeroglífica antiga, ja que reprodueix un mateix text en tres idiomes: jeroglífics egipcis antics, egipci demòtic i grec antic.

Quin paral·lelisme es pot fer entre la pedra Rosetta i el codi genètic?

Compreneu un text

A continuació, trobareu una adaptació de l'article publicat en una revista científica de la Universitat de Barcelona. Al text, escrit per Elsa Velasco Benito, hi manquen algunes paraules.

Es podria dir que el ______ és el llibre d'instruccions que permet que un organisme funcioni correctament. Com tot llibre, conté lletres organitzades en forma de paraules i frases, amb significats concrets. Però el llibre tot sol no fa que l'organisme funcioni.

La lectura es produeix en dues etapes. La primera s'anomena ______ i és el procés pel qual el missatge escrit en el DNA es transcriu a un altre àcid nucleic: el ______ A continuació, aquesta biomolècula és llegida per uns orgànuls anomenats ______ en el que es coneix com a ______: aquests orgànuls fabriquen proteïnes llegint les instruccions escrites en el ______ .

Aquesta transformació de la informació del ______ al llenguatge de les proteïnes es fa seguint el codi genètic, el qual és universal.

La transcripció dels gens també s'anomena *transcripció gènica* i, evidentment, no es produeix en tots els gens alhora (seria com una orquestra en què tots els músics toquessin alhora i sense cap ordre). Al contrari, es troba estrictament regulada.

a | Completeu el text amb les paraules que hi manquen.
b | Escriviu un títol per a aquest text.
c | Què vol dir l'autora quan fa referència al «llibre d'instruccions»?
d | Quines implicacions té per a la cèl·lula que la transcripció estigui regulada?

ACTIVITATS

4 Quina informació ens proporciona la interpretació del codi genètic?

5 Quina relació hi ha entre un caràcter que s'expressa en el fenotip, per exemple el color dels ulls, i la informació continguda al gen que el determina?

6 Si la seqüència de nucleòtids de la cadena de DNA que serveix de motlle durant un procés de transcripció és CCTACGATGCTA, quin serà l'RNAm que es genera?

7 Justifica per què no seria vàlid un codi genètic en el qual els aminoàcids estiguessin codificats per parells de nucleòtids en lloc de triplets.

8 L'ésser humà té el mateix codi genètic que el bacteri *Escherichia coli*? I la mateixa informació genètica? Justifica'n les respostes.

9 Com s'anomenen les agrupacions de tres nucleòtids de l'RNAm? En quina d'aquestes agrupacions de tres nucleòtids podries trobar timina? I uracil?

10 Si bé totes les cèl·lules d'un organisme contenen els mateixos gens, no totes les cèl·lules són iguals, ni fabriquen les mateixes substàncies. Als organismes pluricel·lulars hi ha mecanismes que controlen els gens que s'han d'expressar en cada cèl·lula i el moment en què ho han de fer. En quina etapa del procés de descodificació del DNA creus que es controla l'expressió dels gens?

Activitats interactives
Activitat de síntesi

3. Les mutacions

Una **mutació** és qualsevol canvi que es genera de manera sobtada i a l'atzar en la informació continguda en el DNA. No totes les mutacions es manifesten o s'hereten, de manera que les conseqüències que provoquen són diferents segons la zona i extensió afectada, i segons el tipus de cèl·lula que alteren. Quin és l'abast de les mutacions i la seva relació amb la diversitat gènica?

Feu una cerca i responeu

Segons l'extensió del DNA afectat, les mutacions es classifiquen en mutacions **genòmiques**, mutacions **cromosòmiques** i mutacions **gèniques**.

Consulteu el web i contesteu les preguntes següents:

a | Expliqueu en què consisteix cada tipus de mutació.

b | Ordeneu els tres tipus de mutació segons l'extensió del DNA afectat.

c | Associeu les característiques següents a un dels tres tipus de mutació:

- Són mutacions que acostumen a estar provocades per agents mutàgens, concretament radiacions.
- Alteren el nombre de cromosomes de la cèl·lula.
- És el tipus de mutació més habitual.
- Moltes vegades no tenen cap conseqüència per a les cèl·lules perquè els nucleòtids afectats no alteren l'estructura de la proteïna o no codifiquen per a cap proteïna.
- La trisomia del cromosoma 21 n'és un exemple.
- Provoquen canvis en els cromosomes, com ara fragments que es perden, es dupliquen o canvien de lloc.

Agent mutagen: agent físic o químic que provoca mutacions en el DNA.

Trisomia: presència d'un cromosoma extra.

Analitzeu un cas

En aquesta il·lustració es representa la seqüència de nucleòtids de l'inici del gen de l'hemoglobina. La primera imatge mostra l'esquema de l'hemoglobina normal i la segona d'una hemoglobina que ha patit una mutació.

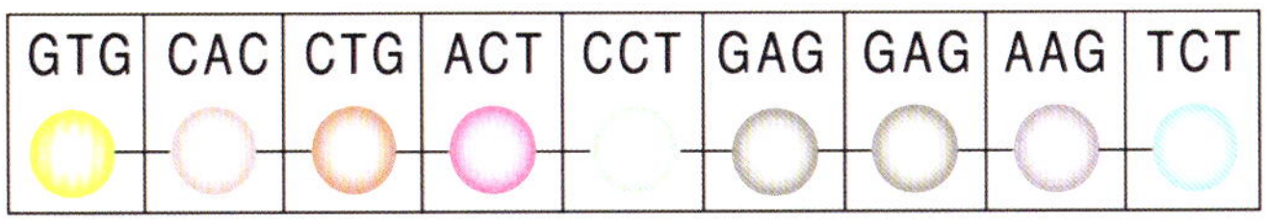

Hemoglobina normal

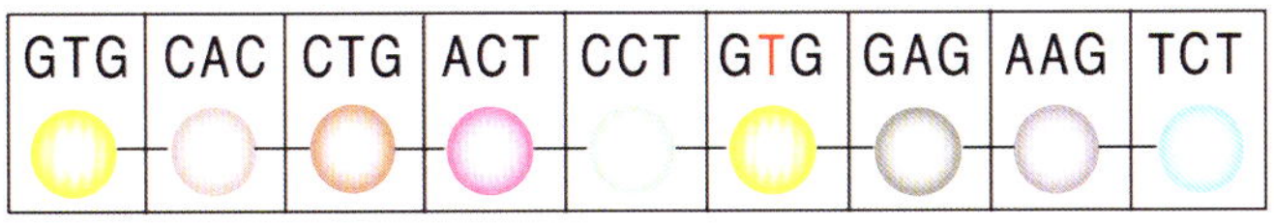

Hemoglobina anormal

a | Quin tipus de mutació ha patit la segona cadena de nucleòtids? Indiqueu quin canvi hi ha tingut lloc.

b | Aquesta anomalia en el gen causa una malaltia anomenada *anèmia falciforme*. Busqueu informació sobre aquesta alteració i determineu si es tracta d'una malaltia hereditària o no. Si voleu, podeu consultar el web.

c | Suposeu que la cadena de DNA de l'hemoglobina normal pateix una mutació que consisteix en la pèrdua del quart nucleòtid. Creieu que s'obtindrà una proteïna molt similar a la normal? Justifiqueu la resposta.

Estudis realitzats en els gens de persones fumadores han permès determinar que, de cada 15 cigarretes fumades, de mitjana, s'adquireix una nova mutació en els gens.

Ens quins casos aquesta mutació no passarà de pares a fills?

Feu una cerca i responeu

Tot i que les mutacions es poden produir de manera natural, hi ha una sèrie d'agents que n'augmenten la freqüència; són els **agents mutàgens**.

a | Investigueu sobre els agents mutàgens i determineu quines de les substàncies següents ho són:

- Feix de llum d'un fluorescent
- L'alcohol d'alta graduació
- Cremes de protecció solar
- Radiacions radioactives
- Llum ultraviolada
- Radiació sonora
- El fum del tabac
- L'aigua de mar
- Els herbicides i els insecticides
- Els antibiòtics
- Els raigs X
- L'amiant
- L'ozó
- El CO_2

b | Una manera de classificar els agents mutàgens és segons el seu origen. De la llista anterior, seleccioneu els agents mutàgens físics i els químics.

c | Descriviu algunes accions que podem posar en pràctica per prevenir-nos contra l'acció dels agents mutàgens.

Compreneu un text

Les mutacions i la diversitat genètica

Les mutacions són una font de diversitat genètica. El canvi en la seqüència del DNA pot alterar la naturalesa dels triplets de nucleòtids i generar proteïnes diferents. Si la mutació afecta una cèl·lula somàtica, els canvis no es transmeten a la generació següent; ara bé, si la mutació afecta les cèl·lules reproductores, les alteracions no són visibles en l'individu però es transmeten a la generació filial.

Les mutacions en els gens provoquen l'aparició de nous al·lels, que a la vegada introdueixen un caràcter nou i diferent dels existents. Si els al·lels que s'originen són viables es mantenen en la població i afavoreixen la diversitat.

a | Descriviu el significat de les expressions subratllades en el text.

b | Quan una persona desenvolupa un càncer, per exemple de pell a causa d'una exposició prolongada al sol, quin tipus de cèl·lula, somàtica o reproductora, ha patit la mutació?

c | Si una de les cèl·lules de la vostra pell muta per acció de la radiació solar, podria passar aquesta mutació a la descendència?

ACTIVITATS

11 Quina diferència hi ha entre les mutacions gèniques i les cromosòmiques? I entre les cromosòmiques i les genòmiques?

12 Investiga quins són els principals agents químics que poden provocar mutacions. Si vols, pots consultar el web.

13 Quines mutacions creieu que són la base de l'evolució biològica de les espècies, aquelles que afecten les cèl·lules somàtiques o les reproductores? Per què?

14 La pèrdua d'un fragment d'un cromosoma sol ser un tipus de mutació molt perjudicial o, fins i tot, letal per a la cèl·lula. Per què creus que aquest tipus de mutació acostuma a ser més nociva que una mutació gènica?

15 Si durant la meiosi hi ha un repartiment erroni dels cromosomes homòlegs i un dels gàmetes se'n queda un parell i l'altre cap, quines conseqüències tindrà per al zigot que resulti de la fecundació? En quina categoria inclouries aquestes mutacions?

Activitats interactives
Activitat de síntesi

4. L'enginyeria genètica

El conjunt de tècniques destinades a manipular el material genètic d'un organisme per canviar-ne la informació s'anomena **enginyeria genètica**. Es tracta d'unes tècniques complexes que segueixen una metodologia comuna. Quin és el procediment bàsic de l'enginyeria genètica?

Interpreteu informació gràfica

Una de les primeres fites de l'enginyeria genètica va ser la producció d'insulina humana. Aquesta il·lustració en resumeix els passos:

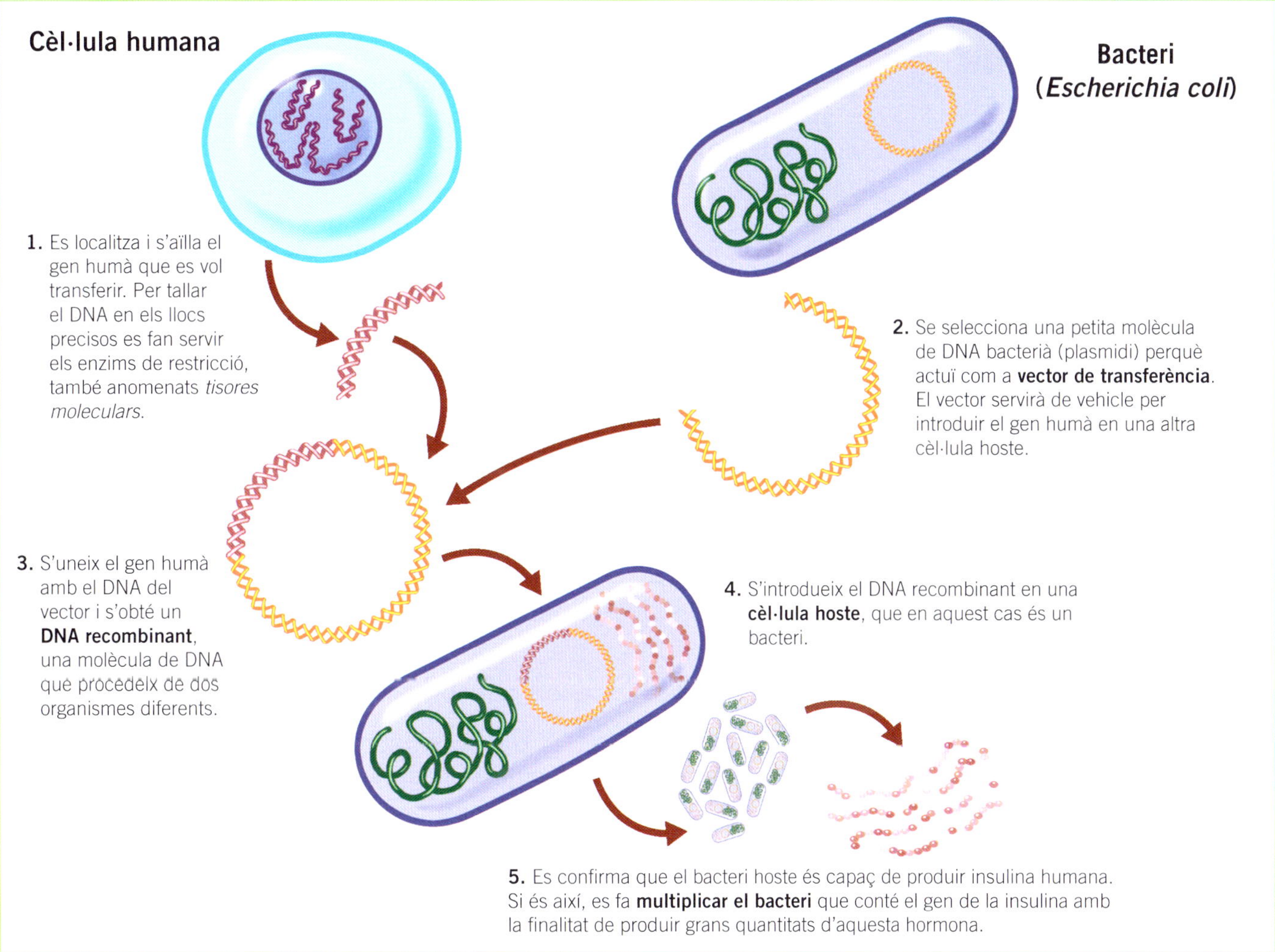

a | Quines cèl·lules estan implicades en el procés de producció d'insulina? Expliqueu el paper de cadascuna d'elles.

b | Quin altre nom reben les *tisores moleculars*? Quina és la funció d'aquestes molècules?

c | Com actua el vector de transferència? Com s'anomena aquest fragment de DNA bacterià? Busqueu el significat d'aquesta paraula.

d | Expliqueu què vol dir *DNA recombinant* i quina és la seva funció.

e | A partir de quines dues espècies d'organismes es genera aquest DNA recombinant?

f | Quin és el receptor final del DNA recombinant?

g | Com s'obtenen, finalment, grans quantitats d'insulina amb aquest procediment?

h | La insulina que produeixen aquests bacteris és diferent de la humana? Justifiqueu la resposta.

i | Investigueu d'on s'obtenia la insulina per a les persones diabètiques abans que es produís insulina humana mitjançant enginyeria genètica.

4.1 La biotecnologia

La **biotecnologia** inclou el conjunt de tècniques que s'apliquen als organismes vius o als productes que se n'obtenen per elaborar productes industrials, medicaments o aliments amb millors qualitats.

La majoria de tècniques i procediments d'enginyeria genètica tenen aplicacions biotecnològiques.

Feu una cerca i organitzeu la informació

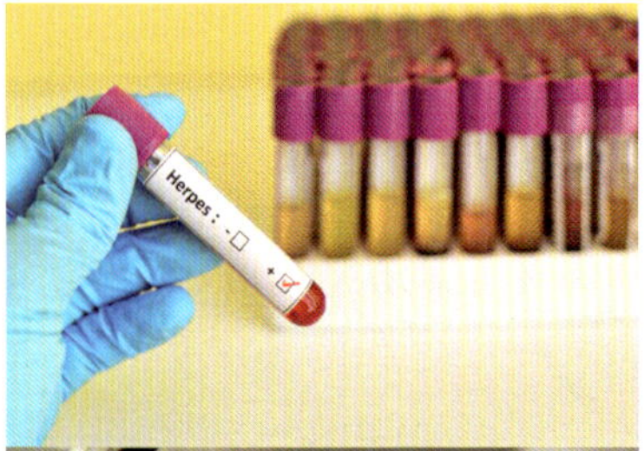

En l'actualitat, molts dels avenços realitzats per l'enginyeria genètica arriben als mitjans de comunicació. Vegem-ne alguns exemples publicats durant l'any 2015 a *La Vanguardia digital*:

Un estudi realitzat per l'Institut d'Investigació del Càncer de Londres afirma que una modificació del virus de l'herpes ha servit per destruir cèl·lules cancerígenes de la pell i que, de retruc, activa i estimula les cèl·lules del sistema immunològic.

Una empresa canadenca ha creat una poma modificada genèticament per evitar que s'oxidi un cop tallada. El procediment ha consistit a eliminar del DNA la proteïna responsable d'aquest procés.

Investigadors japonesos han extret els gens de les aranyes i els han introduït en el genoma d'un cuc de seda; les erugues modificades genèticament produeixen una seda súper resistent i suau, molt adequada per a fabricar teixits i amb finalitats mèdiques, per exemple per realitzar sutures.

a | Expliqueu en què consisteix la biotecnologia. Esmenteu algunes àrees en què s'aplica a partir dels exemples apareguts a les notícies periodístiques.

b | Indiqueu els beneficis que s'han obtingut en cadascuna de les investigacions anteriors.

c | Descriviu en forma d'esquema els passos que s'han dut a terme per obtenir la seda híbrida que s'esmenta en la tercera notícia de *La Vanguardia digital*.

d | Consulteu el web i poseu algun exemple de com la biotecnologia...

- Pot ajudar les persones celíaques.
- Aconsegueix plantes més productives.
- Facilita l'obtenció de medicaments o de substàncies necessàries per a persones amb malalties cròniques.

Persones celíaques: persones intolerants al gluten, una proteïna present en molts cereals com ara el blat.

e | Algunes de les aplicacions de l'enginyeria genètica, especialment les relacionades amb l'agricultura i la ramaderia, tenen molts detractors. Consulteu el web i contesteu les preguntes següents:

- Què preocupa les persones que no aproven aquestes aplicacions de l'enginyeria genètica?
- Què en pensen els científics que treballen en aquest àmbit?

f | Quina és la vostra opinió sobre aquest tema?

4.2 La teràpia gènica

Les tècniques genètiques i mèdiques que s'apliquen per curar malalties genètiques s'inclouen dins del que es coneix com a **teràpia gènica**.

Interpreteu un esquema

En aquesta il·lustració es mostra un exemple de teràpia gènica:

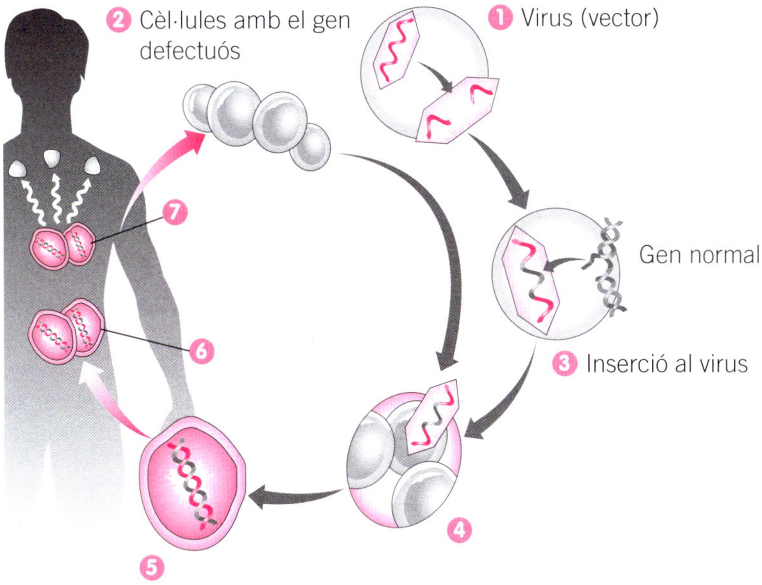

a | Associeu cada etapa del procediment emprat en teràpia gènica a un dels passos numerats de l'esquema.

- Les cèl·lules modificades s'injecten en el pacient.
- Al laboratori es modifica el virus perquè no es pugui reproduir.
- Les cèl·lules modificades comencen a produir la substància desitjada.
- S'obté el gen correcte i s'insereix en el virus.
- Les cèl·lules del pacient incorporen el gen correcte.
- S'extreuen cèl·lules del pacient que tinguin el gen incorrecte.
- El virus modificat es mescla amb les cèl·lules del pacient.

b | Expliqueu amb les vostres paraules en què consisteixen les tècniques de teràpia gènica.

c | Sobre quin tipus de cèl·lules (somàtiques o germinals) s'aplica aquest exemple de teràpia gènica? Què passaria si s'apliqués a les cèl·lules precursores dels espermatozoides?

d | Quines similituds i quines diferències observeu entre aquest procediment i l'exemple sobre la producció d'insulina que apareix a la pàgina 63?

ACTIVITATS

16. Explica per què la introducció d'un gen resistent a un herbicida o a un insecticida pot fer augmentar la collita de tomàquets.

17. Investiga i enumera algunes malalties que es poden combatre actualment, o que es creu que es podran tractar en un futur pròxim, amb la **teràpia genètica**. Si vols, pots consultar el web.

Activitats interactives
Activitat de síntesi

5. Els organismes transgènics

Els avenços en enginyeria genètica han permès desenvolupar **organismes transgènics**, éssers vius que contenen gens d'altres espècies per millorar les seves característiques. Quines són les aplicacions dels organismes transgènics?

Observeu i deduïu

Observeu els organismes transgènics següents i llegiu el text explicatiu corresponent a cadascuna de les imatges.

A

Les **panotxes de blat de moro** són resistents a l'atac de les erugues de la papallona monarca perquè la planta fabrica una proteïna bacteriana que actua com a verí.

B

Els **maduixots** suporten millor les baixes temperatures perquè se'ls ha transferit un gen dels peixos àrtics.

C

La **vaca** produeix llet que conté hormona de creixement humana.

D

L'**arròs** sintetitza betacarotè, el precursor de la vitamina A, gràcies a dos gens, un del narcís i un de bacterià.

a | Completeu la taula al quadern.

	Figura A	Figura B	Figura C	Figura D
Organisme donant				
Organisme receptor				
Organisme transgènic				
Caràcter induït				

b | Per crear organismes transgènics s'apliquen tècniques d'enginyeria genètica: se seleccionen els gens que expressen la característica d'interès (**transgèn**), s'introdueixen en l'organisme receptor amb l'ajuda d'un vector (en aquest cas un **plasmidi**) i es fa créixer l'organisme. Feu un esquema o dibuix per il·lustrar la producció de la panotxa de blat de moro resistent a les erugues de la papallona monarca.

c | A partir dels exemples exposats en aquestes imatges, deduïu les principals aplicacions dels organismes transgènics.

ACTIVITATS

18 Un organisme mutant i un organisme transgènic són conceptes sinònims? Si consideres que són dos termes diferents, explica'n la diferència.

19 «L'ús de transgènics pot arribar a comportar un risc davant d'altres espècies perquè, en l'actualitat, es desconeixen les conseqüències que poden ocasionar al llarg del temps, tant en el medi ambient com en la salut de les persones». El text anterior expressa un dels arguments que sostenen els grups que es declaren detractors dels organismes transgènics. Investiga les raons en què es basen. Pots consultar el web.

20 Investiga quines són les plantes transgèniques que es poden conrear al nostre país i els gens que se'ls han transferit. Si vols, pots consultar el web.

21 Un dels arguments en contra de la utilització d'organismes transgènics és la pèrdua de biodiversitat. A què creus que és deguda? Per què es planteja l'agricultura ecològica com una solució?

Activitats interactives
Activitat de síntesi

6. La clonació

En biologia, **clonar** una estructura, cèl·lula o organisme significa aconseguir-ne una o més còpies idèntiques. Aquest procés es dóna habitualment a la natura, però l'ésser humà l'ha sabut reproduir per al seu profit. Quins tipus de clonació existeixen i amb quina finalitat es duen a terme?

Compreneu un text

A la natura hi ha exemples de clonació que succeeixen espontàniament, per exemple la replicació del DNA en el nucli cel·lular (**clonació molecular**), la divisió cel·lular per mitosi i la bipartició (**clonació cel·lular**) i la gestació de germans bessons univitel·lins o la gemmació (**clonació d'organismes**). En contraposició amb això, l'ésser humà ha estat capaç d'obtenir nous individus a partir del DNA d'una cèl·lula somàtica i un òvul (**clonació reproductiva**) i obtenir cèl·lules i teixits a partir de cèl·lules mare amb la finalitat de curar malalties i regenerar teixits (**clonació terapèutica**).

Cèl·lules mare: cèl·lules no diferenciades que tenen la capacitat d'especialitzar-se i originar gran varietat de cèl·lules diferents.

a | Per què els germans bessons univitel·lins es consideren un cas de clonació natural d'organismes? Passa el mateix amb els bessons bivitel·lins? Justifiqueu la resposta.

b | Quina diferència hi ha entre la clonació reproductiva i terapèutica?

c | En els vegetals, existeixen molts exemples de clonació natural i, en l'agricultura, de clonació artificial. Sabríeu posar algun exemple de cada tipus? (Penseu en les formes de reproducció asexual de les plantes.)

Observeu i deduïu

Aquest esquema representa un cas de clonació:

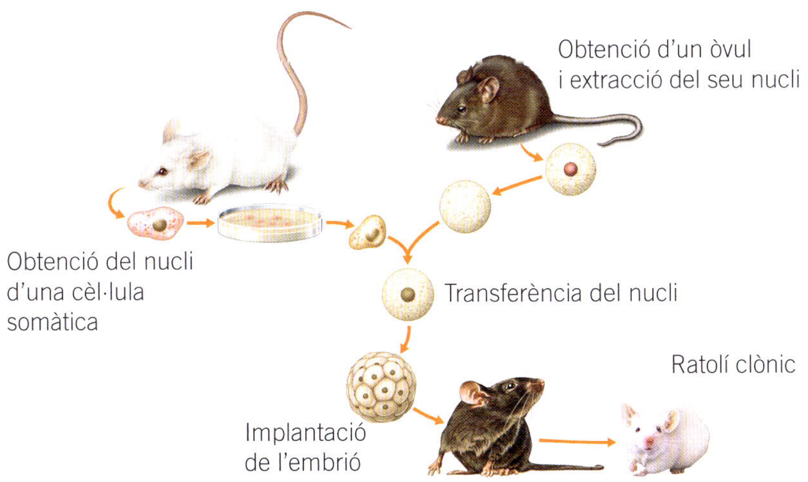

a | De quin tipus de clonació es tracta? En què consisteix aquesta tècnica?

b | De quin ratolí és una còpia el clon que s'obté? Justifiqueu la resposta.

ACTIVITATS

22 La mitosi i la meiosi són dos tipus de clonació cel·lular natural? Justifica la resposta.

23 Investiga quin va ser el primer mamífer clònic obtingut de manera artificial. Si vols, pots consultar el web.

Activitats interactives
Activitat de síntesi

7. El projecte Genoma

El **genoma** és el conjunt de gens d'un individu o d'una determinada espècie. Conèixer la posició dels gens en els cromosomes ha significat un avenç per a les ciències relacionades amb la genètica, així com per a la Medicina.

Quina és la importància del Projecte Genoma Humà?

Feu una cerca i responeu

El **projecte Genoma Humà** va ser concebut com un projecte internacional de gran magnitud. Hi van participar un nombre elevat de científics i va comportar una gran inversió econòmica.

Observeu les il·lustracions següents:

a | Què us suggereixen les il·lustracions?

b | Consulteu aquests webs i seleccioneu les 10 fites que considereu més importants sobre la història de la genètica.

c | Els científics han deduït que els 30.000 gens que conté el DNA d'una persona estan regulats pel que es coneix com a **epigenètica**. Consulteu aquests webs i descriviu les cinc idees que considereu més rellevants sobre l'epigenètica.

d | Consulteu aquest web sobre el present i el futur del projecte Genoma Humà. Anoteu les repercussions positives que pot aportar el coneixement del genoma humà i la relació amb la denominada **medicina genòmica**.

ACTIVITATS

24 En què consisteix el projecte Genoma Humà? Quins avantatges i quins perills pot suscitar per a la societat?

25 Per què creus que és essencial conèixer la localització de tots els gens que constitueixen el genoma, així com la seqüència dels nucleòtids de la cadena de DNA?

26 Esmenta algunes possibles aplicacions de la medicina genòmica.

Activitats interactives
Activitat de síntesi

1. Què és el DNA?

Francis Crick i James Watson van deduir l'estructura del DNA, la molècula que garantia la transmissió dels caràcters d'una generació a la següent. Aquest model, que s'anomena **doble hèlix de DNA**, postula que:

- El DNA és una biomolècula molt llarga formada per **dues cadenes** disposades en forma antiparal·lela, és a dir, en paral·lel però l'una capgirada respecte de l'altra, i enrotllades al voltant d'un eix en forma d'**hèlix**.
- Les unitats que formen el DNA s'anomenen **nucleòtids**. Cada nucleòtid consta de tres molècules: una **desoxiribosa** (que és un glúcid de cinc carbonis), un **àcid fosfòric** i una **base nitrogenada**, que pot ser l'**adenina** (**A**), la **timina** (**T**), la **citosina** (**C**) i la **guanina** (**G**). El nucleòtid rep el nom de la base que conté.
- Cada nucleòtid d'una cadena està unit al nucleòtid de la cadena veïna mitjançant **enllaços** entre bases nitrogenades, però d'una manera determinada: l'**adenina** solament es pot unir amb la **timina**, i la **guanina** amb la **citosina**. Per això es diu que les **dues cadenes** de nucleòtids són **complementàries**.

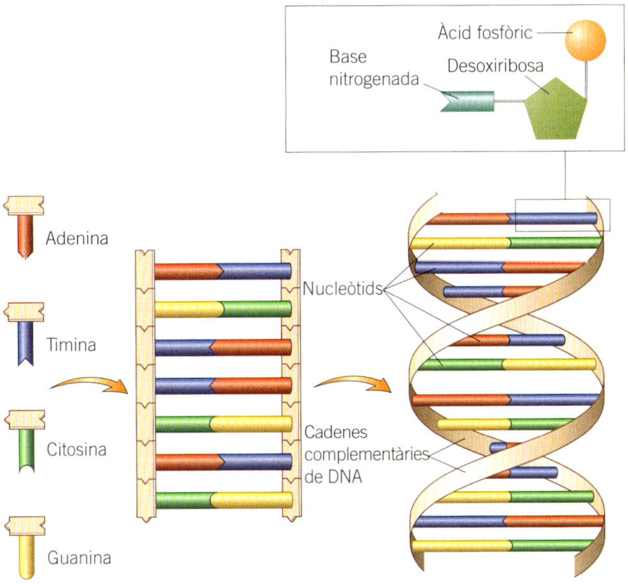

Les molècules del DNA contenen la informació biològica necessària perquè la cèl·lula i l'organisme al qual pertany funcionin correctament. També permeten la transmissió dels caràcters hereditaris d'una cèl·lula a les cèl·lules filles. En el cas dels organismes que es reprodueixen sexualment, els gàmetes són les cèl·lules que transmeten la informació a la generació següent a partir del DNA que contenen.

Un altre tipus d'àcid nucleic present en totes les cèl·lules és l'**RNA**, una molècula formada per una única cadena de nucleòtids en els quals el glúcid present és una **ribosa** i les bases nitrogenades l'**adenina** (**A**), la **guanina** (**G**), **l'uracil** (**U**) i la **citosina** (**C**). Hi ha tres tipus d'RNA, cadascun dels quals realitza funcions diferents:

- L'**RNA missatger** (**RNAm**) copia la informació del DNA i la transporta als ribosomes.
- L'**RNA ribosòmic** (**RNAr**) s'uneix amb proteïnes i forma els ribosomes.
- L'**RNA de transferència** (**RNAt**) transporta els aminoàcids als ribosomes, on es formen les proteïnes.

1.1 La replicació del DNA

El mecanisme pel qual la molècula del DNA produeix una còpia d'ella mateixa s'anomena **replicació** i té lloc al nucli al final de la interfase cel·lular. La replicació té lloc en tres fases:

1. Es trenquen les unions entre els nucleòtids i se separen les dues cadenes.
2. Cada cadena serveix de motlle per fabricar una cadena complementària.
3. Es restableixen les unions entre les bases nitrogenades i es recupera l'estructura en doble hèlix.

Cada molècula de DNA duplicada conté una cadena del DNA original i una de nova formació.

Després d'un procés de replicació, cada molècula de DNA que s'ha format equival a una cromàtide.

ACTIVITATS

1. Descriu l'estructura d'un nucleòtid.
2. Explica com s'aparellen les bases nitrogenades en el DNA i l'RNA.
3. Anomena les principals funcions dels dos àcids nucleics que has estudiat.
4. Explica com té lloc la replicació del DNA.

2. Dels gens a les proteïnes

Un fragment de DNA que contingui la informació necessària per fabricar una proteïna és un **gen**. Cada gen controla la manifestació d'un caràcter hereditari, com pot ser el color dels ulls.

2.1 L'expressió de la informació continguda als gens

Un gen no és capaç de crear directament una proteïna, sinó que cal descodificar la informació emmagatzemada al DNA i fer-la arribar als ribosomes, els òrgans que les fabriquen. Aquest procés consta de dues etapes:

- La **transcripció**. Procés pel qual el missatge genètic expressat al DNA es copia en forma de molècules d'RNA missatger. És un procés similar a la replicació: la doble hèlix de DNA se separa i una de les cadenes serveix de motlle per a la síntesi de la molècula d'RNA. Els nucleòtids complementaris s'uneixen i originen una nova cadena, amb la peculiaritat que l'adenina no s'aparella amb la timina, sinó amb l'uracil. L'RNAm format surt del nucli i es dirigeix al citoplasma.
- La **traducció**. És l'expressió del missatge contingut en l'RNAm en el llenguatge propi de les proteïnes, que consisteix en una seqüència d'aminoàcids. Aquest procés té lloc al citoplasma i el realitzen els ribosomes. L'RNAm s'uneix als ribosomes i comença la traducció del missatge. Al ribosoma s'interpreta la seqüència de nucleòtids i s'identifica l'ordre en què s'han de situar els aminoàcids de la nova proteïna. La molècula d'RNA de transferència (RNAt) és l'encarregada de transportar els aminoàcids corresponents al ribosoma i afegir-los a la cadena que s'està formant.

2.2 El codi genètic

La correlació que s'estableix entre la seqüència de bases nitrogenades de l'RNAm i la seqüència d'aminoàcids d'una proteïna defineix el **codi genètic**. Aquesta relació té les característiques següents:

1. Cada grup de tres nucleòtids de l'RNAm forma un **codó** que codifica un aminoàcid.
2. Hi ha 20 aminoàcids comuns imprescindibles per a la vida i 64 codons possibles que s'originen per les variacions de quatre nucleòtids en grups de tres (4^3).
3. La majoria d'aminoàcids es poden codificar a partir de diversos codons diferents.
4. Hi ha un codó que marca el punt on comença la traducció i tres que en marquen el final.
5. El codi genètic és universal, ja que tots els organismes fan servir els mateixos codons per identificar els mateixos aminoàcids.

Durant el procés de traducció, el ribosoma interpreta el codi genètic escrit en forma de seqüència de codons i identifica els aminoàcids.

ACTIVITATS

5. Explica en què consisteixen els processos de transcripció i de traducció.
6. En què es diferencien dos gens? I dues proteïnes?

3. Les mutacions

Les mutacions són els canvis que es generen, de manera sobtada i a l'atzar, en la informació continguda en el DNA. Generalment, es produeixen de manera espontània, però hi ha els anomenats **agents mutàgens** que n'estimulen l'aparició. Aquests agents poden ser químics (virus, amiant, dioxines, àcid nitrós, nicotina) o físics (raig X, llum ultraviolada, radiació nuclear).

No totes les mutacions es manifesten o s'hereten. Depèn de diferents factors, com ara l'extensió del DNA afectat, el tipus de cèl·lula que ha patit la mutació i l'efecte que causa sobre l'organisme.

- Segons l'extensió del DNA afectat, les mutacions es classifiquen en:
  - **Mutacions gèniques**, quan afecten un fragment tan petit de DNA que només s'altera un gen. Són mutacions molt habituals, però solen ser reparades. Si la mutació afecta un fragment de DNA que no codifica per a cap proteïna, o si el canvi en la seqüència d'aminoàcids no altera l'estructura de la proteïna, aquesta mutació no té conseqüències per a la cèl·lula; en altres situacions, la mutació provoca canvis en la proteïna final.
  - **Mutacions cromosòmiques**, quan provoquen canvis en l'estructura del cromosoma. Aquest tipus de mutació està causat per fragments de DNA que desapareixen, es dupliquen o canvien de posició, i solen ser conseqüència de radiacions. Les mutacions cromosòmiques afecten principalment les cèl·lules reproductores.
  - **Mutacions genòmiques**, quan alteren el nombre total de cromosomes, com el cas de la trisomia del parell 21, que provoca la síndrome de Down.

- Segons el tipus de cèl·lula afectada.
  - Si afecta les **cèl·lules somàtiques** (no reproductores) els canvis no es transmeten a la generació següent. Tot i així, la mutació pot provocar lesions i malalties greus, com el càncer.
  - Si afecta les **cèl·lules reproductores** les alteracions no són visibles en l'individu, però es poden transmetre a la seva descendència.
- Segons l'efecte que ocasionen, les mutacions són **perjudicials**, **beneficioses** o **neutres**.

Les mutacions són una font de **diversitat gènica**. Les variacions només en un o dos al·lels, depenent del patró d'herència del caràcter afectat, són suficients per donar lloc a l'aparició de caràcters nous. Si els caràcters que s'originen són viables afavoreixen la diversitat.

ACTIVITATS

7. Què és una mutació? Per què es produeix?
8. Què són els agents mutàgens? Posa'n exemples.

4. L'enginyeria genètica

Els passos bàsics en què es basa tot procediment **d'enginyeria genètica** són els següents:

1. S'aïlla el gen que es vol transferir. Es fan servir enzims de restricció per tallar el DNA en els llocs precisos.
2. S'utilitza un plasmidi, petita molècula de DNA bacterià, com a **vector de transferència** que servirà de vehicle per introduir el gen en una altra cèl·lula hoste.
3. S'uneix el gen que es vol transferir amb el DNA del vector i s'obté un **DNA recombinant**, una molècula de DNA que procedeix de dos organismes diferents.
4. S'introdueix el DNA recombinant en una **cèl·lula hoste**.
5. Es comprova que la cèl·lula hoste produeix la característica nova, com ara una hormona humana o un medicament, i es fa multiplicar.

4.1 La biotecnologia

La **biotecnologia** és el conjunt de tècniques, incloses les de l'enginyeria genètica, que s'apliquen als organismes per a l'elaboració de medicaments, productes industrials o aliments. Les àrees d'aplicació de la biotecnologia són molt diverses:

- En **medicina** i **farmacologia** es produeixen substàncies terapèutiques (antibiòtics, insulina humana, vacunes, etc.) a partir de bacteris modificats genèticament.
- En **agricultura** i **ramaderia** s'obtenen conreus resistents a plagues i a herbicides, plantes que creixen més ràpidament o en unes condicions ambientals més dures (manca d'aigua, temperatures extremes, etc.).
- A la **indústria** i l'**alimentació** s'han creat organismes capaços d'eliminar els metalls pesants del sòl, de degradar substàncies tòxiques com ara pesticides, de produir un compost o aliments amb característiques especials (cereals sense gluten, vegetals amb més vitamines, carns pobres en colesterol, etc.).

4.2 La teràpia gènica

La **teràpia gènica** és el conjunt de tècniques genètiques i mèdiques que s'apliquen amb la finalitat de curar aquelles malalties causades per un DNA defectuós. Mitjançant un tractament basat en enginyeria genètica, s'aconsegueix substituir el gen defectuós de les cèl·lules afectades i restituir la seva funció fisiològica. La teràpia gènica solament actua sobre les cèl·lules somàtiques, i per tant, els canvis no es transmeten a la descendència.

Els investigadors creuen que amb aquest tipus de teràpia es podrien guarir malalties greus com la fibrosi quística, la talassèmia, alguns càncers i l'hemofília.

ACTIVITATS

9. Defineix *enginyeria genètica* i cita algunes de les seves aplicacions.
10. Explica quina és la funció dels plasmidis en els procediments d'enginyeria genètica.
11. Quin tipus de malalties es poden guarir amb teràpia gènica? Posa'n algun exemple diferent dels indicats al text anterior.

5. Els organismes transgènics

Els **organismes transgènics** són éssers vius que incorporen en el seu material genètic un o més gens d'altres espècies que han estat introduïts mitjançant tècniques d'enginyeria genètica. En aquest procés se segueixen els passos següents:

1. Se selecciona el gen que expressa la característica d'interès (**transgèn**).
2. S'introdueix en l'organisme receptor (fase de **transformació**).
3. Es fan còpies idèntiques de l'organisme (fase de **regeneració**).

Les aplicacions principals dels organismes transgènics són millorar les qualitats dels conreus i dels animals de granja (per exemple, produir plantes resistents al fred o a l'atac de diverses malalties) i fabricar substàncies farmacològiques o de gran poder nutricional (patates que immunitzen contra certes malalties, carpes que fabriquen l'hormona del creixement, etc.).

Els productes transgènics més rellevants a escala mundial són el blat de moro, la soja, el cotó, el tomàquet, l'arròs i la patata. Aquests productes es destinen tant al consum humà com per alimentar el bestiar. També s'utilitzen per fabricar aliments per a les persones; en aquest cas, es parla d'**aliments transgènics**.

Alguns estudis conclouen que els productes transgènics no són innocus ni per al medi ambient ni per a les persones, perquè no està demostrat que al llarg del temps no provoquin una reducció de la diversitat genètica o desencadenin malalties (al·lèrgies).

ACTIVITATS

12 Explica què és un organisme transgènic.

13 Descriu dos avantatges i dos riscos que podria ocasionar el consum d'organismes transgènics.

6. La clonació

La **clonació** pot tenir lloc a tres nivells: a nivell **molecular,** quan l'objecte de la clonació són un o més gens; a nivell **cel·lular,** quan el que es pretén és obtenir còpies idèntiques d'una cèl·lula; i a nivell d'**organismes**, quan s'obté una còpia d'un organisme.

A la natura hi ha exemples de clonació que succeeixen espontàniament. Per exemple, la clonació molecular té lloc a la cèl·lula sempre que es replica el DNA, mentre que la divisió cel·lular per mitosi i la bipartició són casos de clonació natural de les cèl·lules. Pel que fa a la clonació d'individus, els germans bessons univitel·lins i qualsevol exemple de reproducció asexual de les plantes són el resultat d'una clonació natural d'organismes.

Pel que fa a la clonació artificial, es diferencien dues variants:

- La **clonació reproductiva**, en la qual es pretén obtenir un nou individu a partir del DNA d'una cèl·lula somàtica i d'un òvul. Tot i que aquest procediment ja s'ha dut a terme (ovella Dolly), presenta alguns inconvenients, com ara que els clons envelleixen ràpidament.
- La **clonació terapèutica**, que consisteix a obtenir cèl·lules i teixits a partir de cèl·lules mare amb la finalitat de curar malalties i regenerar teixits.

ACTIVITATS

14 Explica els tres nivells de clonació existents i posa un exemple de clonació natural de cada un.

7. El projecte Genoma

El **projecte Genoma Humà** va iniciar-se l'any 1990 i es va donar per acabat el 2003 amb la publicació de la seqüència de gens de cada cromosoma.

Disposar d'un mapa del genoma humà ha permès esbrinar la funció de cada gen i establir les relacions entre els gens i les malalties que ocasionen. El resultat ha estat el naixement de la **medicina genòmica**, una branca de la medicina que diagnostica malalties genètiques, desenvolupa teràpies gèniques i actua en la prevenció de malalties hereditàries abans que n'apareguin els símptomes. L'estudi del genoma humà va permetre descobrir que:

- El DNA humà conté entre 20.000 i 30.000 gens i uns 3 milions de parells de nucleòtids.
- El 98 % del DNA no està format per gens, sinó per fragments que es repeteixen, que marquen l'inici i el final del gens o de funció desconeguda.
- Hi ha moltes més proteïnes que gens.
- Només el 0,1 % del genoma varia entre dos individus de la nostra espècie; només el 2 % del genoma varia entre la nostra espècie i el ximpanzé.

ACTIVITATS

15 Què és el projecte Genoma Humà? Què ha significat per a la humanitat?

16 Què és la medicina genòmica i quina funció té?

Comprova el que saps
Mapa conceptual

Extracció i observació del DNA de les cèl·lules de l'epiteli bucal

Objectiu

Observar els filaments de DNA continguts a les cèl·lules de la mucosa bucal d'una persona.

Material

- 5 mL d'aigua de l'aixeta
- 5 mL de sabó de rentar plats diluït al 25 % (1 cullerada de sabó en 3 d'aigua)
- 5 mL d'alcohol de 96 % molt fred
- Dissolució de sal comuna al 6 % (1 cullerada sopera en un got d'aigua)
- Una barreta de vidre o un bastonet de brotxeta de fusta
- Un tub d'assaig
- Un got de plàstic d'un sol ús
- Pipetes per mesurar líquids o culleretes de plàstic

Procediment

1. Obtenció de la mostra de DNA.

   Ens esbandim la boca amb aigua per eliminar les possibles restes de menjar que interferirien en el resultat de l'experiència. A continuació, glopegem 5 mL d'aigua durant mig minut i l'aboquem al got.

2. Preparació de la mostra de DNA.
   - Abans de començar l'experiment, refredem l'alcohol posant-lo a la nevera una estona.
   - Afegim 5 mL del sabó diluït i 5 mL de la dissolució de sal al got que conté l'aigua i les cèl·lules de la mucosa bucal. Ho barregem tot, movent suaument el got i aboquem el contingut en un tub d'assaig.
   - Inclinem el tub d'assaig i afegim 5 mL d'alcohol fred. Aquest pas és delicat, l'hem de fer amb molta cura, perquè l'alcohol ha de quedar surant sobre la mescla. Deixem reposar el tub durant 5 minuts.

3. Extracció del DNA:
   - El DNA tendeix a pujar a la superfície, a la capa on hi ha l'alcohol. Forma petits grumolls units uns amb altres per filaments fins.
   - Introduïm el bastonet i el fem girar, sempre en la mateixa direcció i sense tocar les parets del tub. Amb cura anem recollint els filaments de DNA. Podem dipositar els filaments en un altre recipient que contingui alcohol per conservar-los millor.

ACTIVITATS

1. Per què, si hem menjat, cal rentar-nos la boca abans de l'obtenció de cèl·lules?
2. En un pas d'aquest procediment experimental es trenquen les membranes de les cèl·lules. Per què cal fer-ho? Quines substàncies de les que has afegit a la mostra de cèl·lules han trencat les membranes cel·lulars?
3. La mostra que hem obtingut conté, a més de DNA, una certa quantitat de proteïnes. Quina funció fan les proteïnes que es combinen amb les cadenes de DNA? Com s'anomenen aquestes proteïnes?

ACTIVITAT FINAL

EL PAPER DELS ENZIMS DE RESTRICCIÓ EN L'ENGINYERIA GENÈTICA

Algunes malalties que afecten les persones, com ara la diabetis o les deficiències de creixement, són provocades per l'absència d'alguna hormona essencial per al metabolisme i poden ser pal·liades amb l'administració d'aquestes substàncies. L'aplicació de l'enginyeria genètica per a l'obtenció d'aquestes molècules n'ha facilitat la síntesi i ha permès abaratir-ne el cost.

Ara bé, per obtenir aquestes substàncies a gran escala se n'ha hagut de perfeccionar el procediment de producció. Un dels primers avenços va tenir lloc a la dècada de 1970 quan dos científics nord-americans, Daniel Nathans i Hamilton O. Smith, van veure com certs bacteris, en fabricar unes proteïnes com a mètode de defensa contra els virus, eren capaços de degradar el DNA estrany.

Aquestes molècules, anomenades *enzims de restricció*, han resultat ser una eina indispensable en l'enginyeria genètica perquè tallen el DNA (en blau fosc) per punts molt específics (en blau clar). Els fragments resultants es poden unir com convingui amb l'ajut d'uns altres enzims anomenats *ligases*. Així, un enzim de restricció talla les dues cadenes de DNA de manera que els dos fragments lliures generats són complementaris. Posteriorment, s'utilitza la seqüència de nucleòtids resultant (en color rosa) i les ligases per inserir el DNA recombinant (en vermell), que és el gen o part d'un gen que es vol incorporar al DNA inicial. Vegem-ne un exemple:

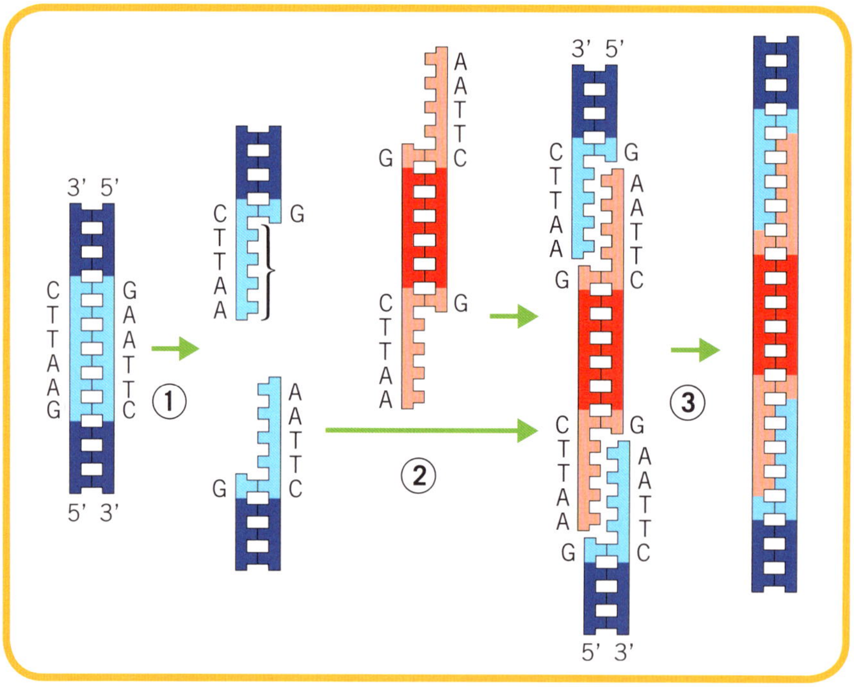

ACTIVITATS

1. En aquest esquema es fa servir un codi de color per identificar els diferents fragments de DNA que intervenen en el procés de formació d'un DNA recombinant. Identifica quin color representa:
   - El fragment que serà tallat per l'enzim de restricció.
   - El gen que s'afegeix (transgèn).
   - Els fragments que s'uneixen al DNA receptor.
   - El DNA receptor que no és tallat per l'enzim de restricció.
2. Indica quin procés té lloc en els punts 1, 2 i 3 de l'esquema. Explica breument en què consisteixen.
3. Quina seqüència del DNA detecta l'enzim de restricció que s'ha emprat en aquest procediment?
4. Observa la seqüència de nucleòtids del DNA receptor pel punt on s'unirà amb el transgèn. Quines característiques tenen en comú les dues cadenes de DNA de l'esquema?
5. Explica quina funció acompleixen els enzims de restricció i les ligases en les tècniques d'enginyeria genètica.

Autoavaluació

REVISTA DE CIÈNCIA
Els límits ètics en biotecnologia

A les darreres dècades s'han multiplicat les aplicacions de la biotecnologia en àrees tan delicades com l'agricultura i la ramaderia, a més de la medicina i la farmacologia. Ningú no posa en dubte els beneficis que la biotecnologia aporta a la societat, però alguns grups de persones opinen que potser no es tenen prou en compte els inconvenients que pot ocasionar, els riscos sobre el medi ambient i les persones i les consideracions ètiques derivades de la seva aplicació.

La biotecnologia basada en l'enginyeria genètica és una ciència nova amb poques dècades d'existència. Ara bé, l'afany per millorar les espècies agrícoles i ramaderes es remunta al Neolític, quan els humans, any rere any, seleccionaven les llavors més productives i els caps de bestiar més sans.

Quin és, doncs, el factor diferenciador entre les tècniques de millora agropecuària aplicades des de fa mil·lennis i la biotecnologia actual? La resposta cal buscar-la en els avenços en enginyeria genètica que han trobat la clau per manipular el genoma dels organismes i dotar-los de propietats que no posseeixen de forma natural.

Un dels exemples més clars i que generen més controvèrsia és la producció d'organismes transgènics. Malgrat que ningú no pot negar els avantatges que aquests productes poden aportar per millorar la salut de les persones i contribuir a alleugerir la fam al món, no es pot obviar el risc ecològic, o fins i tot mèdic, del seu ús. Els conreus modificats genèticament, poden contaminar les poblacions salvatges i reduir la biodiversitat? La producció mitjançant enginyeria genètica de bacteris i virus, es pot arribar a emprar d'una manera irresponsable com a armament biològic? Aquests microorganismes alterats genèticament, podrien provocar noves patologies i desencadenar pandèmies? Les indústries farmacèutiques, podrien abusar dels seus coneixements per enriquir-se a costa de les persones malaltes?

Les implicacions socials i ètiques de l'ús d'aquestes tècniques també abasta l'àmbit laboral i mèdic. Les tècniques per desxifrar el genoma han avançat tant que, en qüestió d'hores, es pot conèixer el mapatge d'un individu i utilitzar-lo per elaborar tractaments específics davant d'una malaltia, però també es podria controlar la població de manera inadequada. Seria lícit haver de lliurar un informe genètic per accedir a un lloc de treball o per gaudir d'una assegurança mèdica, per exemple?

Tant a escala nacional com mundial, hi ha diversos comitès ètics que debaten aquests temes i que vetllen per la dignitat i la llibertat de les persones. No és una tasca fàcil, la ciència avança més ràpidament que els valors de la societat i la legislació.

Molts grups ecologistes, com ara Greenpeace, fan actes de protesta contra els conreus massius de plantes transgèniques.

COMPRENSIÓ LECTORA I REFLEXIÓ

1. Des de l'inici de l'agricultura i la ramaderia s'han aplicat tècniques per millorar-ne la productivitat. Posa'n algun exemple.
2. Anomena algunes aplicacions pràctiques de la biotecnologia.
3. Per què creus que l'aplicació de l'enginyeria genètica en l'àmbit de la medicina o l'agricultura genera posicions confrontades entre partidaris i detractors d'aquesta tecnologia?
4. Argumenta la idea que defensen alguns científics, els quals opinen que la biotecnologia serà l'única manera de proveir aliment a la població humana en un futur.
5. Opina si consideres ètic o no que els informes genètics d'un individu puguin condicionar l'accés a un lloc de treball o a una assegurança mèdica.

UNITAT 4

L'EVOLUCIÓ DELS ÉSSERS VIUS

Des del principi de la humanitat, les civilitzacions s'han preguntat com ha aparegut la vida a la Terra i com s'han originat la varietat d'organismes que l'han poblada. La resposta no s'explica sense acceptar l'evolució com a motor dels canvis.

- Què et suggereix el terme *evolució*?

A partir dels primers organismes procariotes que van habitar la Terra ara fa 4.000 milions d'anys, la vida s'ha obert camí i, amb el temps, s'ha fet més complexa.

- Com creus que serien els organismes actuals si l'evolució no hagués existit?

Per exemple, quan els individus primigenis van abandonar el mar primitiu i van conquerir terra ferma van haver de superar nous reptes: un medi nou on respirar, una manera diferent de desplaçar-se, evitar la dessecació...

- Explica algun canvi anatòmic en els animals que va afavorir la conquesta del medi terrestre.
- Observa la fotografia. Quines característiques d'aquest llangardaix fòssil creus que el fan apte per a la vida al medi terrestre?

Foto: Fòssil de Seymouria, *rèptil prehistòric que va viure durant el període Pèrmic.*

EN AQUESTA UNITAT APRENDRÀS...

1 Què van proposar Darwin i Wallace sobre l'evolució dels éssers vius.

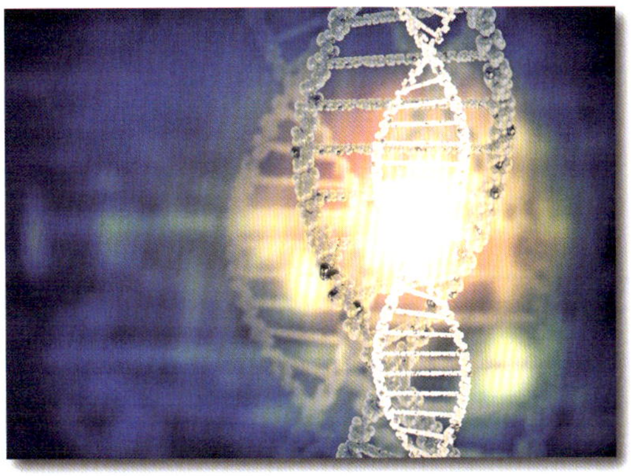

2 Quina és la teoria evolutiva acceptada actualment.

3 Quines altres teories i creences expliquen l'origen i la diversitat de les espècies.

4 Quines proves demostren l'evolució dels éssers vius.

5 Quins mecanismes permeten l'evolució dels éssers vius.

6 Com té lloc la formació d'una nova espècie.

I SERÀS CAPAÇ DE...

- Extreure, a partir de la lectura de textos breus, les idees i creences bàsiques de diverses teories que expliquen l'origen de la biodiversitat.
- Comprendre, mitjançant l'anàlisi de diversos exemples reals, que l'evolució és un fet.
- Descobrir amb diverses seqüències d'imatges els mecanismes que permeten l'evolució de les espècies.
- Simular el procés d'evolució realitzant un experiment senzill.

El vaixell *Beagle*, en què Darwin va fer un viatge científic de gairebé cinc anys al voltant del món.

Saps com es diu el llibre que va publicar Darwin amb la seva teoria sobre l'evolució?

1. Darwin, Wallace i la teoria de la selecció natural

Al segle XIX un científic anglès anomenat Charles Darwin va emprendre un viatge d'investigació arreu del món que li va fer qüestionar-se les concepcions clàssiques referents a l'origen de la biodiversitat de la Terra. El naturalista Alfred Russel Wallace, de manera independent, també va arribar a les mateixes conclusions sobre els processos d'aparició i adaptació de les espècies al llarg del temps. Saps, però, qué van proposar Darwin i Wallace sobre l'evolució dels éssers vius?

Observeu i deduïu

Aquesta seqüència d'imatges representa l'evolució del color del pelatge dels ratolins al llarg d'una generació. Responeu a les preguntes següents per tal de deduir els principis del **darwinisme**.

a | Descriviu detalladament què succeeix a cada imatge.

b | El color del pelatge dels ratolins és un caràcter hereditari. Quines variants observeu per aquest caràcter en les il·lustracions?

c | Quina de les variants anteriors afavoreix la supervivència dels ratolins en aquesta situació? Per què? I quina afavoreix les possibilitats de deixar descendència?

d | Un punt clau de la teoria de Darwin i Wallace és la **lluita per la supervivència** entre els individus d'una mateixa espècie. Per què *lluiten* els ratolins d'aquestes imatges? A part de la situació representada a les imatges, creieu que els ratolins *lluiten* per altres motius en el seu ambient natural?

e | En aquesta situació el medi exerceix una pressió entre els organismes que tenen unes característiques menys favorables per a la supervivència. Quins són aquests individus? Per què creieu que aquesta pressió del medi Darwin i Wallace la van anomenar **selecció natural**?

f | Quin color del pelatge creieu que predominarà en aquesta població de ratolins al llarg del temps? Raoneu la resposta.

g | Inventeu una situació en què la selecció natural hagués afavorit el caràcter de pelatge clar.

h | La teoria evolutiva proposada per Darwin i Wallace, coneguda amb el nom de **teoria darwinista** o **teoria de la selecció natural**, es fonamenta en tres punts: *variabilitat de la descendència*, *lluita per la supervivència* i *selecció natural*. Reconstruïu el text que heu elaborat a l'apartat *a* d'aquesta activitat tot incorporant-hi aquestes idees clau del darwinisme.

Observeu i interpreteu

Durant el seu viatge amb el *Beagle*, Darwin va observar la fauna de les illes Galápagos, especialment les tortugues i els pinsans. Va adonar-se que, en cada illa, les característiques d'aquestes poblacions variaven.

a | Observeu els diversos pinsans de la imatge i determineu quin és el caràcter que mostra més variabilitat en aquests ocells.

b | Descriviu com varia la forma d'aquest caràcter en les diverses espècies de pinsans.

c | Quina hauria pogut ser la causa per la qual s'afavorissin aquests canvis en les diferents poblacions de pinsans?

d | Expliqueu com devia actuar la selecció natural sobre aquest caràcter si se sap que els becs llargs i prims permeten caçar millor els insectes, i els becs curts i gruixuts obtenir grans i llavors.

Interpreteu un gràfic i deduïu

En la teoria sobre l'evolució de les espècies de Darwin, hi van tenir una gran influència els estudis realitzats per l'economista Thomas Malthus. Malthus va suggerir que la població creix a un ritme superior que els recursos necessaris per alimentar-la. El gràfic següent resumeix aquesta afirmació.

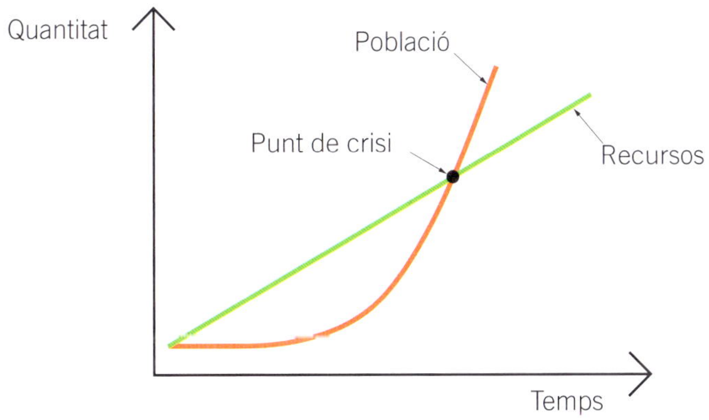

a | Què creieu que passa quan les poblacions naturals creixen per sobre la quantitat de recursos necessaris?

b | Què passa en el punt de crisi?

c | Malthus sosté que la població tendeix a créixer geomètricament, mentre que els recursos augmenten en progressió aritmètica. Què vol dir això? Com es mostra a la gràfica?

d | Quina idea de la teoria de Darwin creieu que s'inspira en aquests postulats de Malthus?

Postulats: principis o idees bàsiques.

ACTIVITATS

1. Charles Lyell fou un altre científic que influencià sobre la teoria de Darwin. Aquest geòleg sosté en la seva obra que els processos geològics són el resultat de petits canvis que tenen lloc durant milions d'anys, teoria que es coneix com a **gradualisme**. En què creus que influencià Lyell sobre la teoria de l'evolució de Darwin?

Activitats interactives
Activitat de síntesi

2. El neodarwinisme i altres teories evolutives recents

Els nous descobriments en el camp de la genètica i en altres disciplines, com ara la biologia, la bioquímica, l'ecologia i la paleontologia, van permetre, a principis del segle XX, reformular la teoria darwinista. Així doncs, quina és la teoria evolutiva acceptada actualment?

Seleccioneu les idees correctes

Seleccioneu el terme o termes adequats per a cadascuna de les afirmacions següents i trobareu algunes de les idees principals de la **teoria sintètica de l'evolució** o **neodarwinisme**:

- El procés evolutiu es basa en les idees *darwinistes* / *creacionistes*.
- Les unitats d'evolució són *els individus* / *les poblacions*.
- La variabilitat dels caràcters en les poblacions és deguda a *l'ambient* / *la genètica*.
- La variabilitat en les poblacions s'origina, principalment, per *l'ambient* / *la mutació*.
- La selecció natural actua inicialment sobre el *genotip* / *fenotip*. dels individus.
- L'evolució de les espècies té lloc normalment de forma gradual / sobtada.

Tot seguit, responeu les preguntes següents:

a | Raoneu cadascuna de les afirmacions anteriors que heu triat.

b | La recombinació, tal com l'heu estudiat en el tema 1, creieu que genera nous al·lels? Quin efecte té en la variabilitat dels individus?

c | Quina és la diferència fonamental entre darwinisme i neodarwinisme?

Observeu i descriviu

Descriviu l'exemple d'evolució que mostren les vinyetes incorporant les idees principals del neodarwinisme:

ACTIVITATS

2 En quina de les situacions següents la selecció natural tindrà més repercussió? Raona'n la resposta.

a) Una població gran de ratolins sotmesa a unes condicions ambientals estables durant un període llarg de temps.

b) Una població de bacteris en un medi en què canvia la font d'alimentació.

c) Una població d'una espècie de mamífers amb molta diversitat sotmesa a un descens molt brusc de les temperatures durant un període llarg de temps.

2.1 El neutralisme

Reflexioneu i deduïu

El genetista japonès Motoo Kimura (1924-1994) considera que la selecció natural no pot explicar tota sola l'evolució biològica. Les seves propostes sobre l'evolució de les espècies es recullen a la teoria coneguda amb el nom de **neutralisme**.

a | Segons la teoria neodarwinista, com actua la selecció natural sobre els al·lels beneficiosos? I sobre els perjudicials?

b | Kimura considera que la selecció natural condueix a una reducció de la diversitat de les poblacions. Atenent l'efecte que la selecció natural ha causat al llarg de les generacions, justifiqueu la seva afirmació.

c | La teoria del neutralisme sosté que la major part de les variants al·lèliques no són ni beneficioses ni perjudicials, sinó neutres. Creieu que la selecció natural té alguna incidència en aquestes variacions neutres? De què creieu que depèn que un al·lel es mantingui o desaparegui durant el procés evolutiu?

d | El neutralisme demostra que les poblacions poden evolucionar per un procés anomenat **deriva genètica**. Investigueu en què consisteix la deriva genètica i expliqueu què són **l'efecte fundador** i **l'efecte coll d'ampolla**.

2.2 L'equilibri puntuat

Observeu i descriviu

Aquestes imatges contraposen el **gradualisme** amb l'**equilibri puntuat**. Observeu-les amb detall i contesteu les preguntes següents:

a | El neodarwinisme considera que l'evolució de les espècies té lloc de forma gradual. Quina imatge il·lustra aquest raonament? Per què?

b | Com té lloc l'evolució segons la teoria de l'equilibri puntuat? Quina imatge il·lustra aquesta teoria?

c | Per què per referir-nos a l'equilibri puntuat a vegades utilitzem el terme *saltacionisme*?

d | El registre fòssil és incomplet i no s'han trobat totes les formes intermèdies que caldria esperar. Com es podria interpretar aquest fet des de l'òptica del neodarwinisme? I des de l'equilibri puntuat?

ACTIVITATS

3. Quina és la diferència principal entre el neodarwinisme i el neutralisme? I entre el neodarwinisme i l'equilibri puntuat?

Activitats interactives
Activitat de síntesi

3. Altres teories. Fixisme versus evolucionisme

Abans que Darwin i Wallace proposessin, al segle XIX, la teoria sobre l'evolució de les espècies, durant molts segles les explicacions a la gran diversitat d'éssers vius se sustentaven en les anomenades **teories fixistes**. Posteriorment, es van desenvolupar les **teories evolucionistes**, segons les quals les espècies es transformen al llarg del temps com a resultat de l'evolució biològica. Quines altres teories i creences expliquen l'origen i la diversitat de les espècies?

3.1 El fixisme

Carl von Linné (1707-1778) va establir les bases de la nomenclatura binomial per donar nom a les espècies.

Saps en què consisteix aquesta nomenclatura?

Compreneu uns textos

Llegiu els textos següents i contesteu les preguntes:

Hi ha tantes espècies diferents com formes de vida van ser creades en un principi per l'ésser infinit. Aquestes espècies s'han mantingut immutables fins als nostres dies.

Carl von Linné

En el passat havien existit éssers vius diferents dels actuals que van romandre invariables durant molt de temps. Alguns desastres naturals de grans dimensions, com el diluvi universal que es relata a la Bíblia, van ser els responsables de la desaparició d'aquestes espècies.

Georges Cuvier

Després d'una catàstrofe que anihilava un gran nombre d'espècies, hi havia un acte creador. Així, les diverses catàstrofes del planeta han estat succeïdes per actes creadors.

Alguns deixebles de Georges Cuvier

a | El **creacionisme** és el conjunt de creences segons les quals l'Univers i tots els éssers vius han estat originats per un acte creador diví. Per què creieu que les teories fixistes es fonamenten en el creacionisme? Identifiqueu algun fragment en els textos anteriors on s'evidenciïn aquestes concepcions creacionistes.

b | Les **idees fixistes** es basen en una visió estàtica de l'Univers i de la vida. Què significa això? Com s'explicaria la biodiversitat actual a partir de les teories fixistes? Com s'expressen aquestes idees en els tres textos anteriors?

c | Els fòssils no acabaven d'encaixar bé amb les teories fixistes perquè aquests no permetien explicar l'existència de tantes formes de vida ja desaparegudes. Georges Cuvier va proposar la teoria del **catastrofisme** per fer compatible el raonament fixista amb l'existència dels fòssils. En què consisteixen les seves idees?

d | Quines aportacions van fer els deixebles de Georges Cuvier a les seves conclusions? Per què creieu que aquestes idees es coneixen amb el nom de **policreacionisme**?

e | Creieu que els postulats fixistes tenen seguidors actualment? Llegiu l'article que trobareu al web i comproveu si les vostres hipòtesis són encertades.

f | Quines són les principals diferències entre el fixisme i l'evolucionisme?

3.2 L'evolucionisme

Observeu i deduïu

Jean-Baptiste Lamarck (1744-1829) va ser el primer naturalista que va proposar una teoria evolucionista. La teoria de Lamarck també s'anomena **teoria del transformisme**. Observeu amb detall com es va produir l'evolució de les girafes segons Lamarck i contesteu les preguntes:

1. Les girafes primitives tenen el coll curt i s'alimenten de les fulles i els borrons dels arbres. En època de sequera, la quantitat d'aliment disminueix.

2. A conseqüència de la competència, les fulles baixes escassegen i les girafes estiren el coll i les potes per arribar a les fulles més altes.

3. A mesura que el coll i les potes se sotmeten a tensió, s'allarguen progressivament. Aquests trets adquirits seran heretats pels descendents.

4. A mesura que es succeeixen les generacions, les girafes van adquirint el coll i les potes llargues que les caracteritzen.

a | Quines noves condicions ambientals provoquen canvis en les girafes primitives? Quins són aquests canvis?

b | Què vol dir Lamarck amb la frase «La funció crea l'òrgan»?

c | Què són els caràcters adquirits? Què passa amb aquests caràcters al llarg de les generacions segons Lamarck?

d | Per què creieu que la teoria evolucionista de Lamarck també s'anomena *transformisme*?

e | Per què creieu que la teoria de Lamarck es basa en l'herència dels caràcters adquirits? Es produeix en la natura aquest tipus d'herència?

ACTIVITATS

4 En les últimes dècades del segle XX, va sorgir una controvèrsia en alguns estats d'Amèrica del Nord: algunes persones defensaven l'ensenyament del creacionisme a les escoles com una teoria científica, en igualtat de condicions que la teoria darwinista de l'evolució. És una teoria científica el creacionisme? Raona la resposta.

5 A partir dels teus coneixements de genètica, explica per què actualment no s'accepta la teoria de Lamarck.

6 Quin és el mecanisme que fa evolucionar les espècies segons Lamarck? I segons Darwin?

7 Segons la **teoria sintètica** de l'evolució, les mutacions són canvis en el material genètic que són heretats pels descendents. No es tracta, llavors, de l'herència d'un caràcter adquirit? Explica quina seria la diferència entre heretar una mutació i heretar un caràcter adquirit.

8 Les gallines i els galls són aus que tenen unes ales petites que no fan servir per volar. Fes una hipòtesi aplicant els principis de la teoria lamarckiana per explicar l'evolució de les ales de les gallines. Com explicaria aquesta situació el darwinisme? I el neodarwinisme?

Activitats interactives
Activitat de síntesi

4. Les proves de l'evolució

L'evolució és un fet acceptat. Però, saps quines proves demostren l'evolució dels éssers vius?

4.1 Les proves paleontològiques

Són les que s'obtenen de l'estudi dels fòssils.

Observeu i deduïu

En aquest esquema es representa l'evolució d'algunes espècies d'èquids a través del **registre fòssil**: el cavall actual (gènere *Equus*) i diverses espècies fòssils.

Analitzeu l'esquema i contesteu les preguntes.

a | Intenteu explicar com ha canviat l'estructura de l'extremitat dels èquids al llarg del temps. Diríeu que es tracta d'un canvi sobtat o gradual?

b | Quin avantatge evolutiu pot comportar tenir un sol dit en cada extremitat i una pota més llarga?

c | Quin aspecte de la teoria sintètica de l'evolució creus que queda demostrat amb l'estudi d'aquest registre fòssil?

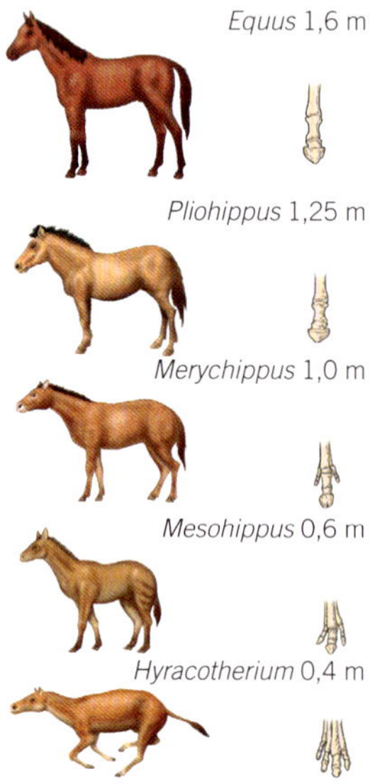

4.2 Les proves embriològiques

Són les que proporcionen l'estudi i la comparació del **desenvolupament embrionari** de diferents espècies. Com més emparentades siguin dues espècies, més similituds trobarem en el seu desenvolupament embrionari.

Observeu i compareu

Fixeu-vos en el desenvolupament embrionari de la vaca i de l'ésser humà.

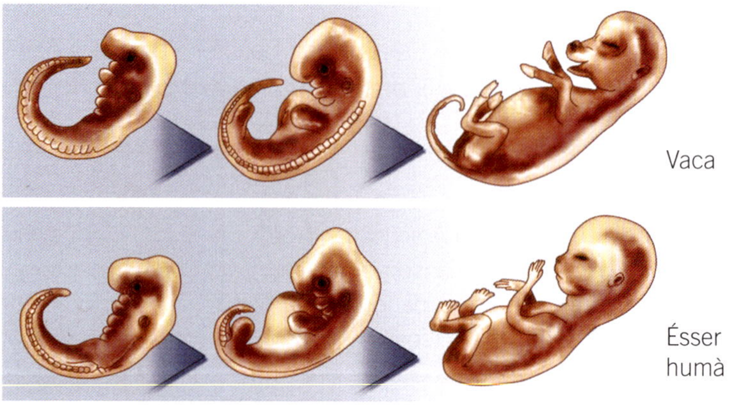

a | En quines etapes del desenvolupament embrionari trobem més similituds entre espècies?

b | Quan direm que dos individus estan més emparentats? Per què?

c | Per què creieu que les espècies mostren semblances en el desenvolupament dels embrions?

4.3 Les proves anatòmiques

Són les que propociona l'estudi de les semblances i les diferències en l'anatomia dels organismes.

Observeu i interpreteu

Fixeu-vos en les imatges de sota i contesteu les preguntes:

Òrgans homòlegs

Ala d'un ocell

Aleta d'una balena

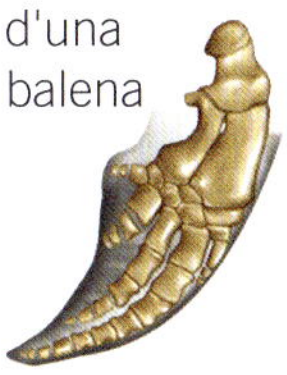

Ala d'un ratpenat

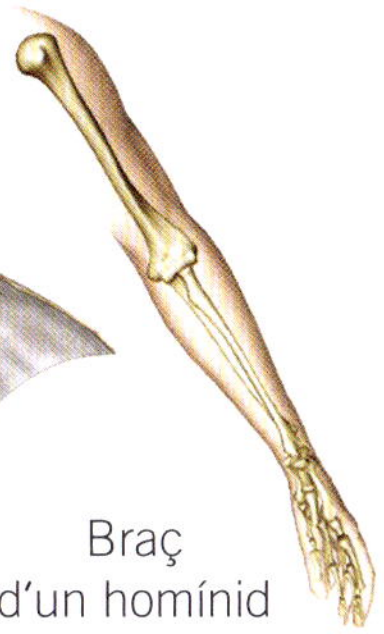

Braç d'un homínid

Òrgans anàlegs

Ala d'un ocell

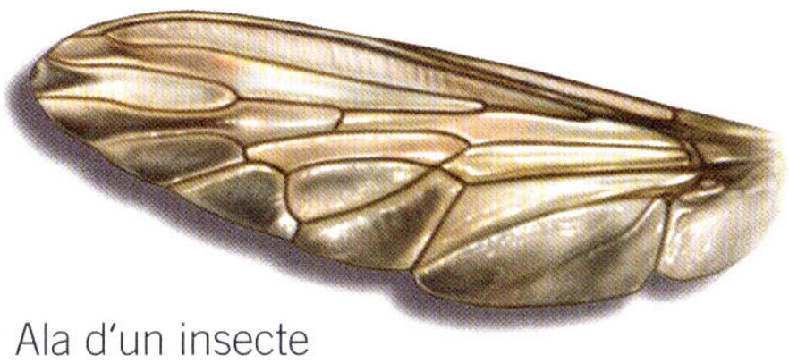

Ala d'un insecte

Òrgans vestigials

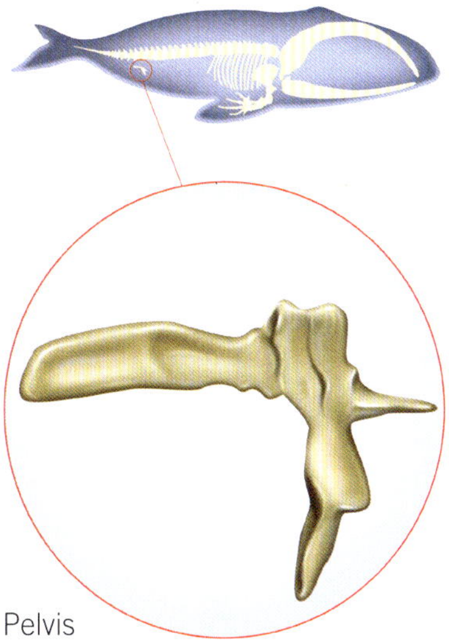

Pelvis d'una balena

a | Fixeu-vos en els **òrgans homòlegs**. Creieu que tenen la mateixa estructura? I la seva funció, és la mateixa?

b | Analitzeu ara els **òrgans anàlegs** del dibuix. Què els diferencia dels òrgans homòlegs?

c | Els **òrgans vestigials** són òrgans atrofiats que han deixat de tenir una funció significativa en l'espècie però que en les formes predecessores eren funcionals. Què creieu que ha anat passant amb aquests òrgans al llarg de la història evolutiva?

d | Creieu que els humans tenim algun òrgan vestigial? En cas afirmatiu, digueu-ne algun exemple.

e | Quins òrgans demostren que l'evolució és un fet?

f | Quins dels òrgans de la il·lustració no són útils per estudiar el grau de parentiu entre espècies?

g | Construïu una definició acurada per a cadascun d'aquests tres tipus d'òrgan.

ACTIVITATS

9 Cerca el significat de la paraula *fòssil* i copia-la al teu quadern. Posa algun exemple de fòssils que no siguin restes d'un esquelet.

10 Ordena, de major a menor grau de semblança respecte de l'embrió humà, el desenvolupament embrionari d'un peix, un amfibi, un rèptil i una au. Justifica la resposta. Pots consultar el web.

11 Busca què és la *filogènia* i digues com intervé en l'estudi de l'evolució.

4.4 Les proves biogeogràfiques

Són les que proporciona l'estudi de la distribució geogràfica de les espècies.

Observeu i deduïu

L'emú, l'estruç i el nyandú són tres ocells corredors. Aquestes espècies comparteixen moltes similituds. Observeu les imatges i contesteu:

a | Observeu la seva distribució geogràfica i formuleu una hipòtesi que expliqui com s'han originat aquestes tres espècies d'ocells.

b | Quin procés geològic ha fet possible aquesta diversificació?

c | Cerqueu a Internet informació sobre els endemismes i expliqueu què són.

d | On creieu que hi habitaran més espècies endèmiques, en una illa o en un vast territori? Raoneu-ne la resposta. Digueu el nom d'alguna espècie endèmica de la vostra regió.

4.5 Les proves bioquímiques

Són les que proporciona l'estudi de les reaccions químiques produïdes en l'interior dels éssers vius i que demostren que tots estan constituïts per les mateixes molècules orgàniques.

Observeu i interpreteu

La **informació genètica** continguda en el DNA ens permet determinar el grau de similitud entre espècies. Això és així perquè les mutacions que registra el DNA es van acumulant al llarg del procés evolutiu. Els resultats del parentiu evolutiu entre les espècies es poden representar en un esquema anomenat **cladograma**, com el que teniu al costat.

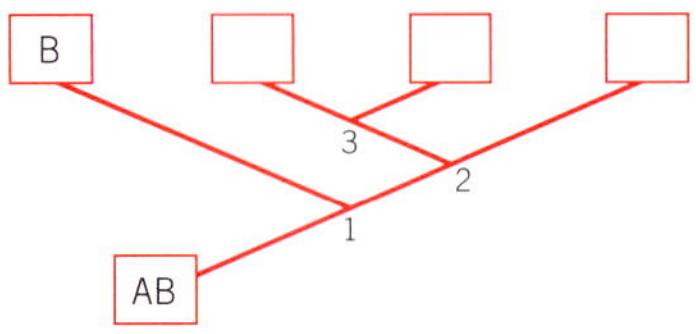

Observeu la seqüència de gens de les espècies de l'esquema i contesteu:

a | Quina part del cladograma representa l'avantpassat comú a les quatre espècies (A, B, C i D)?

b | A partir de l'avantpassat comú, quina és l'espècie que s'ha originat primer? Quina més tard?

c | Ordeneu les espècies A, B, C i D de la més antiga a la més actual. Justifiqueu-ne la resposta.

d | Quin procés evolutiu indiquen els nombres 1, 2 i 3 marcats en el cladograma? En què consisteix aquest procés?

e | Completeu el cladograma amb les espècies restants.

Activitats interactives
Activitat de síntesi

5. Els mecanismes de l'evolució

La transformació gradual dels éssers vius al llarg del temps depèn de factors com la variabilitat genètica entre els individus d'una mateixa població i, alhora, l'adaptació al medi on viuen. Saps descriure quins mecanismes permeten l'evolució dels éssers vius?

Interpreteu i deduïu

La papallona del bedoll (*Biston betularia*) és una papallona nocturna blanquinosa amb taques fosques disperses que durant el dia descansa sobre els troncs coberts de líquens grisencs d'alguns arbres. També hi ha una varietat negra, anomenada *carbonària*, que s'ha originat com a conseqüència d'una **mutació** que activa la producció de melanina.

Melanina: substància natural present en plantes i animals on actua com a pigment. En els éssers humans la melanina dóna color als cabells, a la pell i a l'iris de l'ull i és responsable de protegir la pell del sol.

Papallona del bedoll sobre l'escorça d'un arbre amb líquens.

a | El pit-roig és un dels depredadors de la papallona del bedoll. Quina de les dues varietats de papallona del bedoll estarà més amenaçada pel pit-roig? Per què?

b | Segons la manera com afecta l'individu, podem considerar que la mutació que activa la producció de melanina és perjudicial, favorable o neutra? Per què?

c | Hi ha algun factor del medi que desencadeni aquesta mutació o, per contra, cal considerar que les mutacions s'originen a l'atzar?

d | A quin tipus de cèl·lules han d'afectar les mutacions perquè es puguin transmetre a la generació següent?

ACTIVITATS

12 La reproducció sexual és un altre mecanisme que, com les mutacions, contribueix a generar variacions genètiques entre els individus d'una mateixa població a causa de noves combinacions de gens. Quins processos de la reproducció sexual contribueixen a generar aquesta variabilitat?

13 A què són degudes les variacions genètiques que presenten els individus d'una mateixa població?

Interpreteu i deduïu

Les dues varietats de papallona del bedoll sobre l'escorça d'un arbre ennegrit pel sutge.

D'on creus que provenia aquest sutge?

A Manchester, una ciutat situada al nord-oest d'Anglaterra, la majoria de papallones del bedoll eren de color clar fins a mitjan segle XIX. Tanmateix, en qüestió de poques dècades, la varietat fosca va passar a ser la forma dominant. Aquest fenomen d'**adaptació biològica** s'explica com a resultat de la **pressió de selecció** que van exercir els depredadors i va coincidir amb l'intens procés d'industrialització que va viure aquesta metròpoli durant la Revolució Industrial.

a | Quina de les dues varietats de papallona del bedoll estava sotmesa a una pressió de selecció més adversa en les noves condicions ambientals que es donen a Manchester a partir de la Revolució Industrial?

b | En aquesta nova situació i segons la manera com afecta l'individu, considereu que la mutació que genera la varietat negra és perjudicial, favorable o neutra?

c | Quin és l'element fonamental a tenir en compte a l'hora de valorar si una mutació és perjudicial, favorable o neutra?

d | En quin moment podem considerar que la població s'ha adaptat al medi?

e | És correcte dir que la contaminació ambiental provoca un canvi en el color de les papallones? Per contestar aquesta pregunta reviseu la qüestió *d* de la pàgina anterior.

f | La pressió de selecció actua només sobre la diversitat existent o és capaç d'incrementar la diversitat?

g | Què creieu que hauria passat en aquest cas si en la població de papallones no hi hagués hagut dues varietats d'individus?

Observeu i deduïu

Fixeu-vos en les característiques d'aquestes tres guineus:

a | Deduïu quina viu a la tundra àrtica, quina als boscos de Catalunya i quina al desert d'Aràbia. Com ho heu pogut esbrinar?

b | Expliqueu quin mecanisme és responsable de les diferències en el color del pelatge i en la mida de les orelles de les tres guineus i com ha actuat.

Interpreteu un gràfic

Fins fa poc, el DDT era un insecticida que es feia servir de manera habitual per lluitar contra les plagues d'insectes i àcars. Tot i ser un producte molt efectiu, al cap de pocs anys d'utilitzar-lo es va comprovar que, en collites successives, se n'havia d'emprar cada cop més per obtenir els mateixos resultats.

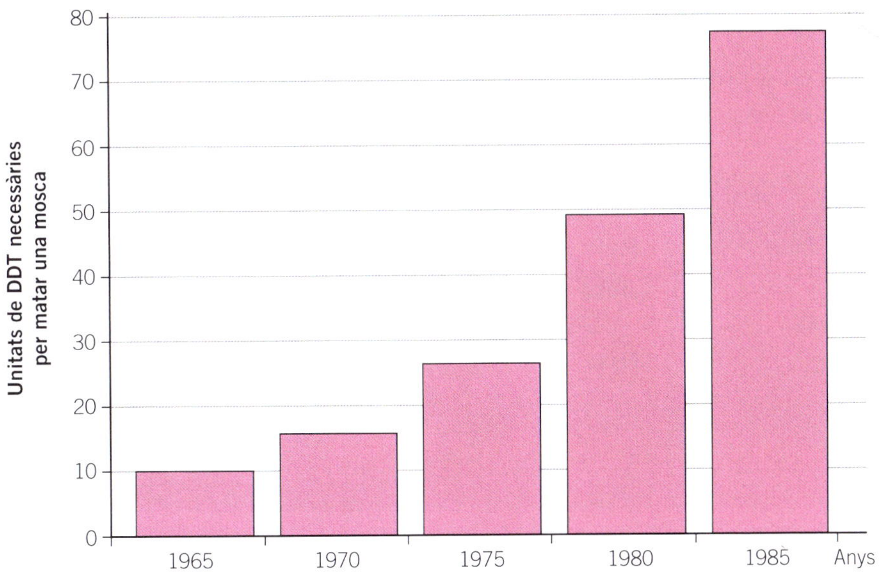

a | Quantes unitats de DDT calien l'any 1965 per matar una mosca? I l'any 1985? Descriviu els canvis que es mostren en el gràfic tot valorant com varia l'efectivitat del tractament.

b | Expliqueu què els deu haver passat a les mosques que justifiqui els canvis descrits a l'apartat anterior.

c | Per què creieu que les empreses encarregades de fabricar insecticides han d'investigar contínuament per obtenir ne de nous?

d | Expliqueu per què quan es fa servir un insecticida per eliminar una plaga d'una plantació és convenient no utilitzar durant uns quants anys seguits el mateix producte, sinó altres de diferents.

e | A partir dels anys noranta molts països van prohibir el DDT per a usos agrícoles. Consulteu l'article del web i expliqueu-ne els motius.

Les espècies de plantes que viuen en llocs àrids han desenvolupat moltes estratègies per adaptar-se al medi.

Recordes alguna estratègia d'adaptació de les plantes a la manca d'aigua?

ACTIVITATS

14 A què poden ser degudes les variacions genètiques existents entre els individus d'una població de bacteris? I entre els individus d'una població de papallones del bedoll?

15 Les mutacions desencadenen diferències entre els integrants d'una espècie. Recordes quines mutacions són heretables?

16 Suposa que, a conseqüència d'una mutació, apareix una tortuga amb la closca tova i fàcil d'esquinçar. Com creus que aquesta característica afectaria l'individu?

17 En quin organisme és més fàcil percebre una possible adaptació biològica, en un bacteri o en un mamífer? Raona'n la resposta.

Activitats interactives
Activitat de síntesi

6. Concepte d'espècie. El procés d'especiació

Si tots els éssers vius tenen un origen comú, **com s'explica la biodiversitat?**

Es calcula que existeixen sobre la Terra entre 40 i 80 milions d'espècies diferents, la majoria encara per descobrir. Ara bé, si sabem que tots els éssers vius han evolucionat a partir d'un avantpassat comú, saps explicar com té lloc la formació d'una nova espècie?

Interpreteu les imatges

Fixeu-vos en el procés representat a les imatges següents i responeu, tot seguit, a les preguntes:

1. Una població de tortugues se separa en dos grups a conseqüència del moviment de les plaques tectòniques.

2. La dotació genètica de cada població canvia a causa de les mutacions i de la recombinació genètica.

3. La selecció natural afavoreix formes diferents en cada població. Finalment, les dues poblacions han canviat tant que es consideren espècies diferents.

a | El primer pas del procés d'especiació és l'**aïllament de poblacions**. Què provoca l'aïllament de poblacions en aquest cas?

b | Creieu que dues poblacions poden quedar aïllades per altres raons, a part de l'existència de barreres geogràfiques? Investigueu-ho tot consultant el web.

c | El segon pas és la **diferenciació gradual** de les dues poblacions al llarg del temps. Quins mecanismes la fan possible? Utilitzeu els postulats de la teoria sintètica de l'evolució per explicar-ho.

d | El tercer pas és l'**aparició de dues espècies diferents**. Cerca la definició d'**espècie** al web i explica com es pot demostrar que dues poblacions aïllades geogràficament són de diferents espècies?

El mul, un híbrid de l'ase i l'euga, no pot reproduir-se perquè és estèril.

Podem considerar que els ases i els cavalls pertanyen a la mateixa espècie?

ACTIVITATS

18 Imagina un grup de papallones que són actives durant la posta de sol. A partir d'un cert moment, una part de la població tendeix a ser més activa durant el dia i una altra, durant la nit. Què passarà si aquesta tendència s'allarga en el temps? Justifica'n la resposta.

19 Fa uns 6 milions d'anys les illes Balears estaven unides a la península Ibèrica. La sargantana *Podarcis muralis* habitava tot aquest territori fins que, a causa de la separació de les illes, grups d'aquesta sargantana van quedar aïllats del continent i entre ells mateixos. Actualment podem trobar a cada illa una espècie diferent del gènere *Podarcis*: *Podarcis lilfordi* a Mallorca, *Podarcis pityuesensis* a Formentera, etc. Com es podria demostrar que dues poblacions de sargantanes, que es troben cadascuna en un illot, pertanyen a espècies diferents?

Activitats interactives
Activitat de síntesi

1. Darwin, Wallace i la teoria de la selecció natural

Tots els éssers vius que habiten la Terra tenen un origen comú. Totes les espècies provenen d'altres de preexistents. Amb el transcurs del temps, moltes d'elles donaran lloc a noves espècies i d'altres s'extingiran. L'evolució biològica és el procés de canvi a què estan sotmeses les espècies al llarg del temps.

Charles Darwin i Alfred Russel Wallace van ser dos naturalistes del segle XIX que, de manera independent, van arribar a la mateixa conclusió sobre com l'evolució biològica afavoreix la biodiversitat de les espècies. Aquesta afirmació va ser titllada de revolucionària perquè s'enfrontava directament amb les teories fixistes.

Els dos científics van seguir camins paral·lels que els van conduir a una nova visió de l'evolució, coneguda amb el nom de **darwinisme**.

Els principis de l'evolució darwiniana

La teoria darwinista proposada per Darwin i Wallace recolza en tres punts:

- La **variabilitat** de la descendència. En una població, els individus no són tots iguals, sinó que mostren petites diferències o variacions que poden ser heretades pels seus descendents.
- La **lluita per la supervivència**. Els recursos d'un ecosistema són limitats i els individus competeixen per aconseguir-los. S'estableix una lluita per la supervivència entre individus d'una mateixa espècie.
- La **selecció natural**. La pressió que exerceix el medi sobre cada individu per aconseguir aliment, aigua, parella o refugi desencadena un procés de selecció que afavoreix els organismes més ben adaptats. Els individus que posseeixen un caràcter favorable sobreviuen i es reprodueixen, de manera que els seus trets passen a la generació següent en una proporció més àmplia.

  Si les condicions ambientals no varien al llarg de molt de temps, les variacions favorables d'un cert caràcter són cada cop més abundants en la població i les menys favorables tendeixen a desaparèixer. El resultat és un **canvi gradual i continuat de l'espècie al llarg del temps**.

La selecció natural es considera el motor de l'evolució perquè és la principal responsable de l'aparició de nous caràcters. La selecció **afavoreix** solament els caràcters nous que són beneficiosos i **elimina** els perjudicials.

Els antecedents

Charles Darwin va trigar més de dues dècades a elaborar la teoria sobre l'origen de les espècies. A banda de la informació recollida en el seu viatge a bord del *Beagle*, va recolzar les seves teories en els estudis realitzats per dos científics:

- **Thomas Malthus**. Economista anglès. Va suggerir que la població creix a un ritme superior al de la producció d'aliments, fet pel qual es crea una forta competència per l'obtenció de menjar. Malthus considerava que arribaria un moment en què la població no trobaria recursos suficients per subsistir i la vida humana desapareixeria. Darwin va incorporar la idea de la competència malthusiana a les seves pròpies teories i va concloure que «la **lluita per la supervivència** és el motor de l'evolució».
- **Charles Lyell**. Geòleg. En la seva obra sostenia que el present és la clau del passat i que els processos geològics són el resultat de petits canvis que tenen lloc durant milions d'anys. La seva teoria es coneix com a **gradualisme** i es basa en les nombroses observacions geològiques que va portar a terme al llarg de la seva vida en diferents indrets del món.

ACTIVITATS

1. Quina influència van tenir les idees de Lyell i Malthus en Darwin?
2. Quins són els punts principals de la teoria de la selecció natural?
3. En què consisteix l'efecte de la selecció natural en l'evolució lenta i gradual de les espècies?
4. Al segle XIX es considerava, a partir dels escrits bíblics, que l'edat de la Terra era d'uns 6.000 anys d'antiguitat. El mateix Darwin, inspirant-se en els principis de Charles Lyell, va determinar l'edat de la Terra a partir de l'estudi del ritme mitjà d'erosió dels penya-segats de Dover. Els seus càlculs estableixen que l'edat de la Terra havia de ser superior a 300 milions d'anys. Quina importància té aquesta darrera cronologia per a l'acceptació de la teoria de l'evolució de Darwin?

2. El neodarwinisme i altres teories evolutives recents

Els nous descobriments en el camp de la genètica i en altres disciplines, com ara la biologia, la bioquímica, l'ecologia i la paleontologia, van permetre, a principi del segle xx, reformular la teoria evolutiva proposada per Charles Darwin i Alfred Russel Wallace.

Aquesta nova concepció de l'evolució biològica es coneix amb el nom de **neodarwinisme** o **teoria sintètica de l'evolució**, perquè inclou coneixements que provenen dels diversos camps de les ciències naturals esmentats anteriorment i de la genètica de poblacions, una branca de la genètica que estudia com varia la proporció dels diversos gens en les poblacions mitjançant models matemàtics.

Les idees principals del neodarwinisme o teoria sintètica de l'evolució es poden resumir en els punts següents:

- La **unitat evolutiva** és la **població**, no pas l'individu. La població és el conjunt d'individus d'una mateixa espècie que viuen en una zona determinada i que, en encreuar-se, donen descendència fèrtil.
- La **variabilitat** en els individus de la població s'aconsegueix per dos camins: les **mutacions** i **l'entrecreuament cromosòmic durant la meiosi** (procés vinculat a la reproducció sexual).
- L'evolució de les espècies comporta un canvi **gradual** en la composició genètica de les poblacions, de manera que la freqüència dels diferents al·lels varia al **llarg** del temps. La formació d'una nova espècie és un procés molt lent i gradual (teoria del **gradualisme**).
- La **selecció natural** és el principal motor del mecanisme evolutiu. La selecció natural actua sobre els diferents al·lels d'un caràcter i afavoreix aquells que són beneficiosos per als individus, mentre que els al·lels no beneficiosos o desfavorables tendeixen a desaparèixer. Tot i així, les formes heterozigotes també poden representar un avantatge evolutiu i conservar-se.
- L'**aïllament** d'una població és una condició necessària perquè aparegui una nova espècie.

ACTIVITATS

5 Per què és més fàcil que una població amb molta variabilitat genètica sobrevisqui a un canvi de les condicions ambientals que una altra amb molt poca variabilitat?

2.1 El neutralisme

Segons aquesta teoria, la selecció natural no és capaç d'explicar per ella sola la conservació dels diferents al·lels d'un caràcter.

El neodarwinisme afirma que la pressió exercida per la selecció natural afavoreix els al·lels beneficiosos i fa desaparèixer els al·lels perjudicials. El resultat, si això fos veritat, implicaria una reducció de les diferències genètiques entre individus i una disminució de la diversitat de la població.

Per justificar la presència de diferents al·lels per a un determinat caràcter, el genetista japonès Motoo Kimura (1924-1994) va plantejar que la major part de les variants gèniques no són ni beneficioses ni perjudicials, sinó **neutres**, i que no es veuen influenciades per la selecció natural. El fet que els al·lels neutres es mantinguin o desapareguin depèn de l'**atzar** (**deriva gènica**).

2.2 L'equilibri puntuat

Alguns biòlegs, entre els quals cal destacar Stephen Jay Gould (1941-2002), proposen que l'evolució no és gradual, sinó que en alguns moments es produeixen canvis sobtats. Segons això, les espècies es mantindrien invariables durant llargs períodes de temps i, després, patirien modificacions profundes, ràpides i imprevisibles. En aquest estadi, algunes espècies s'extingirien i en sortirien altres de noves.

La teoria de l'**equilibri puntuat** pretén explicar d'aquesta manera les llacunes que apareixen en el registre fòssil.

ACTIVITATS

6 Quines disciplines avalen l'evolució?

7 Què és una població?

8 Quins mecanismes permeten generar variabilitat en les poblacions naturals?

9 Segons la teoria neodarwinista, on actua la selecció natural, sobre el genotip o sobre el fenotip?

10 Quines teories sobre l'evolució de les espècies són més recents que el neodarwinisme? En què es diferencien del *neodarwinisme*?

11 Saps per què la teoria que proposa el genetista M. Kimura s'anomena *neutralisme*?

12 En quines proves recolza la teoria de l'equilibri puntuat?

3. Altres teories. Fixisme versus evolucionisme

Per explicar l'evolució i la biodiversitat, els naturalistes han desenvolupat diverses teories que s'engloben en dos grans grups: el fixisme i l'evolucionisme. Ara bé, l'evolució és un fet provat i acceptat gairebé universalment a partir del segle XX.

3.1 El fixisme

El **fixisme** defensa que les espècies s'han mantingut immutables al llarg del temps, sempre amb els mateixos trets i sense variacions respecte de les primeres formes que van aparèixer sobre la Terra.

Aquesta manera d'interpretar la biodiversitat no es basa en evidències científiques, sinó en creences a partir dels escrits bíblics com el Gènesi i llibres sagrats d'altres religions. A partir de la informació que apareix a la Bíblia, es va calcular l'edat de la Terra en uns sis mil anys d'antiguitat. El fixisme també sosté que Déu va crear cadascuna de les diferents espècies (teoria del **creacionisme**) i que aquestes es mantenen inalterables en el temps.

Aquesta idea, defensada per **Carl von Linné**, va prevaler entre els naturalistes fins al segle XIX. No obstant això, actualment es considera que no té cap rigor ni validesa científica.

El descobriment dels fòssils va permetre deduir l'existència d'un gran nombre d'espècies extingides i va donar lloc a la teoria del **catastrofisme**. Aquesta teoria afirma que alguns desastres naturals de grans dimensions, com el diluvi universal que es relata a la Bíblia, van causar l'extinció d'algunes espècies.

També sostenia que després d'una catàstrofe que anihilava un gran nombre d'espècies, hi havia un nou acte creador (teoria **policreacionista**).

3.2 L'evolucionisme

Aquesta teoria defensa que les espècies es transformen amb el pas del temps com a resultat de l'evolució biològica, la qual crea diferenciacions entre els individus.

Hi ha diverses variants d'aquesta teoria, entre les quals destaquen el **lamarckisme** o **transformisme**, el **darwinisme**, el **neodarwinisme** o **teoria sintètica**, el **neutralisme** i **l'equilibri puntuat**.

La teoria de l'evolució és actualment acceptada per tota la comunitat científica.

L'evolució lamarckiana o transformisme

Jean-Baptiste de Monet, cavaller de Lamarck, va ser el primer naturalista que va proposar una teoria evolutiva. La **teoria de Lamarck**, també anomenada **transformisme**, es basa en la idea que els éssers vius es transformen en altres formes de manera continuada al llarg del temps perquè existeix una tendència natural cap a la perfecció. Els supòsits en què es basava aquesta teoria són els següents:

- Les **condicions ambientals** en què es desenvolupen els éssers vius poden variar al llarg del temps. Aquests canvis provoquen noves necessitats en els organismes, que, al seu torn, **modifiquen els hàbits i les conductes**.
- Els nous hàbits provoquen adaptacions en els òrgans: els òrgans que treballen més es desenvolupen, i els que s'usen menys s'atrofien. Per aquesta raó, els organismes experimenten canvis físics i fisiològics, i els caràcters originaris són substituïts lentament per caràcters nous o adquirits. És el que es coneix com «**la funció crea l'òrgan**».
- Els **caràcters adquirits** en una generació, a causa de la incidència de l'entorn, **poden ser transmesos a la descendència**. Amb el pas del temps, els individus canvien i l'espècie evoluciona. Per aquesta raó, la teoria del transformisme també rep un tercer nom: la **teoria de l'herència dels caràcters adquirits**.

Val a dir que els descobriments en genètica sobre la transmissió dels caràcters de pares a fills invaliden totalment aquesta teoria, perquè els caràcters adquirits no es transmeten a la descendència.

ACTIVITATS

13. Quines són les principals diferències entre el fixisme i l'evolucionisme?
14. Què afirma el catastrofisme? Quina relació té amb el policreacionisme?
15. Per què actualment les teories fixistes no estan acceptades per explicar la biodiversitat?
16. En quins supòsits es basa la teoria de Lamarck?
17. Per què el lamarckisme s'inclou dins del grup de les teories evolucionistes?

4. Les proves de l'evolució

L'evolució és un fet acceptat i inqüestionable. Hi ha moltes proves obtingudes en diferents disciplines que demostren que tots els organismes tenen un mateix origen.

4.1 Les proves paleontològiques

Són les que s'obtenen de l'estudi dels fòssils. Gràcies a elles es dedueix que:

- Els éssers vius més antics corresponen a formes més senzilles que les actuals. La complexitat dels éssers vius augmenta amb el pas del temps. Si les espècies no estiguessin emparentades, no es podria explicar aquest augment de complexitat.
- Els éssers vius s'han diversificat. El registre fòssil reflecteix un augment de la diversitat amb el pas del temps. Aquest augment no s'explicaria si les espècies posteriors no estiguessin emparentades amb les anteriors.
- Apareixen formes intermèdies. Hi ha fòssils que mostren característiques de dos grups d'organismes diferents, fet que demostra les relacions de parentiu que s'hi estableixen.
- Hi ha formes fòssils d'espècies que s'han extingit i que han estat substituïdes per altres espècies noves.

4.2 Les proves embriològiques

Són les proves que s'obtenen de l'estudi comparat del desenvolupament embrionari de diverses espècies. D'aquests estudis es dedueix que:

- El desenvolupament embrionari de tots els vertebrats és gairebé idèntic en els primers estadis. A mesura que avança el creixement de l'embrió, s'accentuen les diferències.
- Les semblances en el desenvolupament dels embrions són més grans com més pròximes siguin les espècies des d'un punt de vista evolutiu.
- Aquestes semblances són degudes al fet que les espècies tenen avantpassats comuns.

4.3 Les proves anatòmiques

Són les que s'obtenen de l'estudi de l'anatomia comparada, en què s'analitzen diversos òrgans d'espècies i s'estableixen, si escau, relacions de parentiu. En anatomia comparada els òrgans poden ser homòlegs, anàlegs i vestigials.

- **Òrgans homòlegs**. Són aquells que tenen el mateix origen però que poden tenir funcions diferents, com ara els braços dels homínids, les ales d'un ratpenat o d'un ocell i les aletes dels cetacis. Tots els òrgans homòlegs tenen una estructura similar perquè s'han desenvolupat a partir d'un avantpassat comú.
- **Òrgans anàlegs**. Són aquells que tenen orígens i estructures diferents però que realitzen funcions similars, com ara les ales dels ocells o les dels ratpenats i les d'un insecte. És un cas **d'evolució convergent**, en la qual òrgans d'espècies allunyades evolutivament mostren solucions similars d'adaptació al medi.
- **Òrgans vestigials**. Són òrgans atrofiats que han deixat de tenir una funció significativa però que en les formes predecessores eren funcionals. En l'ésser humà són òrgans vestigials el plec semilunar, el queixal del seny, els músculs del nas i de l'orella, l'apèndix i el còccix.

4.4 Les proves biogeogràfiques

L'estudi de la distribució de les espècies sobre el territori ha permès comprovar que els individus que viuen en ecosistemes similars però allunyats geogràficament difereixen més com més separats es troben els uns dels altres. Això és així perquè en un origen compartien un avantpassat comú i després, pel fet de quedar aïllats, van evolucionar de maneres diferents. L'evolució de cada espècie depèn de les adaptacions successives, que no tenen per què ser les mateixes en tot el territori.

4.5 Les proves bioquímiques

El fet que tots els organismes vius estiguin constituïts pel mateix tipus de molècules (glúcids, lípids, proteïnes i àcids nucleics), la similitud dels processos bioquímics (respiració cel·lular, síntesi de proteïnes, etc.) i que comparteixen el mateix codi genètic en demostra l'origen comú. La comparació del material genètic o de les proteïnes de diferents espècies també permet determinar el seu grau de parentiu i elaborar arbres evolutius o filogenètics.

ACTIVITATS

18 Si l'evolució no hagués existit, com serien els fòssils dels animals i les plantes que van viure a la Terra en èpoques passades?

19 Per saber el grau de parentiu entre dues espècies, s'han d'analitzar els òrgans homòlegs o els anàlegs? Per què?

20 Què es dedueix de l'estudi de la composició química dels organismes vius?

5. Els mecanismes de l'evolució

Les variacions genètiques

Les variacions genètiques que existeixen entre els individus d'una mateixa població es generen a conseqüència de dos factors: les mutacions i la reproducció sexual.

- Les **mutacions**. Els canvis que es produeixen a l'atzar en els gens dels gàmetes es transmeten d'una generació a la següent. Segons la manera en què el canvi afecta l'individu, les mutacions es classifiquen en perjudicials, favorables i neutres.
  - La selecció natural tendeix a eliminar les **mutacions perjudicials** perquè redueixen la probabilitat de sobreviure.
  - La selecció natural afavoreix les **mutacions favorables** perquè milloren la supervivència de l'individu, de manera que aquests trets heretables es poden transmetre a la descendència.
  - Les **mutacions neutres** no es veuen afectades per la selecció natural mentre no canviïn les condicions ambientals. Si les condicions varien, les mutacions neutres poden passar a ser beneficioses o perjudicials.
- La **reproducció sexual**. Genera variabilitat en tres processos:
  - Durant la recombinació entre cromosomes homòlegs que té lloc en la **meiosi**.
  - La separació a l'atzar dels cromosomes homòlegs i de les cromàtides germanes durant la meiosi.
  - En la fusió o unió a l'atzar dels gàmetes durant la fecundació.

La selecció natural i l'adaptació biològica

Pressió de selecció. Efecte dels factors ambientals sobre els individus als quals provoca una disminució de la seva capacitat de reproducció i/o supervivència. En algunes situacions, la pressió és tan gran que provoca la mort de l'individu abans que hagi deixat descendència.

Adaptació biològica. Procés pel qual una població, amb el pas del temps, incrementa el nombre d'individus amb caràcters avantatjosos per efecte de la pressió de selecció. Si aquesta situació es manté durant un període llarg, la selecció natural actua i la població se sotmet a un procés evolutiu.

Quan una població es veu sotmesa a una forta pressió de selecció, hi haurà més probabilitats que alguns individus sobrevisquin com més alta sigui la variabilitat del grup; alguna de les diferències o variacions hereditàries passarà a ser beneficiosa i els individus portadors tindran un avantatge biològic sobre els no portadors. Si, en una població, no hi ha característiques avantatjoses davant d'unes noves condicions, la pressió de selecció provocarà l'extinció de tots els individus.

L'adaptació biològica és un procés lent que només es fa visible després de moltes generacions. L'adaptació, a més, es produeix en base a la diversitat existent i no és capaç de generar noves variacions dins l'espècie.

ACTIVITATS

21 A què són degudes les variacions genètiques que hi ha entre els individus d'una mateixa població?

22 Què s'entén per adaptació biològica?

23 Quin és el procés que permet l'adaptació biològica de les poblacions?

24 Exposa un cas en què una mutació fins a un determinat moment considerada perjudicial en una població, passi a ser favorable a conseqüència d'un canvi en les condicions ambientals.

6. Concepte d'espècie. El procés d'especiació

El concepte biològic d'espècie el recull el llibre *Systematics and the Origin of Species* que Ernst Mayr va publicar l'any 1942. En aquesta obra, l'autor estableix que una espècie és un grup de poblacions d'organismes que poden encreuar-se i tenir descendència fèrtil i viable.

El procés que finalitza amb l'aparició d'una nova espècie a partir d'una altra de preexistent s'anomena **especiació**. Tot i que existeixen mecanismes molt diferents d'especiació, generalment, perquè aparegui una nova espècie s'han de produir les etapes següents:

- **Aïllament de la població**. Per a l'especiació és imprescindible que una part de la població quedi aïllada de la resta, fet que implica l'aïllament reproductiu.

  L'aïllament pot ser conseqüència de:

  — Una **barrera geogràfica**, com ara un mar, una serralada o un desert. Aquesta barrera es pot generar per la formació d'un riu, per processos orogènics o per la deriva continental.

  — Un **canvi en el comportament reproductiu** que dificulta l'aparellament. Sol ser el resultat de la separació temporal de dues poblacions.

  — Un **canvi de les preferències ecològiques**, de manera que una part de la població tendeix a viure en unes condicions ambientals diferents. En aquesta situació, els individus de les dues poblacions no coincideixen i difícilment s'encreuaran.

- **Diferenciació gradual**. Quan una població queda aïllada d'una altra, totes dues parteixen de la mateixa informació genètica. Amb el pas de les generacions, l'aparició de mutacions i d'entrecreuaments fa variar la informació genètica de les dues poblacions. La selecció natural afavoreix les formes avantatjoses en funció de la variabilitat i de les condicions ambientals particulars a què està sotmesa cada població. El resultat és un distanciament de les dues poblacions.

- **Aparició de dues espècies diferents**. Un llarg aïllament condueix a l'aparició de dues espècies diferenciades, perquè s'ha perdut la capacitat d'encreuament. Si, després del període de separació, desaparegués la barrera que els aïllava, els individus de les dues poblacions ja no s'encreuarien.

ACTIVITATS

25 En quines situacions podrem considerar que dos individus pertanyen a dues espècies diferents?

26 Quina és la condició indispensable perquè en una població hi hagi un procés d'especiació?

27 Digues el nom de quatre barreres geogràfiques que puguin provocar l'aïllament d'una espècie i desencadenar un procés d'especiació.

28 És indispensable que les poblacions estiguin aïllades geogràficament perquè tingui lloc l'especiació? Raona'n la resposta.

29 En la il·lustració pots observar com un conjunt de plantes ha aconseguit una independència evolutiva respecte de l'altre dins d'un mateix espai geogràfic, és a dir, sense que hagi calgut cap aïllament geogràfic. Raona per què creus que s'ha donat, en aquest cas, un procés d'especiació.

30 Observa aquestes dues imatges, que representen el mateix territori en dos períodes de temps diferents.

a) Quin procés biològic s'hi representa?

b) En aquest cas, quina ha estat la barrera que ha aïllat les dues poblacions?

c) Explica el procés mitjançant el qual s'han originat les dues espècies noves de flors a partir d'un ascendent comú.

Comprova el que saps

Mapa conceptual

Simulació d'un procés d'evolució natural

Els factors ambientals que influeixen en la selecció natural són molt diversos. Determinar la incidència de cadascun d'ells és un procés complicat que requereix analitzar un gran nombre de variables mitjançant una presa de dades extensa i acurada.

Objectius

Analitzar, a partir d'un simulacre, la influència que té sobre la selecció natural un sol factor ambiental, la depredació.

Material

- Dues cartolines DIN A3, l'una verda i l'altra taronja
- Plastilina verda i taronja
- Cronòmetre

Procediment

1. Organitzeu-vos en grups de tres persones.
2. Amb plastilina feu quinze boletes verdes i quinze de taronges. Després barregeu la plastilina dels dos colors i feu quinze boletes més. Cadascuna de les boletes representa un organisme, per exemple escarabats.
3. Sobre la cartolina verda situeu els quaranta-cinc «escarabats». Un dels membres del grup farà de depredador: haurà d'atrapar, un a un, el major nombre possible d'individus en un temps determinat, per exemple 10 segons. El depredador haurà de sortir de l'aula o mantenir-se allunyat del taulell mentre els companys situen els «escarabats» sobre les cartolines.
4. Anoteu el nombre d'«escarabats» atrapats de cada color. Repetiu aquest procediment dues vegades més canviant el depredador i calculeu la mitjana dels valors obtinguts.
5. Realitzeu la prova tres vegades més, aquest cop situant els «escarabats» sobre la cartolina taronja, i anoteu els resultats.

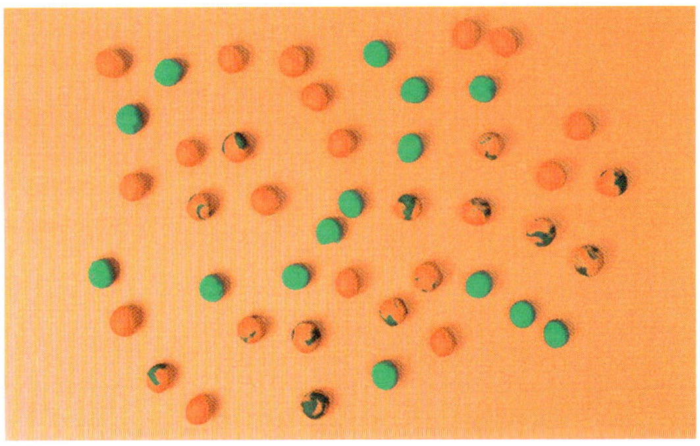

Resultats

	Primera experiència (cartolina verda)		Segona experiència (cartolina taronja)	
Escarabats	**Mitjana**	**%**	**Mitjana**	**%**
Verds				
Taronges				
Bicolors				

Sobre la cartolina verda, de quin color són la major part d'escarabats capturats? I sobre la taronja? Observeu diferències pel que fa a la captura d'individus bicolors en les dues cartolines?

ACTIVITATS

1. En la primera experiència, creus que el fet de ser escarabat de color verd afavoreix la supervivència? I ser de color taronja? I ser escarabat bicolor? Raona les respostes.
2. En la segona experiència, comporta algun avantatge, de cara a la supervivència, el fet de ser escarabat de color verd? I ser de color taronja? I ser escarabat bicolor? Raona les respostes.
3. Aquesta experiència, representa un procés de selecció natural? Raona-ho utilitzant aquests conceptes: *variabilitat*, *selecció natural*, *pressió de selecció*, *adaptació biològica*.

ACTIVITAT FINAL

TEORIES EVOLUTIVES I BIODIVERSITAT ACTUAL

La Mariona, una estudiant de 4t d'ESO, s'ha motivat moltíssim amb tot això de l'evolució biològica. Tant és així, que ha optat per aquest tema en el seu projecte de recerca. Per començar la seva investigació, la Mariona s'ha decidit a llegir algunes de les obres de Charles Darwin. No obstant això, s'ha quedat una mica confosa quan s'ha trobat amb el següent fragment escrit pel mateix Darwin:

«Pels fets als quals m'he referit en el primer capítol, crec que no hi ha dubte que l'ús en els nostres animals domèstics enforteix i augmenta certes parts i el desús les disminueix, i que aquestes modificacions s'hereten. [...] A l'Amèrica del Sud, un rosegador excavador, el tuco-tuco o Ctenomys, mostra hàbits més subterranis que el talp. Un espanyol que n'havia caçat sovint em va assegurar que eren cecs, i un tuco-tuco que vaig conservar viu, ho era. La causa, com va demostrar la dissecció, havia estat la inflamació de la membrana nictitant. Com que la inflamació freqüent dels ulls és perjudicial per a qualsevol animal i els ulls no són, certament, indispensables per als animals amb hàbits subterranis, una reducció de la mida dels ulls, juntament amb l'adhesió de les parpelles i la pell sobre aquests, podria en aquest cas constituir un avantatge. I, si fos així, la selecció natural constantment contribuiria als efectes del desús.»

Tuco-tuco

Charles Darwin. *Narrative of the surveying voyages of His Majesty's Ships Adventure and Beagle between the years 1826 and 1836.*

Com a un dels objectius del seu projecte de recerca, la Mariona s'ha proposat de descriure el procés d'evolució dels tuco-tucos basant-se en els postulats de les diverses teories que ha treballat durant la unitat d'evolució biològica. A la bibliografia ha trobat que aquests animals procedeixen, evolutivament, de rosegadors ancestrals relativament semblants als ratolins que no eren cecs, i que no estan emparentats amb els talps. Tot i que aquests dos animals no han evolucionat a partir del mateix avantpassat comú, la Mariona ha descobert un fet que l'ha encuriosit: els tuco-tucos tenen unes extremitats anteriors excavadores molt semblants a les dels talps. Això li ha recordat que hi ha espècies que, tot i no estar emparentades, tenen òrgans amb una funció similar.

Membrana nictitant: és una tercera parpella, transparent o translúcida, que és present en alguns animals i es pot obrir i tancar lateralment per protegir i humitejar l'ull i així poder mantenir la visibilitat.

ACTIVITATS

1. Què creus que ha sorprès la Mariona de la lectura d'aquest fragment de Darwin?
2. Com explicaria Lamarck l'existència dels tuco-tucos? I Darwin?
3. Com argumentarien les teories fixistes l'existència d'aquests animals?
4. I el neodarwinisme, com ho raonaria?
5. Quina és la funció de les extremitats anteriors dels talps i dels tuco-tucos? Per què creus que tenen funcions similars? Com s'anomenen aquests tipus d'òrgans?
6. Com podríem comprovar experimentalment que els talps i els tuco-tucos pertanyen a dues espècies diferents? Utilitza el concepte biològic d'espècie per dissenyar l'experiment.
7. El tutor de la Mariona està molt satisfet amb el seu treball. Per donar-lo per acabat, però, li demana una feina extra: explicar detalladament com s'ha produït el procés d'especiació del tuco-tuco a partir del seu avantpassat. Ets capaç d'ajudar la Mariona a descriure aquest procés?

Autoavaluació

REVISTA DE CIÈNCIA

Mona udoladora: cridar o fecundar?

Anomenem *mones udoladores* un grup d'espècies del gènere *Alouatta* que viuen a les selves del centre i sud del continent americà i que tenen la peculiaritat de mostrar una gran potència de veu. Són animals de mida mitjana, d'uns 7 quilos de pes, però que disposen d'un os hioide que els proporciona una potència de veu similar al rugit d'un lleó. Això no obstant, com succeeix amb les persones, no solament triomfen els mascles més guapos o els més forts. Els menys afavorits posseeixen altres encants per enamorar les femelles. És el que en biologia es coneix com a «evolució compensatòria». Els científics han descobert que, en aquelles espècies en què alguns mascles destaquen per la seva potència gutural, aquells que no tenen una veu tan potent poden triomfar sexualment perquè disposen de testicles més grans que els mascles tenors.

Amb el seu crit, els mascles capten l'atenció de les femelles i dissuadeixen altres mascles.

Així, en algunes espècies de mones udoladores, l'evolució ha seleccionat els mascles amb bona veu, i que curiosament tenien els testicles més petits; en altres espècies, l'evolució ha seleccionat els mascles amb els testicles grossos, sense tenir en compte la veu com a factor primordial.

Fent una anàlisi més profunda dels hàbits sexuals de cada grup, s'ha vist que en les espècies en què prima la veu, les poblacions estan formades per un únic mascle i diverses femelles, de manera que el mascle pot fecundar tot el seu harem sense competència. En un altre grup d'espècies, l'estratègia reproductiva és diferent: les poblacions són mixtes amb sis o set mascles, de manera que cada femella s'aparella amb més d'un mascle diferent i, en aquest context, la qualitat i la quantitat de l'esperma són determinants.

Així, pot ser que en aquest grup de mones s'estableixi un element de compensació entre la potència de veu i la potència sexual, de manera que quan un tret augmenta per selecció natural, disminueix l'altre.

I en l'ésser humà, passa el mateix que en els micos udoladors? Diversos estudis han demostrat que la veu i la mida dels testicles no són tan determinants a la nostra espècie perquè els homes demostren la seva vàlua amb altres recursos, com ara la cura i atenció als fills i l'èxit amb els negocis.

COMPRENSIÓ LECTORA I REFLEXIÓ

1. Per què creus que en els mascles de mones udoladores s'ha seleccionat positivament una veu potent?
2. Descriu les dues estratègies reproductores seguides per les espècies de mones udoladores.
3. Per què la qualitat de l'esperma és un factor determinant en les poblacions mixtes grans i no pas en els harems?
4. Explica en què consisteix la compensació evolutiva.
5. Se t'acut algun altre exemple de compensació evolutiva?

UNITAT 5

ECOLOGIA I MEDI AMBIENT

A la Terra, els espais naturals tenen unes característiques climàtiques definides que en determinen la fauna i la flora.

- **Recordes com s'anomenen aquests sistemes naturals?**

En els seus hàbitats hi viuen milions d'espècies adaptades a unes condicions ambientals molt diverses.

- **Quines adaptacions al fred o a la manca d'aigua podries esmentar?**

En un ecosistema, els éssers vius no viuen aïllats; per sobreviure, estableixen relacions entre els individus de la mateixa espècie i entre espècies diferents.

- **Recordes algun tipus de relació entre individus de diferents espècies? I entre individus de la mateixa espècie?**

En l'actualitat, l'activitat de l'esser humà altera en més o menys mesura els ecosistemes.

- **Quines conseqüències provoca en el medi ambient, l'activitat antròpica?**

Foto: Picot alimentant la seva cria.

EN AQUESTA UNITAT APRENDRÀS...

1 Les característiques que defineixen els ecosistemes.

2 Les relacions que s'estableixen entre els éssers vius d'un ecosistema.

3 Quins són els canvis que alteren els ecosistemes.

4 Com és el flux de la matèria i l'energia en els ecosistemes.

5 Quins són els impactes que ocasiona l'ésser humà en els ecosistemes.

6 La importància de la biodiversitat.

I SERÀS CAPAÇ DE...

- Comprendre textos científics i extreure'n conclusions.
- Interpretar esquemes i gràfics sobre els canvis i cicles dels ecosistemes.
- Determinar la biodiversitat de plantes d'un ecosistema.

1. Característiques dels ecosistemes

L'estany de Banyoles és el llac natural més gran de Catalunya.

Saps quines diferències hi ha entre un llac i una llacuna?

L'**ecologia** és la ciència que estudia les relacions entre els éssers vius i entre ells i el medi físic que els envolta. La seva unitat d'estudi són els **ecosistemes**. Quines són les característiques que defineixen els ecosistemes?

Compreneu un text i deduïu

Llegiu aquest fragment del llibre *Ecología para principiantes*, de Federico Arana:

Si considerem que un ecosistema se sol definir com una complexa trama formada per la suma total d'elements físics i d'éssers vius que actuen recíprocament, podria admetre's que la biosfera —o sigui l'espai del planeta habitat pels éssers vius— és un immens ecosistema, un superecosistema.

Ara bé, quan parlem d'ecosistemes ens referim a aquells que, sumats, constitueixen la biosfera; a unitats fonamentals que, com un bosc, un estany o un riu, són comunitats amb uns elements físics i biològics que tenen entre ells una interacció constant, ocupen una àrea determinada i que, considerats en conjunt, tenen una independència relativa i una afinitat considerable.

a | Feu servir l'exemple d'un bosc o un estany per definir el concepte d'ecosistema tal com el proposa l'autor. Ens aquests casos, quins serien els elements físics que els caracteritzen? I els biològics? Quin tipus d'interaccions creieu que s'hi estableixen?

b | Segons aquest criteri, diríeu que un excrement d'herbívor pot considerar-se un ecosistema? Justifiqueu la resposta.

c | Recordeu com s'anomena el conjunt d'elements físics d'un ecosistema? I el conjunt d'elements biològics? Expliqueu el significat d'aquests dos termes.

d | Suposeu un estany situat en una plana de la Depressió Central Catalana, com la de la fotografia del marge. A l'estany hi habiten diversos tipus d'organismes i està caracteritzada per uns factors ambientals. Investigueu i definiu els factors ambientals (**factors abiòtics**) que poden caracteritzar aquest estany. Feu el mateix amb els factors relacionats amb els éssers vius (**factors biòtics**).

e | L'**hàbitat** és l'espai físic en el qual viu un organisme. Definiu l'hàbitat d'un amfibi, una alga i un ocell que visquin a l'estany que heu definit anteriorment.

f | Caracteritzeu els hàbitats que s'observen en aquestes imatges.

1.1 Factors que determinen la distribució dels organismes

Analitzeu un cas

Un jardiner té un amic que està orgullós dels seus rododendres. Aquest jardiner ja fa anys que també intenta cultivar-los sense exit, tot i seguir les recomanacions del seu amic: mantenir el sòl airejat i amb la humitat adequada. Aleshores, què té el seu jardí perquè no hi puguin viure aquestes plantes?

a | Quines condicions del sòl ha de tenir en compte el jardiner per facilitar el creixement del rododendre?

b | Quins altres factors podrien influir en el creixement de la planta?

c | Després de documentar-se, el jardiner dedueix que deu ser el pH el factor que diferencia els dos sòls. Investigueu què és el pH del sòl i expliqueu-ho.

d | Per mesurar el pH del sòl el jardiner agafa una mostra del sòl del seu amic (A) i una del seu jardí (B) i realitza aquesta experiència:

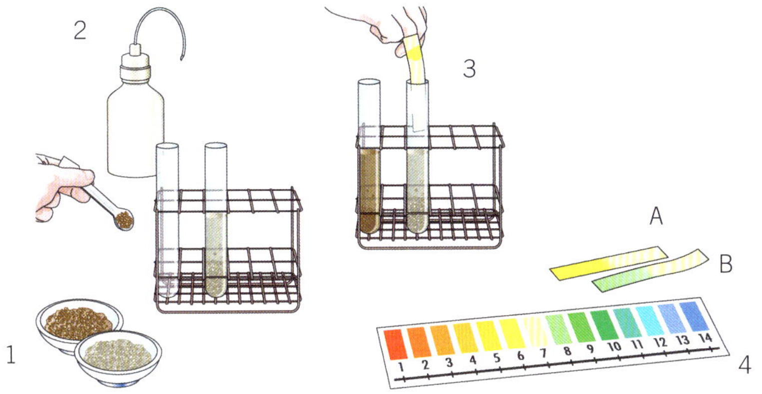

- Expliqueu els quatre passos de què consta l'experiència.

e | Determina el pH de les mostres. Quin és el pH preferit pels rododendres?

f | En aquesta experiència, què vol dir que el pH ha actuat com a factor limitant en el creixement del rododendre?

Existeixen varietats de rododendres aptes per a la jardineria i varietats silvestres. El neret (*Rhododendron ferrugineum*) és un arbust de fulla el·líptica i coriàcia; viu per sobre del límit arbrat, a la zona de l'alta muntanya.

En quines àrees de Catalunya creus que podem trobar aquesta espècie?

Interpreteu un gràfic

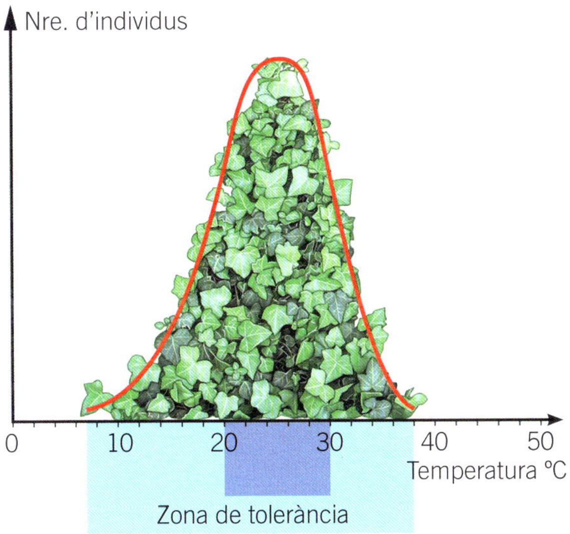

La gràfica següent mostra les dades corresponents a un estudi de la supervivència de diferents individus d'heura que s'han exposat a diferents temperatures.

a | Determineu quins valors de temperatura seran òptims, limitants o letals per a la vida de la planta: –2 °C, 9°C, 21 °C, 14 °C.

b | Definiu què significa *zona de tolerància*.

c | Els factors què obstaculitzen el creixement d'un organisme s'anomenen **factors limitants**. Quins podrien ser els factors limitants de l'heura?

d | Observeu les tres imatges de la pàgina anterior i definiu els factors limitants per al creixement de les algues, els peixos, els ants i els cactus.

1.2 El nínxol ecològic

El **nínxol ecològic** d'una espècie és la funció que aquesta realitza en l'ecosistema. Això vol dir la manera en què aquesta espècie utilitza els recursos disponibles per viure i com afecta la seva existència a la resta de components de la biocenosi.

Observeu i deduïu

Aquestes imatges representen tres espècies d'herbívors que viuen a la sabana:

a | A la natura és difícil que el nínxol ecològic d'una espècie sigui exactament igual que el d'una altra. Investigueu en què difereix l'alimentació d'aquestes tres espècies d'herbívors a fi d'evitar la competència per l'aliment.

b | Hi ha espècies que necessiten un nínxol ecològic molt definit (**especialistes**) per sobreviure, com ara l'ós panda, mentre que d'altres, com les rates, poden habitar en nínxols molt diversos (**generalistes**). Classifiqueu les espècies següents segons aquest criteri: ós rentador, coala, garsa, mosca, trencalòs, flor de neu.

c | Quines espècies, les generalistes o les especialistes, creieu que poden suportar millor els impactes sobre els ecosistemes? Expliqueu-ho amb un exemple.

d | Hi ha espècies que poden ocupar nínxols diferents al llarg de la seva vida. Descriviu el nínxol dels capgrossos i de les granotes.

ACTIVITATS

1. Defineix *població* i *comunitat* o *biocenosi*. Indica si els exemples següents corresponen a una població o a una comunitat: els grills d'un prat, els pins d'un bosc, els éssers vius d'una illa, les plantes d'un prat, el plàncton d'un llac.
2. Un bosc és un ecosistema. Descriu alguna característica del seu biòtop i alguna població que formi part de la biocenosi.
3. Quin factor ecològic és més probable que sigui limitant a l'oceà, la humitat o la llum? I en un desert?
4. Poden viure de manera permanent animals herbívors a una profunditat marina de 500 m? Justifica la resposta.
5. Observa aquestes gràfiques i indica els límits de tolerància de les formigues i dels saltamartins. Quina de les dues espècies és més tolerant respecte a la temperatura?

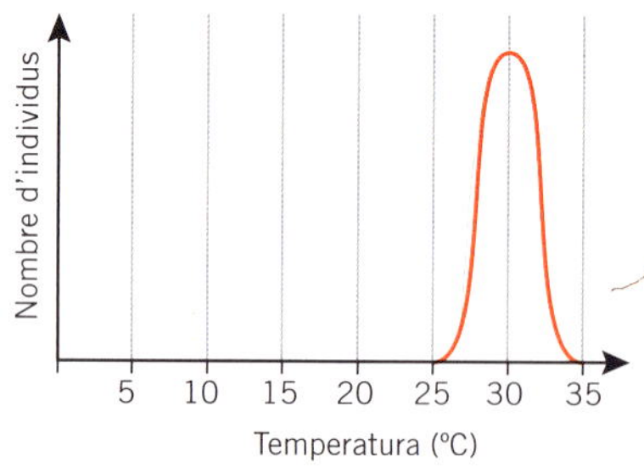

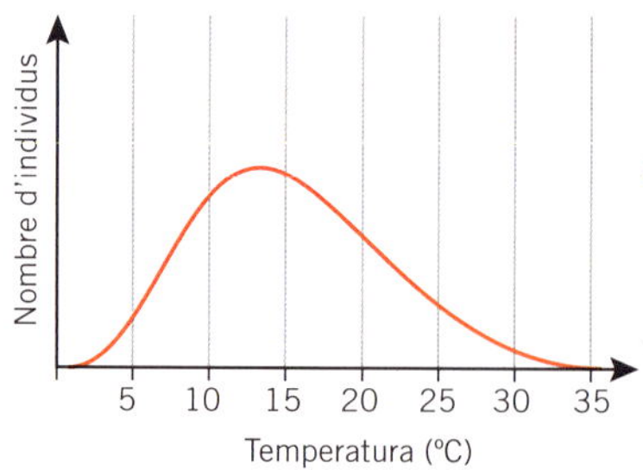

Activitats interactives
Activitat de síntesi

2. Relacions entre els organismes d'un ecosistema

Els éssers vius que habiten els ecosistemes estan connectats per nombroses relacions. Aquestes relacions garanteixen l'equilibri entre les diferents poblacions d'organismes i completen el cicle de la matèria. Però, saps quines són les relacions que s'estableixen entre els éssers vius d'un ecosistema?

Observeu i deduïu

En aquestes imatges s'il·lustren diversos tipus de relacions entre individus d'un ecosistema.

1

2

3

4

5

6

a | Investigueu i definiu en què consisteixen les relacions següents:

- Simbiosi
- Cooperació
- Competència
- Mutualisme
- Depredació
- Comensalisme
- Parasitisme
- Inquilinisme

b | Identifiqueu les relacions que apareixen a les imatges. Atenció, perquè alguna de les fotografies pot mostrar dues relacions diferents.

c | Les relacions que s'estableixen entre individus d'un ecosistema es poden classificar en dues categories: **intraespecífiques**, si es produeixen entre individus de la mateixa espècie, i **interespecífiques**, si s'esdevenen entre espècies diferents. Classifiqueu les relacions representades a les imatges anteriors segons aquest criteri.

d | Una determinada interacció pot resultar beneficiosa per a un individu (s'utilitza el signe +), perjudicial (–) o indiferent (0). Copieu i completeu a la taula següent posant els símbols adequats en cada cas.

Interacció	Individu A	Individu B
Competència		
Depredació		
Mutualisme		
Simbiosi		
Inquilinisme		

2.1 Relacions tròfiques

Una gran part de les relacions que els éssers vius estableixen amb el medi tenen com a finalitat obtenir la matèria i l'energia que necessiten per nodrir-se. Aquestes relacions es denominen **tròfiques** o **alimentàries**.

Interpreteu i concloeu

Observeu aquesta taula en què s'exposen els aliments més habituals d'alguns organismes d'una llacuna.

Polla d'aigua alimentant la seva cria.

Quin és l'habitat d'aquesta espècie?

Organismes	De què es nodreixen?
Algues	Matèria inorgànica
Canyís	Matèria inorgànica
Cargol aquàtic	Algues i plantes
Colobra	Granotes i petits mamífers
Ditisc (larva)	Petits invertebrats i petits peixos
Polla d'aigua	Insectes, larves i petits mol·luscs
Bernat pescaire	Peixos, granotes, serps, insectes i mol·luscs
Espiadimonis (larva)	Larves i cucs
Bacteris descomponedors	Restes de matèria orgànica morta
Nedador d'espatlla (insecte)	Insectes i cucs d'aigua
Bagra	Algues i invertebrats
Perca	Bagres, altres peixos i larves d'insectes
Granota	Mosques i cucs de terra

a | Investigueu el significat i definiu els termes següents: *productor*, *consumidor*, *consumidor primari*, *consumidor secundari* i *descomponedor*.

b | Agrupeu els organismes de la taula segons que siguin productors, herbívors o carnívors.

c | Les **cadenes tròfiques** són representacions gràfiques formades per una sèrie d'organismes ordenats linealment, de manera que cadascun d'ells és l'aliment de l'organisme que el segueix a la cadena. A partir de la informació de la taula, definiu tres cadenes tròfiques. Feu servir aquestes cadenes per justificar la següent afirmació: «Dos organismes pertanyen a un mateix nivell tròfic quan obtenen la matèria i l'energia per viure d'una manera similar.»

d | Una **xarxa tròfica** és el conjunt de cadenes tròfiques interconnectades que es poden establir en un ecosistema. A partir de les cadenes tròfiques que heu definit, dibuixeu una xarxa tròfica.

ACTIVITATS

6 Els esplugabous i els grans herbívors estableixen una relació en la qual se suposa que els esplugabous els alliberen de paràsits, un aliment per a aquestes aus.

a) Quina relació estableixen els esplugabous i els bous? Per què?

b) I els esplugabous i els paràsits?

7 La guineu i els rapinyaires solen ocupar les últimes baules de les cadenes tròfiques. Ningú no se'ls menja, però això no vol dir que siguin prescindibles en l'ecosistema. Què passaria si s'eliminessin aquests depredadors d'un ecosistema per disposar de més conills?

Activitats interactives

Activitat de síntesi

3. Canvis en els ecosistemes

El nombre d'individus d'una població no es manté constant al llarg del temps, sinó que oscil·la en funció de diversos factors. Quins són els canvis que alteren els ecosistemes?

Observeu i deduïu

Les **corbes de creixement** permeten representar gràficament el nombre d'individus d'una població al llarg del temps.

Fixeu-vos en el gràfic següent:

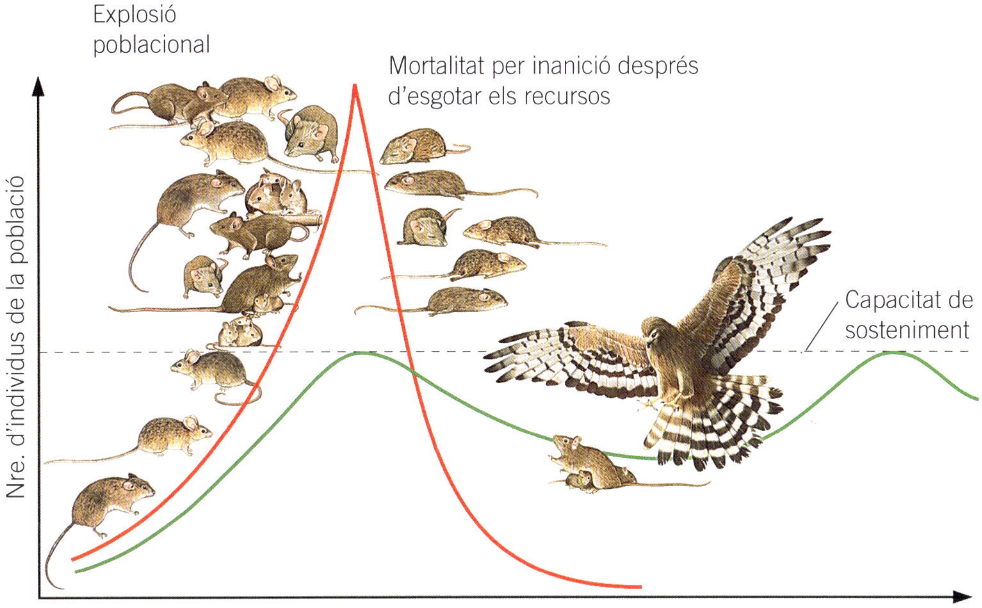

a | Hi ha dos models de creixement d'una població: **en J**, que equival a un creixement exponencial en un medi amb recursos il·limitats, i **en S**, quan la població creix en un medi amb recursos limitats. Identifiqueu els dos models a la gràfica i justifiqueu la resposta.

b | Descriviu un altre exemple que correspongui a un creixement en J i en S.

c | La **capacitat de sosteniment** és la població màxima que pot mantenir un ecosistema sense que aquest es degradi. Què pot passar a la població de ratolins si ultrapassa la capacitat de sosteniment de l'ecosistema?

3.1 Els canvis periòdics

En alguns ecosistemes, les condicions ambientals varien de manera periòdica i provoquen canvis regulars i cíclics denominats **ritmes**.

Feu una cerca i expliqueu

a | Investigueu en què consisteixen els **ritmes diaris**, **estacionals** i **mareals**. Poseu exemples dels animals que els segueixen.

b | Esmenteu algun exemple d'un organisme que respongui als canvis ambientals seguint un cicle rítmic amb un comportament que impliqui:

- Un increment del nombre d'individus.
- Una disminució de l'activitat de l'individu.
- Un desplaçament sobre el territori.

c | Quin avantatge pot comportar per als organismes preveure els canvis estacionals i avançar la seva resposta?

3.2 El control de les poblacions

Els factors més influents en el control de les poblacions són l'equilibri entre el depredador i la presa i les relacions de competència.

Observeu i interpreteu

En un ecosistema, les poblacions de depredadors i de les seves preses oscil·len de manera cíclica. Entre ells s'estableix un control en el nombre d'individus que queda representat en l'exemple d'aquesta gràfica.

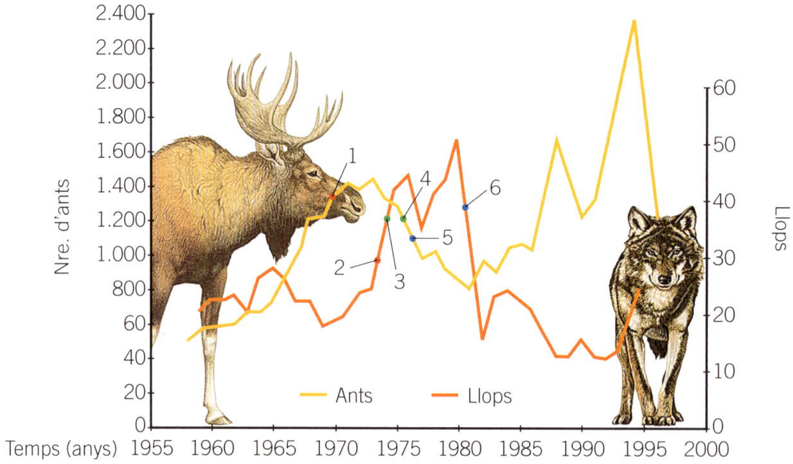

a | Identifiqueu els punts en què:

- Quan disminueix el nombre d'ants, disminueix el nombre de llops.
- Quan creix el nombre de llops, es redueix el nombre d'ants.
- Quan augmenta la població d'ants, creix el nombre de llops.

b | Indiqueu quina relació hi ha entre les dues poblacions i expliqueu en què consisteix.

c | Com creieu que es veuria afectada la població d'ants, i de retruc la de llops, si una plaga de llagostes reduís considerablement la font d'aliment de l'ant?

Observeu i deduïu

Observeu aquesta gràfica que representa la població al llarg del temps de dues espècies de paramecis.

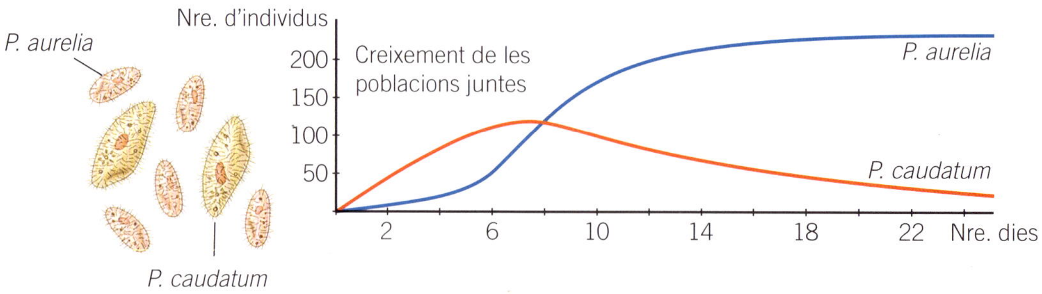

a | Expliqueu com evolucionen les dues poblacions de paramecis.

b | Deduïu quina és l'espècie més ben adaptada a les condicions en què s'ha fet aquest estudi.

c | Quina relació s'estableix entre aquestes dues espècies?

3.3 La successió ecològica

Una **successió ecològica** és la transició ordenada d'una comunitat a l'altra en un ecosistema. L'estadi final en què una comunitat es manté estable i no s'hi aprecien canvis importants s'anomena **comunitat clímax**.

Observeu i interpreteu

Aquestes imatges representen una llacuna al llarg d'un període de 50 anys.

1

2

3

a | Les successions poden ser **primàries**, quan comencen en una zona que mai no ha estat colonitzada pels éssers vius, o **secundàries**, quan parteixen d'una comunitat ja existent. Quin tipus de successió està representada a les imatges?

b | Expliqueu què succeeix en cada etapa.

c | Si les llavors de les plantes que colonitzen la llacuna provenen de les àrees properes, per què en les primeres etapes de la successió no creixien arbres enmig de la llacuna?

d | Quines podrien haver estat les causes desencadenants de la successió anterior?

ACTIVITATS

8 Enumera alguns factors que puguin limitar el creixement d'una població de sardines. Digues si són biòtics o abiòtics.

9 Quins factors poden influir en el control del nombre d'individus d'una població?

10 Digues el nom de dues espècies d'organismes que:

a) Hibernin per protegir-se del fred.

b) Perdin les fulles a l'hivern.

c) Floreixin a la primavera.

d) Mudin la pell, el pèl o les plomes.

11 A continuació, es detallen les diverses etapes de la successió ecològica característica d'una zona de dunes litorals que són colonitzades per la vegetació: arbres; sorra; herbes perennes; bacteris, fongs, molses i líquens; herbes anuals i arbustos.

a) Ordena cronològicament les etapes i fes un dibuix que il·lustri aquesta successió. Pots consultar el web.

b) Es tracta d'una successió primària o secundària?

12 La regeneració d'un bosc després d'un incendi és una successió primària o secundària? Investiga quins són els efectes d'un incendi i explica com té lloc la successió.

Activitats interactives
Activitat de síntesi

4. Cicles a l'ecosistema

L'energia i la matèria, així com els principals elements químics, són part essencial de l'ecosistema. Com és el flux de la matèria i l'energia en els ecosistemes?

4.1 La circulació de la matèria i de l'energia a l'ecosistema

En tot ecosistema hi ha un moviment d'energia i de matèria que passa d'un nivell tròfic al següent.

Observeu i deduïu

Responeu a les preguntes següents a partir de la il·lustració:

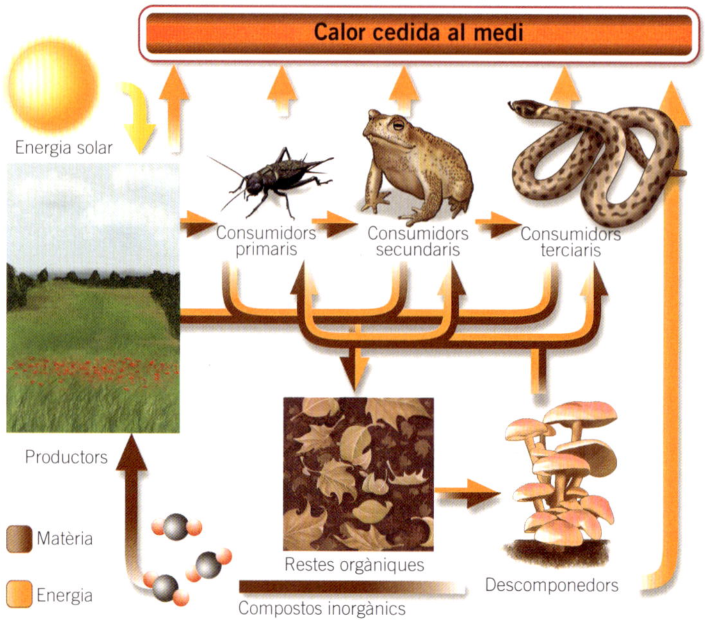

a | Descriviu el recorregut que segueix l'energia i la matèria en l'ecosistema. Com circula la matèria i l'energia, en forma de cicle o de flux? Raoneu-ho.

b | Què passa amb la matèria orgànica emmagatzemada en els consumidors primaris que no pot ser consumida pels secundaris?

c | Com intervenen els descomponedors en l'ecosistema?

Feu una cerca i responeu

Una manera de representar la matèria i l'energia continguda en l'ecosistema és mitjançant **piràmides tròfiques**.

a | Busqueu informació sobre els tres tipus principals de piràmides tròfiques: les piràmides de producció o energia, de biomassa i de nombres. Descriviu què representa cadascuna i la forma que pot tenir.

b | Dibuixeu la piràmide de nombres aproximada d'un oceà i d'un bosc temperat.

c | És igual la piràmide de biomassa d'un prat a l'estiu i a l'hivern? Per què?

d | A on situaríeu els descomponedors en una piràmide ecològica?

e | A quin tipus correspon la piràmide dibuixada al marge? Per què?

4.2 Cicles biogeoquímics

Els elements químics que constitueixen la matèria viva circulen per la biosfera, l'atmosfera i la geosfera, completant el que es coneix com a **cicles biogeoquímics**.

Intrepreteu un esquema

Observeu aquest esquema que il·lustra el **cicle del carboni**.

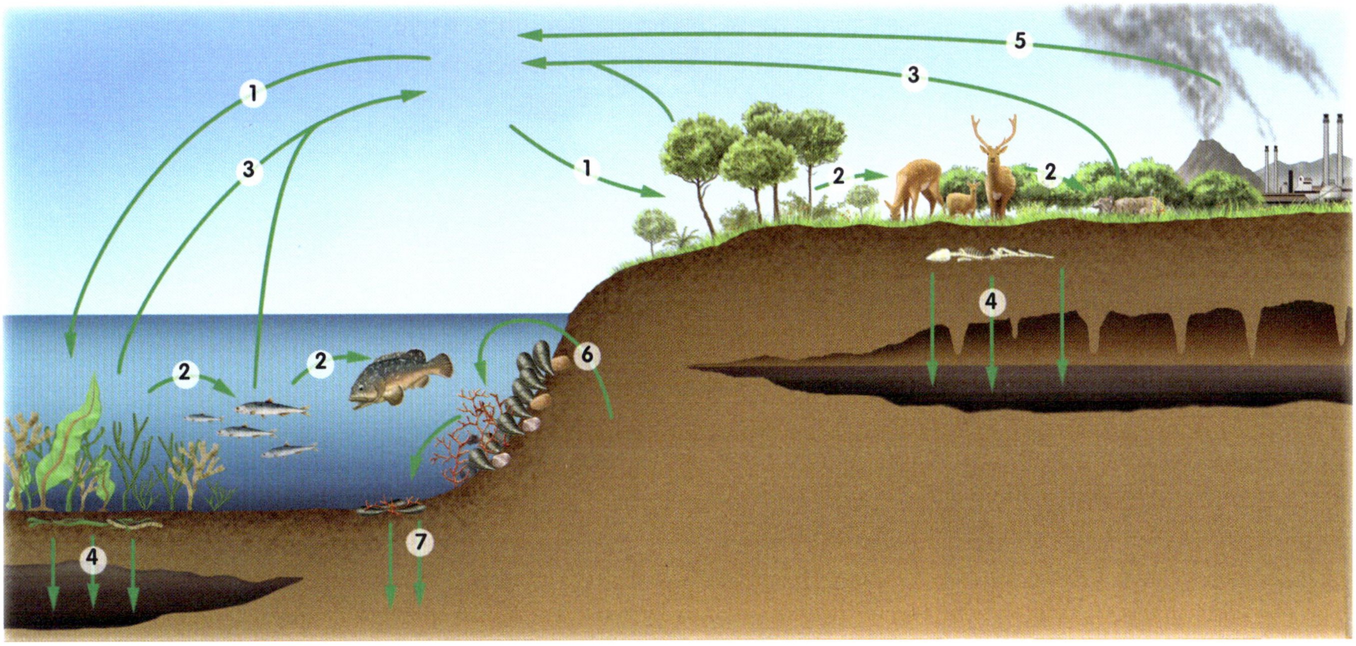

a | Llegiu l'article sobre el cicle del carboni del web. A continuació, assigneu el nombre que correspongui als processos següents:

- Fotosíntesi.
- Alimentació.
- Respiració.
- Formació de carbó i petroli.
- Combustió.
- Formació d'estructures orgàniques (closques).
- Descomposició.

b | Expliqueu per escrit en què consisteix el cicle del carboni.

Investigueu i dibuixeu

El nitrogen també circula per la natura en forma de cicle. Consulteu el web i llegiu l'article sobre el **cicle del nitrogen**.

Feu un dibuix del cicle del nitrogen i identifiqueu-hi els processos següents:

1. Fotosíntesi.
2. Fixació bacteriana del nitrogen atmosfèric.
3. Alimentació.
4. Pas del nitrogen dels detritus a nitrats.
5. Pas de nitrats a gas nitrogen.
6. Ús d'adobs.

ACTIVITATS

13. Quantes baules acostumen a tenir la majoria de cadenes tròfiques? Per què no tenen més baules?
14. Què fan els productors amb la matèria i l'energia acumulada?

Activitats interactives
Activitat de síntesi

5. L'impacte de l'ésser humà en l'ecosistema

L'ésser humà, amb la seva capacitat tecnològica i el seu nivell d'activitat sobre el medi, transforma els ecosistemes a gran escala i és el principal responsable dels impactes negatius sobre el medi i el relleu. Quins són els impactes que ocasiona l'ésser humà en els ecosistemes?

Observeu i interpreteu

En les zones rurals, els **impactes ambientals** estan molt relacionats amb les activitats del sector primari: l'agricultura, la ramaderia i també la mineria.

a | Busqueu el significat d'*impacte ambiental* i descriviu els impactes que observeu a la imatge.

b | Investigueu i esmenteu les principals causes que provoquen incendis. Distingiu entre les causes antròpiques i les naturals.

c | L'eutrofització és un impacte que afecta rius i llacunes. Investigueu quines són les principals causes que provoquen l'eutrofització i expliqueu la relació d'aquest impacte amb la ramaderia.

d | La contaminació dels aqüífers és un altre impacte ambiental habitual. En què consisteix? Què el provoca? Com es podria reduir el seu abast?

e | Quines conseqüències té per al territori i per als éssers vius l'existència d'una pedrera?

f | Ara que ja heu contestat les preguntes anteriors, reviseu la resposta a l'activitat **a** i completeu-la, si s'escau.

g | Una manera de classificar els impactes és segons el sistema natural que es veu afectat. A partir de la il·lustració, poseu exemples d'impactes que afectin el sòl, l'atmosfera, l'aigua i la biosfera.

h | Tots els impactes dels quals hem parlat fins ara es consideren negatius perquè alteren i degraden el medi natural. Descriviu alguns impactes que proporcionin una millora en el medi (impacte positiu) que es podríen dur a terme sobre l'àrea rural representada a la il·lustració.

i | Observeu la il·lustració i determineu si els impactes representats són d'abast global (afecten tot el planeta), d'abast regional o d'abast local.

j | Digueu altres activitats humanes que alterin el medi natural rural i que no hagin estat esmentades en aquesta activitat.

Observeu i deduïu

Aquestes imatges reflecteixen algunes conseqüències derivades de les activitats humanes en àrees urbanes i de les activitats industrials. Si us hi fixeu, totes es podrien englobar dins de la categoria de contaminació.

1

2

3

4

5

6

a | Descriviu breument el que representa cada imatge.

b | Quines són les principals causes que ocasionen els vessaments de petroli? Quines conseqüències tenen per al medi ambient i per a la biocenosi les marees negres?

c | Quines fonts de contaminació de l'aigua coneixeu? Com hi repercuteixen?

d | Consulteu el web i feu un resum sobre les fonts de la contaminació atmosfèrica i les seves conseqüències.

e | Quines mesures es podrien aplicar per reduir l'emissió de gasos contaminants?

f | Què són les energies renovables? Com poden contribuir a reduir els impactes sobre el medi relacionats amb la producció d'energia? Quines altres mesures poden minorar els impactes ambientals associats a la producció d'energia? Podeu consultar el web.

g | Tot i que l'energia eòlica es considera una energia neta, també provoca un cert impacte negatiu sobre el medi. Investigueu quins danys ocasiona i com es podrien reduir. Podeu consultar el web.

h | Una de les problemàtiques ambientals principals és la gestió dels residus sòlids, ja que alguns dels mètodes utilitzats per al seu tractament final desprenen substàncies tòxiques nocives per al medi. Investigueu quins són els mètodes més habituals per tractar aquest tipus de residus i quins problemes ambientals generen. Per què les mesures de prevenció i la recollida selectiva són cabdals per minimitzar la problemàtica ambiental associada als residus? Podeu consultar el web.

ACTIVITATS

15. És correcte considerar l'expressió *impacte ambiental* com a sinònim de *problema ambiental*? Explica-ho amb un exemple.

16. Un terratrèmol pot causar efectes devastadors sobre el medi ambient i l'entorn humà; es tracta d'un impacte ambiental? Per què?

17. Quines accions es poden dur a terme en l'ambit personal per reduir la generació de residus? Posa'n alguns exemples.

18. El Departament de Salut aconsella als nens petits i a les dones embarassades que no consumeixin tonyina més de tres vegades a la setmana perquè el seu contingut en mercuri és elevat. Explica com pot haver arribat aquest mercuri a les tonyines. Per què són les tonyines les que acumulen mercuri i no peixos més petits com les sardines?

19. Esmenta algunes actituds que podem adoptar les persones per ser més respectuoses amb el medi ambient.

Activitats interactives
Activitat de síntesi

6. Biodiversitat a la Terra

La *Posidonia oceanica* és una planta endèmica del Mediterrani. Forma unes praderies amb una gran biodiversitat.

Saps quines són les principals amenaces sobre aquests ecosistemes?

Moltes activitats humanes que exploten el medi natural provoquen greus impactes sobre la biosfera perquè alteren els ecosistemes i contaminen l'entorn; en molts casos, el resultat és una reducció de la biodiversitat. Saps quina és la importància de la biodiversitat?

Compreneu un text

Aquest text és una adaptació d'un article publicat al web d'Ecologistes en Acció.

El terme *biodiversitat* reflecteix la quantitat, la varietat i la variabilitat dels organismes vius. Inclou la diversitat dins de les espècies, entre espècies i entre ecosistemes. El concepte també fa referència a la manera en què aquesta diversitat canvia d'un lloc a un altre i amb el pas del temps. [...] La diversitat inclou tots els organismes, des dels bacteris microscòpics fins a les plantes i animals més complexos. [...] La biodiversitat té un paper important en el funcionament dels ecosistemes i en les nombroses funcions que realitza. Entre ells, hi ha el cicle de nutrients i el cicle de l'aigua, la formació i retenció del sòl, la resistència a les espècies invasores, la pol·linització de les plantes, la regulació del clima, el control de les plagues i la contaminació. En aquests casos, tant important és el nombre d'espècies presents com el d'espècies abundants.

[...] La pèrdua de diversitat té efectes negatius sobre diversos aspectes del benestar humà, com la seguretat alimentària, la vulnerabilitat davant els desastres naturals, la seguretat energètica i l'accés a l'aigua neta i a les matèries primeres. També afecta la salut de l'ésser humà, les relacions socials i la llibertat d'elecció. [...]

A diferència dels productes que es compren i que es venen en els mercats, molts dels serveis que proporcionen els ecosistemes no es comercialitzen ni tenen un preu fàcil de conèixer. Això significa que els mercats financers desconeixen la importància de la biodiversitat i els processos naturals en tant que font de beneficis per a l'ésser humà.

Si voleu accedir a l'article complet, consulteu el web.

a | Anomeneu alguns dels efectes positius que aporta la biodiversitat per al desenvolupament correcte dels ecosistemes.

b | Expliqueu amb un exemple per què és important no tan sols el nombre d'espècies presents en un ecosistema sinó la seva abundància relativa.

c | Investigueu quines són les causes que disminueixen la biodiversitat.

d | Què podem fer per protegir la biodiversitat?

ACTIVITATS

20 Investiga quines són les espècies en perill d'extinció que habiten a la península Ibèrica i què es pot fer per afavorir el seu creixement. Si vols, pots consultar el web.

21 Algunes activitats humanes, com la pesca tradicional, no acostumen a produir un impacte negatiu sobre la fauna; ara bé, no passa el mateix amb els vaixells factoria, que exploten de manera intensiva aquest recurs. Posa un altre exemple d'una activitat tradicional que sigui respectuosa amb el medi i una altra d'intensiva que el malmeti.

22 A la teva ciutat volen construir una zona residencial en una àrea verda que, tot i no estar protegida, té una gran riquesa biològica. Quines conseqüències pot tenir la seva destrucció per a les espècies que hi habiten? I per a tu?

23 Quins són els beneficis que ens proporcionen els ecosistemes? Consulta el web i enumera els béns i serveis dels ecosistemes que contribueixen al benestar humà.

Activitats interactives
Activitat de síntesi

1. Característiques dels ecosistemes

L'**ecologia** és la ciència que estudia les relacions entre els éssers vius, i també entre ells i el medi físic que els envolta. La seva unitat d'estudi és l'**ecosistema**. Per entendre què és un ecosistema, s'han de conèixer una sèrie de conceptes:

- El grup d'individus de la mateixa espècie que conviu en una àrea determinada s'anomena **població**.
- El conjunt de poblacions que viuen en una àrea determinada constitueix una **comunitat** o **biocenosi**.
- Un **biòtop** és el lloc o medi físic ocupat per una comunitat. Cada biòtop està caracteritzat per unes condicions ambientals, com la llum o la humitat, ben definides.
- Un **ecosistema** és tant la comunitat o biocenosi com el biòtop en què viu. Però, a més, inclou les formes en què les diferents poblacions es relacionen entre elles i amb el medi físic que les envolta per reproduir-se i perpetuar el conjunt.

L'**hàbitat** és l'espai físic en el qual viu un organisme i, per extensió, una espècie. Un hàbitat posseeix les condicions ambientals que una espècie necessita per viure.

1.1 Factors que determinen la distribució dels organismes

El medi en què viu un organisme està definit per tots els factors ambientals que caracteritzen el biòtop. Aquests factors poden ser:

- **Biòtics**, que apareixen com a conseqüència de la presència d'altres éssers vius, com la lluita per l'aliment o l'espai.
- **Abiòtics**, que no depenen directament dels éssers vius, com la llum, la temperatura, la salinitat, etc.

Per a un determinat factor, cada espècie presenta una **zona òptima** en la qual creix més ràpidament, deixa més descendència i sobreviu millor. Quan les condicions no són tan òptimes, la capacitat per deixar descendents disminueix fins al punt que la supervivència de l'individu és impossible. Si se supera un determinat valor, el **límit de tolerància**, l'individu pot morir.

Els factors que obstaculitzen el creixement d'una espècie són **factors limitants**.

1.2 El nínxol ecològic

El **nínxol ecològic** és la funció que exerceix una espècie en l'ecosistema, és a dir, la manera en què utilitza els recursos disponibles per sobreviure i com afecta la seva existència a la resta de components de la biocenosi.

A la natura, s'evita que dues espècies tinguin el mateix nínxol ecològic a fi de reduir la competència entre elles.

Segons l'amplitud del seu nínxol ecològic, les espècies es classifiquen en especialistes i generalistes:

- Les **especialistes** exploten nínxols amb unes característiques molt concretes i inaccessibles per a altres espècies; és el cas de l'ós panda. En aquest cas s'evita la competència però hi ha una forta dependència amb l'hàbitat.
- Les **generalistes** exploten qualsevol nínxol, com les rates o les gavines. Són animals oportunistes que poden menjar molts tipus d'aliments.

ACTIVITATS

1. Quins són els factors abiòtics limitants del medi aquàtic?
2. Com s'anomena el conjunt de poblacions d'un ecosistema?
3. Què pot passar si una població continua creixent després d'haver ultrapassat la capacitat de sosteniment de l'ecosistema?

2. Relacions entre els organismes d'un ecosistema

Es classifiquen en dues grans categories:

- **Intraespecífiques**, quan tenen lloc entre dos o més individus de la mateixa espècie.
- **Interespecífiques**, quan succeeixen entre individus d'espècies diferents.

Les principals relacions entre organismes són:

- **Competència**. Es manifesta quan dos individus utilitzen un mateix recurs de la mateixa manera. Pot tenir lloc entre individus de la mateixa espècie, quan competeixen per les femelles o el territori, per exemple, o entre individus de diferents espècies.
- **Cooperació**. Proporciona avantatges als individus implicats. És freqüent entre organismes de la mateixa espècie, ja sigui per a la cria, la defensa contra els depredadors o l'obtenció de l'aliment.

- **Depredació**. És una relació interespecífica en què un individu, el **depredador**, s'alimenta d'un altre individu viu, la **presa**. Dins d'aquest grup s'inclou el **parasitisme**, quan un organisme (el paràsit) es nodreix de l'hoste i el perjudica però normalment no arriba a matar-lo.
- **Comensalisme**. Una espècie (la beneficiada) aprofita el menjar sobrant de l'altra sense causar-li cap perjudici.
- **Inquilinisme**. Una espècie (la beneficiada) s'allotja a sobre o dins del cos de l'altra sense causar-li cap perjudici.
- **Mutualisme**. Relació que reporta beneficis a les dues espècies que l'estableixen.
- **Simbiosi**. Cas particular de mutualisme en què la relació entre les dues espècies és tan intensa, que no poden viure separats.

2.1 Relacions tròfiques

Són les relacions que s'estableixen entre els éssers vius amb la finalitat d'obtenir la matèria i l'energia que els permet nodrir-se.

Gràficament es representen per mitjà de:

- **Cadena tròfica**. Formada per una sèrie d'organismes ordenats linealment, de manera que cadascun d'ells és l'aliment de l'organisme que el segueix.
- **Xarxa tròfica**. Conjunt de cadenes tròfiques interconnectades d'un ecosistema.

ACTIVITATS

4. En quines relacions interespecífiques les dues espècies en surten perjudicades?
5. Construeix una cadena tròfica amb els organismes següents: musaranya, guineu, colobra, fulles de roure, eruga de papallona i escarabat.

3. Canvis en els ecosistemes

Les **corbes de creixement** representen gràficament el nombre d'individus d'una població al llarg del temps.

- Poden ser en **forma de J** quan la població augmenta de manera exponencial amb el pas del temps perquè els recursos són il·limitats. En aquest cas, hi ha una **explosió poblacional**. Quan els recursos del medi s'esgoten, el nombre d'individus de la població cau en picat.
- Poden ser en **forma de S** quan en el medi els recursos són limitats. Mentre la població és reduïda el creixement és ràpid, però aquest disminueix a mesura que s'esgoten els recursos.

En un ecosistema, definim la **capacitat de sosteniment** com la població màxima d'una espècie que un hàbitat concret pot sostenir sense degradar-se a llarg termini.

3.1 Els canvis periòdics

Les poblacions i els ecosistemes experimenten variacions periòdiques, denominades **ritmes**, com a resposta a canvis ambientals cíclics que poden ser estacionals, diaris o a causa de les marees.

- **Ritmes diaris**. Són cicles provocats per la successió del dia i la nit. La llum és l'estímul que els desencadena i tenen una periodicitat d'unes 24 hores. En les plantes la presència de llum condiciona l'activitat fotosintètica i en els animals influeix en la temperatura corporal i l'activitat cerebral.
- **Ritmes estacionals**. Són cicles que es corresponen amb les estacions de l'any i determinen el comportament de les plantes i els animals.
- **Ritmes mareals**. Són cicles relacionats amb l'ascens i descens del nivell de les aigües de l'oceà. Afecten principalment les espècies marines i en determina la reproducció i les migracions.

3.2 El control de les poblacions

Els factors més determinants en el control de les poblacions d'un ecosistema són l'equilibri entre el depredador i la presa i les relacions de competència.

- **En l'equilibri entre el depredador i la presa** si la població del depredador augmenta, la de les preses es redueix; si la població de preses es redueix, la del depredador també; i si el nombre de preses augmenta, també ho fa el dels depredadors.
- La **competència** pot provocar una situació en la qual ambdues arribin a un equilibri i comparteixin el territori; també pot succeir que l'espècie més ben adaptada elimini l'altra.

Quan l'equilibri de les poblacions d'un ecosistema es trenca, té lloc l'explosió de la població d'una o més espècies. En aquesta situació, la població de l'espècie que més augmenta es pot comportar com una plaga i afectar negativament les espècies de les quals s'alimenta. Generalment, l'augment de la seva població és conseqüència de l'existència d'una quantitat molt gran o il·limitada de recursos, o per la manca de depredadors.

Quan una plaga ataca un ecosistema, es poden aplicar diversos procediments per reduir-ne la població o eliminar-la. Els dos mètodes més utilitzats són:

- L'ús de **plaguicides**, substàncies químiques que maten els organismes que constitueixen la plaga. Tot i que acostumen a ser molt selectius, provoquen efectes nocius sobre la resta d'organismes dels ecosistemes.
- L'ús de **controls biològics**, que són diversos mètodes destinats a controlar la plaga sense usar substàncies químiques. Els més usuals són la introducció de depredadors naturals, la utilització de feromones que redueixen la fecundació de les femelles i l'elaboració de trampes.

3.3 La successió ecològica

En algunes circumstàncies, una comunitat d'un ecosistema cedeix gradualment el pas a una altra que, al seu torn, farà el mateix amb una altra. Aquest fenomen de transició ordenada d'una comunitat a una altra s'anomena **successió ecològica**.

Quan la comunitat d'un ecosistema es manté estable al llarg del temps, vol dir que s'ha arribat a la **comunitat clímax**.

Hi ha dos tipus de successions ecològiques:

- Les **primàries**, les que comencen en una zona que mai no ha estat colonitzada per éssers vius.
- Les **secundàries**, quan s'estableixen en una zona en què prèviament existia una comunitat que ha estat parcialment o totalment eliminada.

ACTIVITATS

6 Què pot passar si una població continua creixent per sobre de la capacitat de sosteniment del medi?

7 A més a més dels depredadors, quins altres factors influeixen en la mida de la població d'una presa?

8 Quin tipus de ritmes experimenta la floració de les plantes? I l'obertura i tancament de les flors de nit?

9 Posa alguns exemples de successions secundàries que es podrien donar en el nostre territori.

4. Cicles a l'ecosistema

4.1 La circulació de la matèria i de l'energia a l'ecosistema

A l'ecosistema, la **matèria circula de manera cíclica**: els compostos inorgànics del medi, transformats en matèria orgànica en la fotosíntesi, retornen al medi i poden tornar a ser utilitzats pels productors.

Amb l'energia no succeeix el mateix; l'energia solar, transformada i emmagatzemada per les plantes en la matèria orgànica, és cedida finalment al medi en forma de calor i no pot ser reutilitzada pels éssers vius. L'**energia segueix un flux** en els ecosistemes.

Per representar com varien algunes característiques dels nivells tròfics es fan servir les **piràmides ecològiques**. En una piràmide, cada nivell tròfic és representat per un rectangle. El que forma la base correspon als productors i a sobre, de manera ordenada, es disposen els altres nivells tròfics. La base de cada rectangle acostuma a ser proporcional al valor de la mesura realitzada.

Els principals tipus de piràmides ecològiques són:

- Les **piràmides de producció o energia**, on cada rectangle representa l'energia emmagatzemada en aquest nivell tròfic en un determinat moment.
- Les **piràmides de biomassa**, on cada rectangle es construeix amb les dades de quantitat de biomassa de cada nivell tròfic. En aquest cas, les piràmides poden ser invertides si la quantitat de la biomassa d'un nivell superior és més gran que la del nivell inferior, com en els ecosistemes aquàtics.
- Les **piràmides de nombres**, que reflecteixen el nombre d'individus de cada nivell tròfic. En aquest cas, les piràmides també poden ser invertides.

4.2 Cicles biogeoquímics

El carboni i el nitrogen són dos dels elements químics més importants de la matèria orgànica. Circulen per la biosfera formant part de diferents molècules. Aquests elements es mouen del medi inert, ja sigui l'aigua o l'aire, als éssers vius passant a formar part de la matèria orgànica, i posteriorment retornen al medi inorgànic. Descriuen, doncs, un cicle que es coneix amb el nom de **cicle biogeoquímic**.

El carboni és l'element més important de la matèria viva, atès que constitueix la base de les molècules orgàniques. En el medi inorgànic, el carboni es troba en forma de diòxid de carboni a l'aire i dissolt a l'aigua, i també en les roques calcàries. El **recorregut que fa el carboni a la naturalesa** consta de les etapes següents:

- Els organismes fotosintètics capten el CO_2 i el transformen en compostos orgànics.
- El carboni orgànic circula a través dels nivells tròfics com a conseqüència de les relacions tròfiques.
- Una gran part del carboni retorna al medi en forma de diòxid de carboni mitjançant la respiració cel·lular. També s'origina aquest gas en les erupcions volcàniques i com a conseqüència de les combustions.
- Les restes d'organismes soterrades es poden transformar en carbó o petroli.
- Una part del carboni és utilitzat pels éssers vius per construir closques. Una vegada morts, aquest carboni retorna al medi.

El **recorregut del nitrogen** és el següent:

- Els bacteris fixadors de nitrogen agafen el nitrogen atmosfèric i el transformen en compostos aptes per a les plantes amb els quals produeixen matèria orgànica. Aquests bacteris poden viure en el sòl o conviure en simbiosi amb les arrels de les plantes lleguminoses (com fan els bacteris *Rhizobium*).
- Els compostos orgànics rics en nitrogen, com les proteïnes, passen a la resta d'organismes de l'ecosistema a través de l'aliment. En morir, o amb els excrements, el nitrogen retorna al sòl.
- El nitrogen orgànic dels detritus és transformat pels bacteris descomponedors del sòl en nitrats i pot ser reutilitzat novament pels productors.
- Altres bacteris descomponen els nitrats del sòl i els converteixen en nitrogen atmosfèric.

ACTIVITATS

10. Descriu el recorregut de l'energia des que entra en l'ecosistema en forma de llum solar fins que surt convertida en calor.
11. Quin procés és el responsable de la principal entrada de carboni a l'ecosistema? Mitjançant quin procés els éssers vius retornen el carboni de l'ecosistema a l'atmosfera?

5. L'impacte de l'ésser humà en l'ecosistema

En algunes situacions, els canvis que provoquen els éssers vius en l'ecosistema superen els límits de tolerància i produeixen efectes perjudicials. L'ésser humà, amb la seva capacitat tecnològica i el seu alt nivell d'activitat sobre el medi, transforma els ecosistemes a gran escala.

Els principals efectes negatius de l'activitat humana són la contaminació del sòl i de l'aigua, l'emissió de gasos a l'atmosfera, la destrucció dels hàbitats naturals i la pèrdua de biodiversitat.

Els problemes principals que afecten els boscos són la sobreexplotació, lligada principalment a la tala massiva, i els incendis. Les explotacions ramaderes i l'agricultura intensiva són les activitats humanes que més impactes negatius provoquen sobre els ecosistemes rurals.

En àrees urbanes, el principal impacte és la contaminació de l'aigua i de l'aire a causa de la crema de combustibles fòssils per a calefaccions i locomoció de vehicles; les emissions de les indústries i de les centrals tèrmiques; l'emissió d'aigües residuals no depurades, i els abocaments no controlats de residus industrials. D'altra banda, l'abocament de cru per part dels petroliers causa una greu agressió sobre el mar i les costes, que es coneix com a *marea negra*.

6. Biodiversitat a la Terra

El concepte de biodiversitat inclou:

- La **diversitat genètica**, que valora la diversitat en els gens, és a dir, la riquesa d'al·lels.
- La **diversitat d'espècies**, que valora el nombre d'espècies diferents que hi ha a l'ecosistema.
- La **diversitat ecològica**, que valora la riquesa d'ecosistemes d'un territori.

En l'actualitat, la biodiversitat a la Terra disminueix a conseqüència de l'activitat humana; la principal causa de l'extinció d'espècies són la destrucció del seu hàbitat, la introducció d'espècies exòtiques, la sobreexplotació i el canvi climàtic.

ACTIVITATS

12. Quines són les causes principals de la contaminació dels ecosistemes?
13. Quines són les principals causes que disminueixen la biodiversitat?

Comprova el que saps
Mapa conceptual

FEM CIÈNCIA

Estudi d'un tram de riu

Objectiu

- Conèixer l'ecosistema d'un riu a partir de l'estudi del medi físic, l'estat de l'hàbitat i del bosc de ribera que l'envolta, les característiques fisicoquímiques de l'aigua i la biodiversitat.

Són molts paràmetres a estudiar, dels quals n'analitzarem uns quants en aquesta activitat. Si voleu fer l'estudi complet d'un tram de riu, podeu participar en el Projecte Rius, del qual trobareu informació en el web.

Material

- Una llibreta de camp
- Una lupa de camp
- Un aparell amb el qual poder fer fotografies
- Un termòmetre que no sigui de mercuri i un recipient
- Una cinta mètrica
- Un cronòmetre

Procediment

1. D'entrada trieu un tram d'un riu proper per fer les observacions.
2. Feu una hipòtesi inicial sobre el seu estat de conservació.
3. Analitzeu l'hàbitat del riu i anoteu els resultats en una llibreta de camp. És recomanable fer fotografies per poder posar en comú els resultats amb els vostres companys.

   Copieu la taula i marqueu amb una X la dada corresponent o anoteu el seu valor.

L'aigua flueix?	Sí	No				
Com és la velocitat de l'aigua?	Aigües ràpides (> 0,3 m/s)	Aigües lentes (< 0,3 m/s)				
Quins substrats hi ha al fons del riu?	Llims i argiles	Sorra, còdols i graves	Blocs i pedres			
La vegetació fa ombra sobre el riu?	Sense ombra	Ombrejat amb clarianes	Totalment ombrejat			
Hi ha elements naturals sobre l'aigua?	Fullaraques	Dics naturals	Troncs			
Hi ha moltes algues al riu?	Cobreixen <10%	Cobreixen >10 %	Cobreixen >50 %			
Quines algues hi ha a l'aigua i a les roques del riu?	Filamentoses	Globulars	Laminars			
Hi ha vegetació al voltant del riu?	Sòl nu	Herbes	Canyissar	Arbres alineats	Bosc esclarissat	Bosc dens
Hi ha alteracions antròpiques en el riu?	Abocaments, deixalles, col·lectors, carreteres que el travessen o en fan canviar el curs, preses i rescloses, captacions d'aigua, runams…					
Paràmetres de l'aigua						
L'aigua fa pudor?	Sí	No	De què fa olor?			
De quin color és l'aigua?	Transparent	Tèrbola	Blanquinosa	Amb irisacions		
Quina és la temperatura de l'aigua?						

4. Feu fotografies i classifiqueu els organismes que heu observat. Anoteu de quin tipus d'aigua són característics (neta, mig contaminada, molt contaminada). Per fer-ho podeu consultar el web.

ACTIVITATS

1. Fes una valoració de l'estat del riu (ben conservat, parcialment alterat o molt degradat) en funció dels resultats obtinguts. Indica en quines dades et bases per afirmar-ho.
2. Compara els teus resultats amb els dels companys i elaboreu unes conclusions globals de l'activitat.
3. Per què són més fiables aquestes conclusions que les valoracions individuals?

ACTIVITAT FINAL

ESTUDI D'UNA POBLACIÓ DE PLANTES

L'alumnat de quart d'ESO ens hem proposat fer un estudi de l'ecosistema d'un camp de conreu abandonat que hi ha a prop de l'escola.

D'entrada, volem mesurar la densitat de població de plantes, concretament de dues espècies de plantes. Per fer-ho, utilitzem el mètode dels quadrats:

- Construïm un marc quadriculat amb llistons i cordills que ens ha de servir per fer el mostratge.
- Hi fem un cop d'ull i determinem a simple vista les dues espècies predominants (A i B).
- Deixem el marc sobre la vegetació i comptabilitzem el nombre d'espècies diferents que observem. A continuació, calculem el nombre de les dues espècies seleccionades.
- Repetim el comptatge en cinc zones del camp i recollim els resultats en una taula.

Zona	Nre. d'espècies	Nre. d'exemplars espècie A	Nre. d'exemplars espècie B
1	10	15	3
2	3	2	8
3	8	5	6
4	6	3	9
5	9	4	8

ACTIVITATS

1. Descriu l'hàbitat del camp de conreu. Defineix uns possibles factors abiòtics i biòtics.
2. La mostra 1 s'ha obtingut en una zona a resguard del vent, obaga i humida del camp de conreu, mentre que la mostra 2 correspon a una zona assolellada i oberta. A partir dels resultats de la taula, valora si la biodiversitat del camp de conreu abandonat és homogènia. Quins podrien ser els factors limitants de l'espècie A? I els de l'espècie B?
3. Valora si entre ambdues espècies, A i B, s'estableix una forta competència.
4. Mentre els alumnes feien el comptatge de plantes, han vist com un insecte s'alimentava del nèctar d'una flor de l'espècie B. Quina relació s'estableix entre l'insecte i la planta B? Explica en què consisteix i si els organismes en surten beneficiats o perjudicats.
5. Els alumnes també han vist com un conill s'alimentava d'una planta anomenada ravenissa blanca. Descriu una cadena alimentària en la qual surtin aquestes dues espècies i un depredador del conill.
6. En avançar el dia, els alumnes han pogut comprovar com l'espècie A tanca les flors quan no rep sol directe. A quin tipus de ritme està sotmesa aquesta espècie?
7. Un alumne explica que en aquest camp de correu hi havia plantats avellaners, però que el pagès els va arrencar i no hi ha tornat a plantar res més. Ara, el camp està ple de males herbes i petites alzines. Com s'anomena aquest procés de canvi d'espècies en un ecosistema?
8. Els bacteris fan una funció molt important en el cicle de la matèria en els ecosistemes. Explica la seva contribució en la descomposició de la matèria i en el cicle del nitrogen.
9. En el camp de conreu abandonat hi ha un rètol que indica que pròximament s'hi construirà una zona industrial. Com es pot veure afectada la fauna i la flora del camp de conreu? Quins impactes negatius poden ocasionar les indústries?

Autoavaluació

REVISTA DE CIÈNCIA

Gea, la deessa de la Terra

Els antics grecs anomenaven *Gea* la deessa de la Terra; una deessa maternal i bondadosa amb tots els habitants del planeta, però que també podia ser cruel i despietada amb aquells que no vivien en harmonia amb la natura.

Gaia, la traducció anglesa de Gea, va ser el nom que l'investigador britànic James Lovelock va escollir per anomenar una teoria agosarada que defensava que l'evolució del planeta Terra i la vida formen part d'un únic procés evolutiu que té la capacitat d'autoregular-se. És com si la Terra fos un superorganisme amb vida pròpia que utilitza l'energia que prové del Sol per mantenir unes condicions físiques i químiques idònies per a la vida.

La Terra disposa de diversos sistemes per aconseguir certa estabilitat, especialment pel que fa a la composició de l'atmosfera, la regulació de la temperatura global del planeta i la composició salina dels oceans. Així, des de les primeres formes de vida, l'activitat dels organismes ha modificat les condicions primitives del planeta. Ara bé, els impactes que les darreres dècades ha ocasionat l'ésser humà sobre l'equilibri físic i químic del planeta potser són massa intensos i sobrepassen els límits d'autoregulació.

Segons Lovelock, a curt termini no es podrà reduir amb efectivitat les emissions de diòxid de carboni, de manera que el procés de canvi ja és imparable i podem considerar que hem superat el punt de no retorn. Segons aquest científic, en aquesta situació la millor opció és intentar adaptar-nos als canvis que l'ésser humà ha provocat.

La visió apocalíptica del futur de Lovelock no és del tot compartida per altres científics, que creuen que la tecnologia que ha estat la causa de la situació actual també pot servir per trobar-hi una solució. Caldrà esperar unes dècades per saber si realment podrem trobar mecanismes que ens permetin sobreviure als dràstics canvis climàtics que ens esperen o si Gaia, finalment, decideix que el temps de joc per a l'ésser humà ha finalitzat...

Les indústries i l'automoció són els dos focus principals de contaminació atmosfèrica per diòxid de carboni.

COMPRENSIÓ LECTORA I REFLEXIÓ

1. Explica què és la teoria de Gaia.
2. Què creus que significa l'oració «Gaia, finalment, decideix que el temps de joc per a l'ésser humà ha finalitzat»? Què hauria de passar perquè no s'arribi a aquest extrem?
3. Amb quina opinió estàs més d'acord, amb la de Lovelock o amb la d'altres científics que estan convençuts que la tecnologia aportarà solucions als desequilibris ambientals ocasionats per les activitats humanes? Raona-ho.
4. Coneixes algun avenç tecnològic que hagi esdevingut la solució d'alguna problemàtica ambiental? Esmenta'n algun exemple.
5. Esmenta alguns canvis que tu estaries disposat a fer en el teu estil de vida per reduir els impactes que els humans causem a la Terra. Què és el que et motiva a fer aquest canvi d'hàbits?

UNITAT 6 ESTRUCTURA DE LA TERRA

L'any 1989, a la península de Kola, un equip rus va fer una perforació a la Terra fins als 12.262 m de profunditat, la major fondària aconseguida mai per la humanitat. Es pretenia arribar al mantell terrestre, però només es va abastar una tercera part de la perforació prevista. Dificultats tècniques, com les altes temperatures i la presència d'hidrogen, van impedir assolir més profunditat.

- El nostre planeta es divideix en tres capes: escorça, mantell i nucli. Creus que les mostres obtingudes a 12.262 m de profunditat ens permeten saber com és l'interior de la Terra?

Amb la tecnologia actual, és impensable poder arribar al centre de la Terra i conèixer-la per dins de forma directa. Només els mètodes indirectes ens poden donar una idea del que tenim sota els peus.

- Quins altres mètodes ens permeten explorar l'interior de la Terra?
- Com podem observar roques que provinguin de grans profunditats sense necessitat de fer un forat a terra?
- Saps com són les roques de l'interior de la Terra?

Foto: Volcà en erupció.

EN AQUESTA UNITAT APRENDRÀS...

1 Com podem conèixer l'estructura i composició de la Terra.

2 Quines són les capes de la Terra.

3 Per què i com es deformen les roques.

4 Com s'origina un terratrèmol i quins són els seus riscos.

5 Com es formen els volcans i quins riscos originen.

I SERÀS CAPAÇ DE...

- Aprendre a elaborar i entendre gràfiques.
- Prendre consciència de les mesures que cal adoptar per evitar els riscos derivats dels terratrèmols i volcans.
- Interpretar un experiment de laboratori.
- Construir un model dels diferents tipus de deformació de les roques.

1. L'estudi de l'interior de la Terra

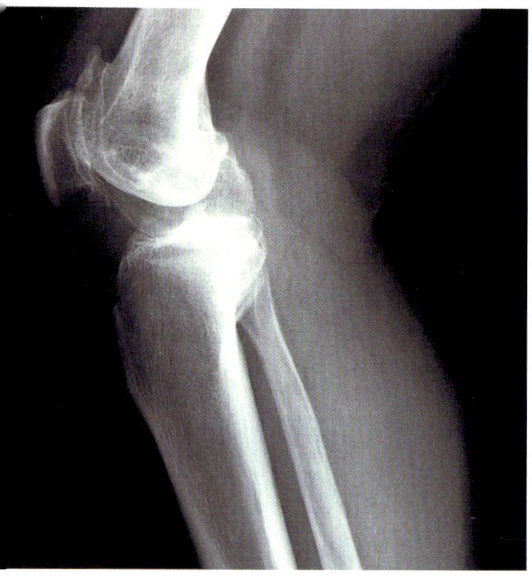

Les radiografies proporcionen imatges amb diferents tonalitats de grisos en funció de la densitat de l'objecte.

Què són les parts més denses d'aquesta radiografia?

El nostre planeta és una gran esfera de 12.740 km de diàmetre, de la qual només tenim accés als materials més superficials. Saps, doncs, com podem conèixer l'estructura i composició de la Terra?

Observeu i deduïu

Si et fas mal a la cama i et costa de moure-la, és molt probable que el metge et faci una radiografia per veure si tens algun os trencat.

Fer una radiografia a la Terra seria complicat, però se'n pot estudiar l'interior de forma indirecta, a través de l'**estudi de la propagació de les ones sísmiques**.

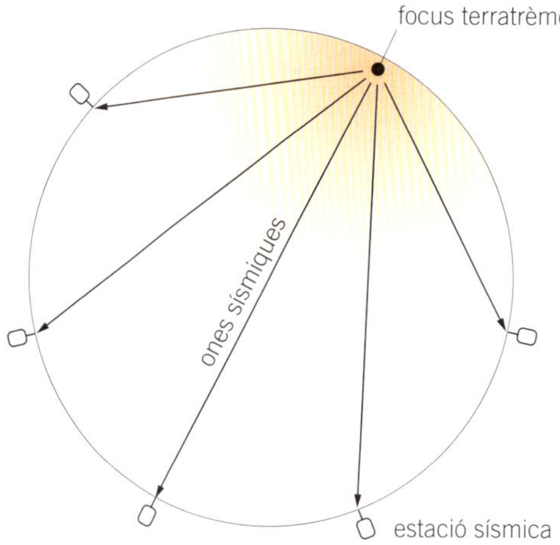

a | Fixeu-vos en l'esquema anterior. Quina utilitat tenen les estacions sísmiques?

b | Com es pot saber el temps que ha tardat l'ona sísmica a travessar el planeta?

c | Les ones sísmiques d'un terratrèmol es poden propagar per l'interior de la Terra a velocitats de l'ordre de km/s. La velocitat de propagació de les ones sísmiques depèn del tipus de roca que travessen. Com se'n pot conèixer la velocitat de propagació, des del focus del terratrèmol fins a l'estació sísmica (recorda la fórmula $v = e/t$)?

d | Què indica un canvi en la velocitat de les ones?

e | Quina informació de l'interior de la Terra podem obtenir de les ones sísmiques?

ACTIVITATS

1. És possible fer un viatge a l'interior de la Terra com el que proposa Jules Verne a la seva coneguda novel·la? Com podem conèixer l'interior de la Terra si ningú hi ha arribat?
2. Quina capa terrestre creus que coneixem millor? Per què?
3. Per conèixer la naturalesa de l'interior de la Terra els científics es basen en l'estudi de les ones sísmiques, els materials volcànics, les prospeccions mineres, els meteorits i el magnetisme de les roques riques en ferro. Classifica aquests mètodes d'estudi en **directes** i **indirectes**.
4. Explica per què l'estudi dels meteorits ens pot ajudar a descobrir com és l'interior de la Terra. Pots buscar informació al web.

Activitats interactives
Activitat de síntesi

2. L'estructura de la Terra

La Terra està formada per capes —unes de sòlides, altres de líquides i unes altres d'intermèdies, podríem dir toves o fluides— que tenen una composició mineral diferent. Per distingir quines són les capes de la Terra ens podem fixar en l'estat físic dels materials o bé en la seva composició química.

2.1 Segons l'estat físic

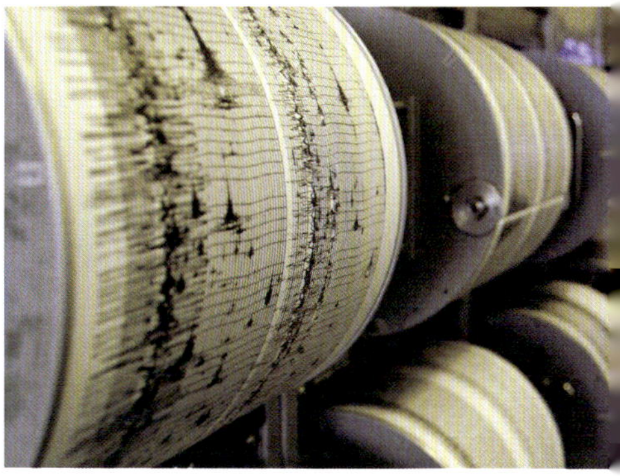

A mesura que augmentem la profunditat, l'increment de la temperatura i de la pressió internes modifiquen les propietats i l'estat físic dels materials. Els sismògrafs ens ajuden a detectar aquests canvis.

Saps explicar com?

Elaboreu una gràfica

Per entendre les gràfiques que ens proporcionen els sismògrafs i que relacionen la velocitat de les ones sísmiques amb la profunditat a la qual es troben, practicarem amb una altra gràfica similar.

Representeu, en una gràfica com la següent, la variació de velocitat de dos vehicles en un circuit, cadascuna amb un color diferent. Teniu començada la gràfica de la bicicleta, fins al km 30 del seu recorregut.

Distància (km)	Velocitat bicicleta (km/h)	Velocitat moto (km/h)	Estat del circuit
0-10	20	30	Pista bona
10-30	30	50	Pista molt bona
30-40	5	10	Pista molt dolenta
40-60	40	70	Carretera
60-80	60	90	Carretera en baixada
80-100	0	120	Autopista (la bicicleta no pot circular)

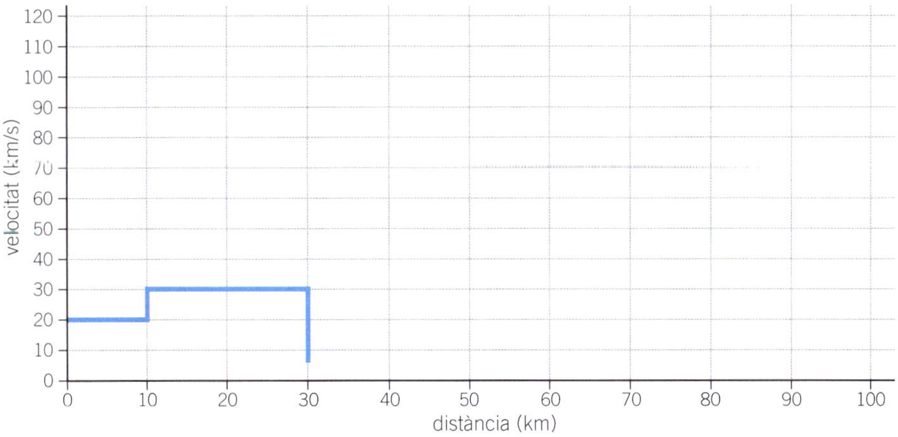

a | La línia vertical de la gràfica marca els canvis sobtats de velocitat. Quants canvis sobtats de velocitat hi ha?

b | Quants trams diferents de circuit observeu?

c | Per què els dos vehicles han hagut de canviar de velocitat per passar d'un tram al següent?

d | Si assimilem aquesta gràfica a un terratrèmol, què representarien els dos vehicles? I els diferents trams del circuit? Recordeu que les ones sísmiques poden ser **primàries**, si són més ràpides i es transmeten en tots els materials, o **secundàries**, és a dir, més lentes i sense capacitat de travessar components líquids.

Interpreteu una gràfica

Ara observeu aquesta gràfica. Veureu certes semblances amb la que acabeu de fer.

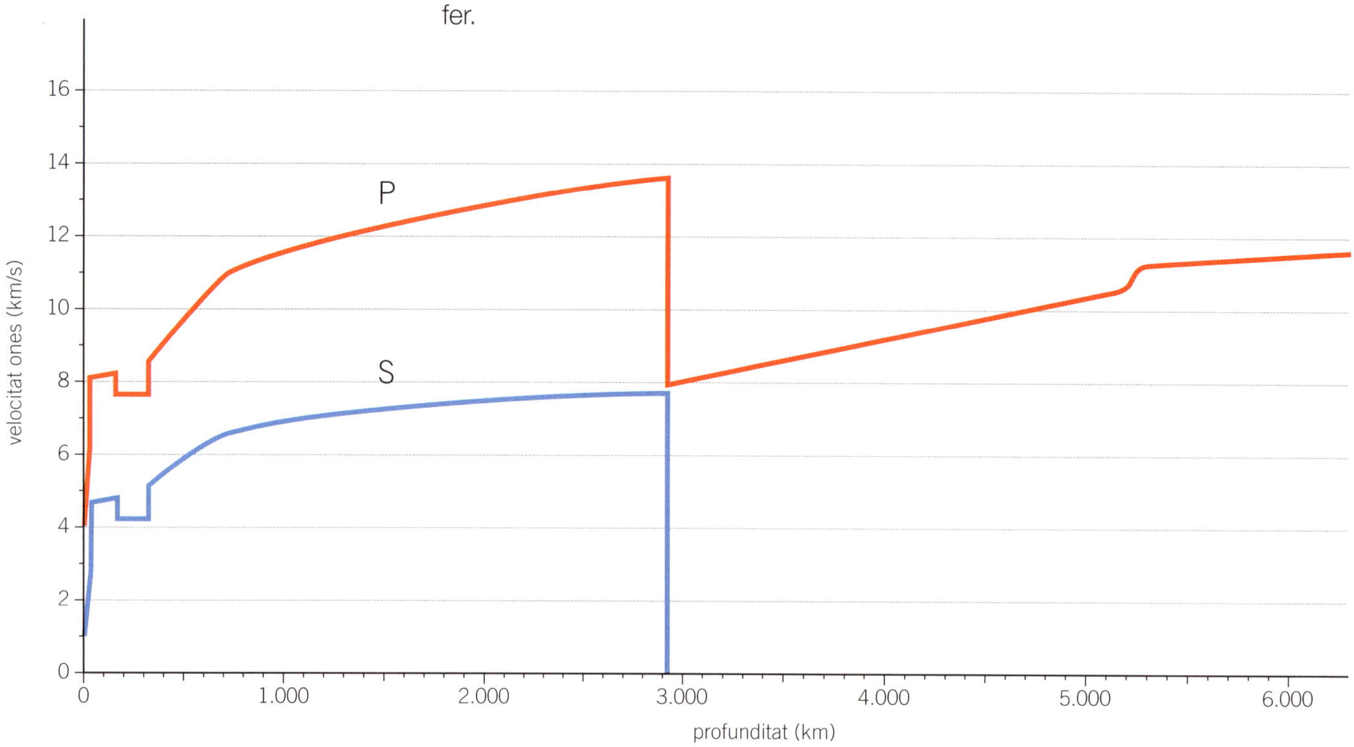

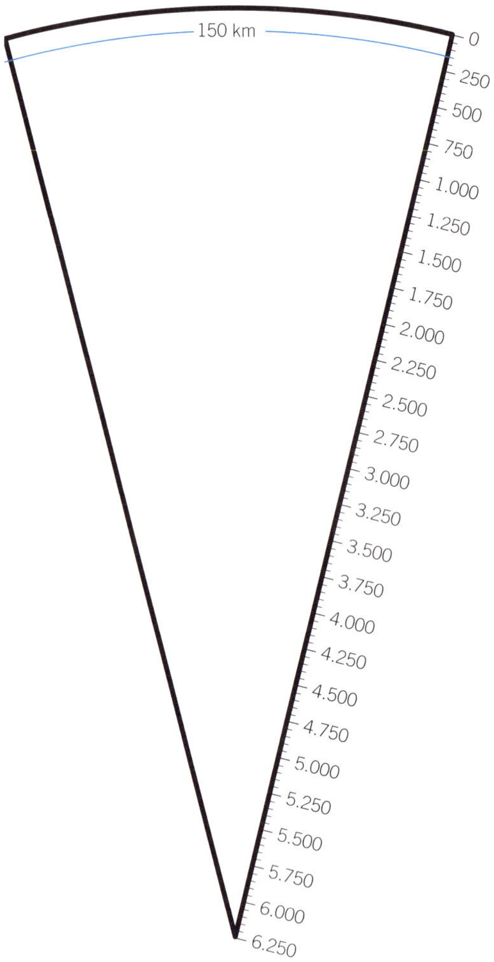

a | Identifiqueu els 3 canvis sobtats de velocitat, com heu fet a l'activitat anterior, i situeu les profunditats aproximades on es produeixen. No tingueu en compte la primera discontinuïtat (50 km), ja que separa capes de propietats molt similars (escorça i mantell superior), però de diferent composició. Aquests canvis sobtats de velocitat de les ones sísmiques s'anomenen **discontinuïtats sísmiques**.

b | Per què creieu que les ones sísmiques viatgen a diferents velocitats en cada tram?

c | Feu un dibuix com el que hi ha al marge. Representeu cada discontinuïtat sísmica amb una línia concèntrica, a la profunditat que correspongui, tal com podeu veure en l'exemple, on ja s'indica en color blau la primera discontinuïtat, a 150 km. Ajudeu-vos d'un compàs.

d | **Segons el comportament físic dels materials**, la Terra es divideix en quatre capes: **litosfera**, **astenosfera**, **mesosfera** i **endosfera**. Identifiqueu-les en el dibuix que heu fet i descriviu-ne les característiques pel que fa a comportament (rígida, plàstica, líquida, etc.). Podeu consultar el web.

e | Quines d'aquestes capes tenen un comportament fluid?

f | Com s'explica que la part interna del planeta sigui sòlida tot i tenir les temperatures més altes?

2.2 Segons la composició

Interpreteu un esquema

Si féssim un forat des de la superfície fins al centre de la Terra trobaríem els materials que teniu representats a la figura.

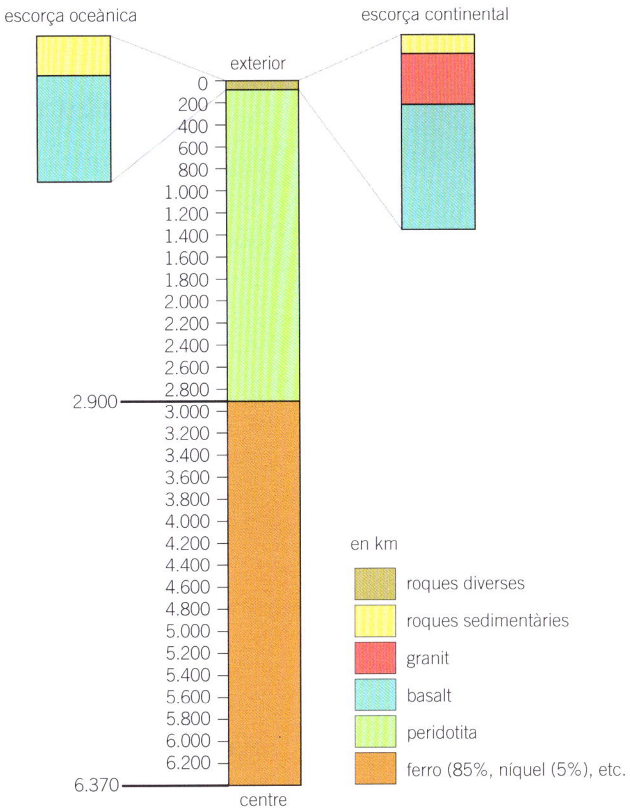

a | A la columna central, situeu l'**escorça**, el **mantell** i el **nucli** i digueu quina és la seva composició.

b | La capa més interna de la Terra està dividida en dues. La capa que rep més pressió, o pes, mantindrà les partícules més juntes i serà més difícil que fongui. Quina d'elles deu ser sòlida i quina líquida, la interna o l'externa? Tingueu en compte que ambdues es troben a temperatures similars (uns 6.000 °C).

c | Busqueu informació a la xarxa, si cal, i digueu entre quines capes es troben les discontinuïtats de Mohorovicic i de Gutenberg.

d | La capa més superficial pot ser de dos tipus, tal com teniu representat al gràfic del costat. Quina de les dues escorces és més gruixuda? Expliqueu per què.

e | Copieu el dibuix de la dreta i situeu els elements següents: *plataforma continental*, *costa*, *talús* i *fons abissal*.

f | On situaríeu el límit entre l'escorça continental i l'oceànica? Raoneu la resposta.

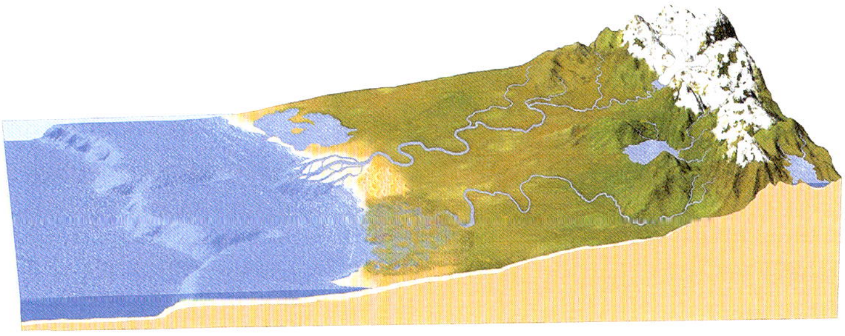

ACTIVITATS

5. Els dos models que mostren les capes de l'interior de la Terra s'anomenen **model geodinàmic** i **model geoquímic**. En quins criteris dels que hem vist es basa cadascun?
6. Has vist dos models de la Terra. Quin dels dos exemplifica millor el desplaçament dels continents o de les plaques tectòniques? Per què?
7. Les capes de la Terra, incloent-hi l'atmosfera i la hidrosfera, es van formar en les primeres etapes de l'origen terrestre, quan, molt probablement, el nostre planeta estava tan calent que gairebé tot era líquid. Per què les capes més denses es van acumular més a l'interior i les més lleugeres a l'exterior?
8. En què ens basem per afirmar que l'astenosfera és una capa fluida?
9. Creus que és possible que l'escorça continental es trobi sota el nivell del mar? Raona la resposta.
10. Com s'anomena la part de continent submergida en el mar?

Activitats interactives
Activitat de síntesi

Plecs d'una roca a l'illa de Creta, Grècia.

Saps de quines maneres diferents es pot deformar una roca?

3. La deformació de les roques

Davant dels esforços geològics, que poden durar poc temps o milions d'anys, els materials terrestres es deformen. Tot i semblar dures, per què i com es deformen les roques?

Analitzeu un experiment

En un laboratori hem fet un experiment que consisteix a posar un tros de roca en una premsa i comprimir-lo, de forma controlada. Durant aquesta pressió podem observar que la roca passa per diferents fases de deformació.

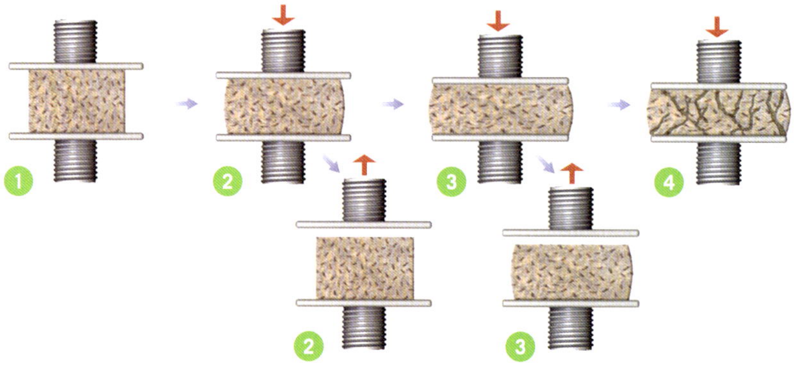

Existeixen tres tipus de deformació: **fràgil** (com el vidre, que es trenca), **elàstica** (com una goma elàstica, que recupera la forma quan deixem d'estirar) i **plàstica** (com la plastilina, que queda permanentment deformada).

a | Fixeu-vos en l'esquema de dalt i digueu quins números corresponen a cada tipus de deformació. Raoneu la resposta.

b | Compareu aquests tres tipus de deformació de les roques amb la deformació que predomina en els següents materials: xiclet mastegat, totxo, goma dels cabells, fang, gerro, paper i goma d'esborrar. Feu una taula com aquesta i escriviu el nom de cada material a la casella corresponent.

Deformació elàstica	
Deformació plàstica	
Deformació fràgil	

c | Fixeu-vos en els següents dibuixos i indiqueu quin tipus de deformació predomina en cada cas.

d | Sabríeu identificar a quines estructures o fenòmens geològics corresponen les deformacions anteriors?

3.1 Deformacions plàstiques. Els plecs

Observeu i interpreteu

Fixeu-vos en aquest experiment. Les capes han sofert una pressió i s'han deformat.

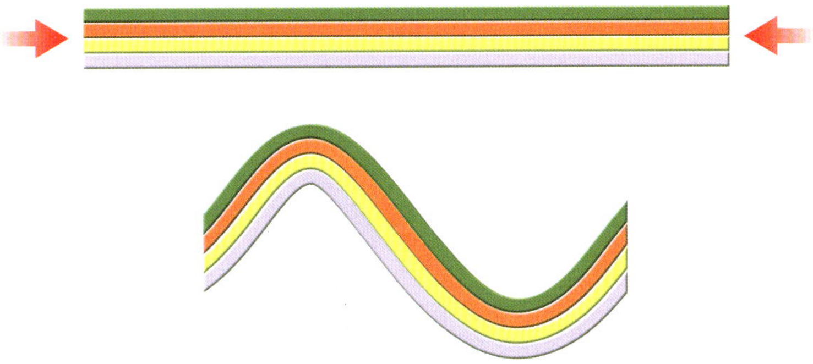

a | Quin dels tres tipus de deformació que hem vist han patit les capes en l'experiment anterior?

b | Definiu amb les vostres paraules què és un plec i identifiqueu sobre la fotografia els seus elements: *pla axial*, *eix del plec*, *xarnera*, *flanc* i *nucli del plec*. Per fer-ho podeu consultar el web.

c | Consulteu el web i observeu els diferents tipus de plecs. Classifiqueu el plec de la fotografia segons si és **sinclinal** o **anticlinal**, segons la **simetria** i segons la posició del **pla axial**.

d | Dibuixeu al vostre quadern un plec sinclinal amb el pla axial inclinat.

3.2 Deformacions fràgils. Les falles i les diàclasis

Observeu i interpreteu

Fixeu-vos en aquests dibuixos:

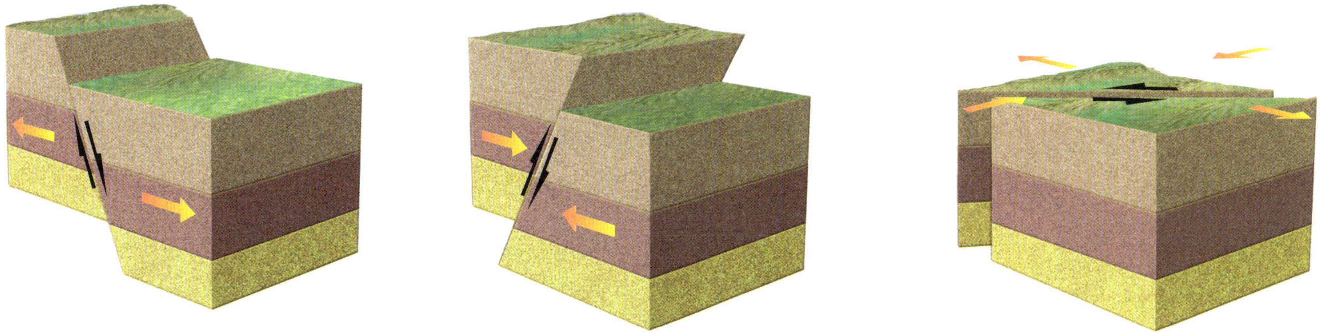

a | Quin tipus de deformació s'ha produït en els tres casos?

b | Consulteu l'animació que trobareu al web. Expliqueu la diferència entre una **falla** i una **diàclasi**, i digueu quina de les dues deformacions il·lustren els dibuixos.

c | Consultant la mateixa animació, descriviu els tres tipus de falla anteriors i digueu quina correspon a una **falla normal**, a una **falla inversa** i a una **falla de direcció**.

d | Dibuixeu en el vostre quadern una falla i assenyaleu-ne els elements: *bloc inferior, bloc superior, salt de falla* i *pla de falla*. Per fer-ho, podeu consultar l'animació de l'apartat *b*.

3.3 Distensió i compressió

Observeu i interpreteu

a | Fixeu-vos en aquestes fotografies i interpreteu com s'han deformat les roques, utilitzant els termes apresos: plec sinclinal, plec anticlinal, falla inversa, falla normal, falla de direcció i diàclasi.

1

2

3

4

5

6

b | Si us hi heu fixat, alguns dibuixos d'activitats anteriors tenen unes fletxes que indiquen la direcció de les forces que provoquen la deformació. Aquestes fletxes descriuen dues situacions diferents: quan les forces apreten parlem de **compressió**, i quan se separen, de **distensió**. Indiqueu en cadascuna d'aquestes fotografies quina de les dues situacions es produeix.

ACTIVITATS

11 Un mateix tipus de roca es pot deformar de maneres diferents, davant d'un esforç. Per exemple, una calcària sotmesa a una forta compressió es pot doblegar o pot originar una falla. Això dependrà de diversos factors. Explica com poden afectar, en aquest sentit, la temperatura o el tipus d'esforç. Copia aquesta frase i completa-la:

Si la roca es troba a grans profunditats i la temperatura és alta, segurament es formarà ______ (una falla / un plec). Si l'esforç és ràpid o violent, serà més probable que es formi ______ (una falla / un plec).

12 Classifica els diferents tipus de deformació en dos grups, segons que actuïn les forces de compressió o de distensió: falla normal, falla inversa, falla de direcció, plec anticlinal, plec sinclinal, diàclasi.

Activitats interactives
Activitat de síntesi

4. Sismicitat

Com hem vist, les roques es poden deformar o fracturar a causa d'esforços geològics molt perllongats. Saps explicar, però, com s'origina un terratrèmol i quins són els seus riscos?

Observeu i interpreteu

Fixeu-vos en aquests tres dibuixos consecutius:

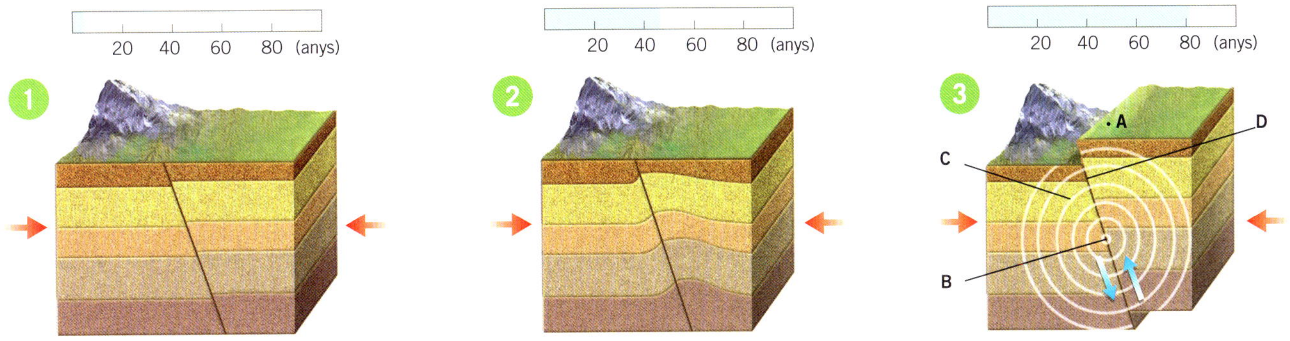

a | Descriviu què passa en els dibuixos 1 i 2. Quin tipus de deformació han sofert les roques en el punt 2 en comparació amb la situació inicial?

b | En quin moment s'allibera l'energia acumulada? En què es converteix aquesta energia?

c | Poseu nom a les lletres del tercer dibuix. Si cal, podeu buscar informació al web.

Observeu i deduïu

En el focus sísmic sempre s'inicien dos tipus d'ones. Observeu els dibuixos següents:

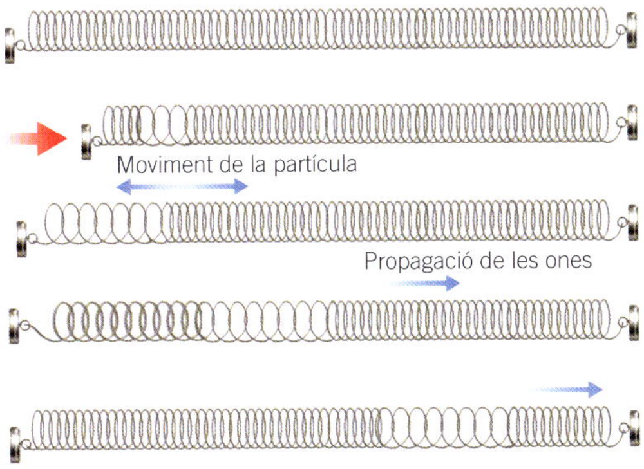

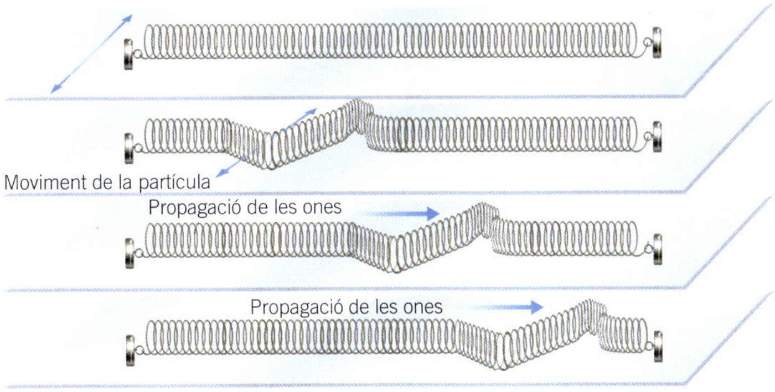

a | Intenteu descriure com es mouen les ones en ambdós casos.

b | Quines ones vibren paral·lelament a la seva direcció de propagació? I perpendicularment?

c | Mireu el vídeo que trobareu al web i veureu un grup de nois i noies representant el moviment de les ones. Per què creieu que els alumnes es toquen en un cas i en l'altre no?

d | Quines ones són més ràpides?

e | En els líquids les partícules no estan juntes. Quines ones no travessaran els líquids? Quina capa de la Terra no podran travessar aquestes ones?

4.1 Riscos associats a la sismicitat

Interpreteu un gràfic

Fixeu-vos en aquest sismograma. L'energia o magnitud del terratrèmol registrat es mesura a partir de dues dades: la diferència de temps entre l'arribada de les ones secundàries i primàries (S-P), i l'amplitud de l'ona, que és la distància en cm de l'ona més gran, tal com teniu representat al dibuix (A).

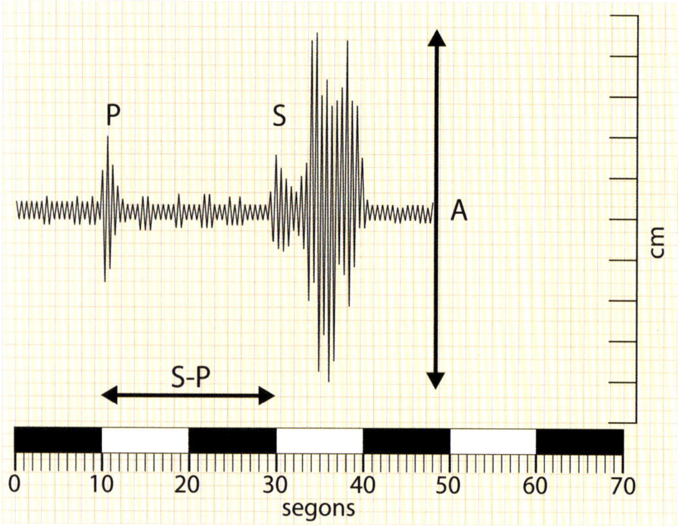

a | De què dependrà la diferència S-P? Com hauria de ser S-P en un sismograma pròxim a l'epicentre, alta o baixa? Recordeu que les ones primàries són més ràpides que les secundàries.

b | Si A és alta i la diferència S-P és gran, el terratrèmol serà de baixa o alta magnitud? Per què?

c | La força d'un terratrèmol es pot mesurar en dues escales, l'**escala de Richter**, que gradua l'energia del sisme, i l'**escala MSK** o de **Mercalli**, que valora els danys. A quina de les dues escales correspon la magnitud sísmica? Consulteu el web i expliqueu breument en què consisteix cadascuna.

Compreneu un text

Llegiu el text i contesteu les preguntes:

La nit del 15 de març de 1427, la localitat d'Amer (Selva) va veure com les edificacions quedaven totalment ensorrades. Hi va haver esfondraments del terreny en alguns punts i molts morts. El sisme va arribar als 6,2 graus. A les proximitats de la vila cal destacar que molts castells es van veure malmesos i que va caure una volta de la basílica de Ripoll. Els dies posteriors hi va haver rèpliques que també van causar danys importants en tota la regió.

a | Quines frases del text fan referència a la magnitud i quines a la intensitat sísmica?

b | A partir de les dades del text, sabríeu dir quina intensitat en l'escala de Mercalli va tenir aquest sisme? Podríeu determinar la seva magnitud en l'escala Richter?

En una zona on hi ha una alta sismicitat convé disposar de mesures de prevenció.

Saps en què consisteix un pla d'emergències sobre el risc sísmic?

ACTIVITATS

13 En quines zones del planeta són més freqüents els terratrèmols? Per què?

14 Existeixen una sèrie de fenòmens previs a un terratrèmol. Investiga què són els **precursors sísmics** i esmenta'n alguns.

15 Les **ones L** o **superficials** són generades per les ones primàries i secundàries quan arriben a la superfície. Tot i que la seva velocitat és baixa, són molt més destructives. Saps explicar per què?

16 Fes una llista de les **mesures de prevenció** més importants que s'han de complir en zones amb risc sísmic. Pots consultar el web.

4.2 La sismicitat al nostre entorn

Interpreteu un mapa i investigueu

El sud d'Europa és una zona de risc sísmic moderat o, fins i tot, alt en determinades regions. En el mapa de sota està representada la força màxima que tindrà un terratrèmol en un període màxim de 500 anys. Les unitats de mesura de la força d'un terratrèmol són, en aquest cas, l'**acceleració sísmica** (acceleració del terreny quan vibra).

Intensitat escala MSK	Efectes
I	No sensible
II	Sensible lleument
III	Dèbil
IV	Àmpliament observat
V	Fort
VI	Provoca danys lleus
VII	Provoca danys
VIII	Provoca danys importants
IX	Destructiu
X	Molt destructiu
XI	Devastador
XII	Completament devastador

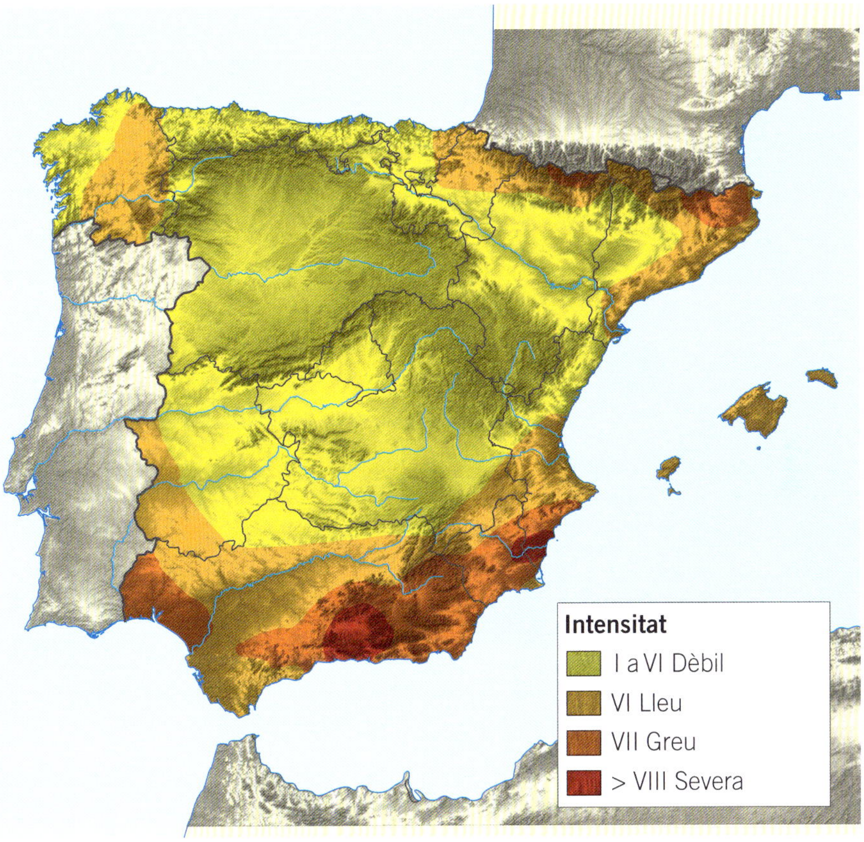

a | Quina zona de Catalunya mostra un risc sísmic més alt? I en tot l'Estat espanyol?

b | Quina zona de Catalunya pot patir, en un període de menys de 500 anys, un terratrèmol amb una major força o acceleració sísmica?

c | En cas que hi hagués un terratrèmol a la població on vius, quina seria la intensitat esperada segons l'escala MSK?

d | Existeix una normativa per a la construcció d'edificis, la norma sismoresistent. Busqueu-ne informació i digueu què és. Comenteu un parell d'aspectes d'aquesta normativa que seria convenient d'aplicar en la construcció d'edificis.

e | Raoneu si l'aplicació d'aquesta normativa cal que sigui la mateixa en tot el territori espanyol.

ACTIVITATS

17 Tot i que la freqüència i la magnitud dels sismes és similar en zones com el Japó i Turquia, el nombre de víctimes que ocasiona és molt diferent. Per què?

18 Al Parc de Yellowstone (EUA) han pogut detectar una gran cambra de magma sota terra, a partir de l'estudi dels terratrèmols. En quin aspecte dels sismogrames s'han fixat els científics?

19 Quina utilitat té l'escala MSK (Mercalli) avui dia, tenint en compte que els terratrèmols actuals es mesuren en l'escala de Richter?

20 Com ens pot ajudar l'historial sísmic d'una regió a l'hora de fer prevenció sísmica?

Activitats interactives
Activitat de síntesi

5. Vulcanisme

Un volcà és un punt de la superfície terrestre per on s'allibera material rocós fos i gasos provinents de l'interior de la Terra. Saps explicar com es formen els volcans i quins riscos originen?

Investigueu

Fixeu-vos en aquest dibuix i busqueu a la xarxa la informació necessària per respondre a les preguntes que hi ha a continuació.

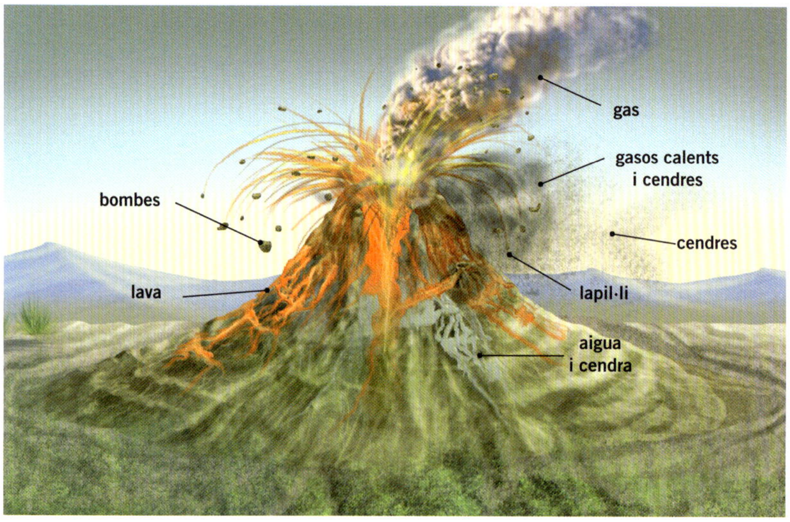

a | Quins són els tres **productes sòlids** que expulsen els volcans i quin nom reben, en conjunt? En quin aspecte ens basem per classificar-los en tres tipus diferents? Com s'anomena cadascun d'aquests tres tipus?

b | Com s'anomena la barreja d'aigua i cendres? En quin tipus de volcans es pot produir?

c | Què és la lava? Com s'anomenen els rius de lava? Investiga què són les laves àcides i bàsiques i digues quina de les dues és més fàcil que tapi el cràter i provoqui explosions.

d | Investigueu quin nom rep la barreja de gasos calents i cendres i quins efectes poden produir.

e | Els gasos i les cendres volcàniques formen la **columna eruptiva**. Investigueu i expliqueu què és.

Feu una cerca i organitzeu la informació

La violència d'una erupció volcànica es pot mesurar de diverses maneres. Avui dia s'utilitza l'anomenat **índex d'explosivitat volcànica** (**IEV**).

a | Busqueu informació al web i definiu què és l'índex d'explosivitat volcànica.

b | Elaboreu una taula com aquesta i completeu-la amb la informació obtinguda en l'apartat *a*:

IEV	Volum dels materials	Tipus de volcans	Productes volcànics que predominen	Columna eruptiva	Periodicitat
1	molt baix			molt baixa	
2					
3	baix			baixa	
4					
5	alt			alta	
6					
7	molt alt			molt alta	
8					

5.1 Riscos associats al vulcanisme

Observeu i investigueu

Algunes erupcions volcàniques han passat a la història pels danys devastadors que van causar a les persones. Aquí teniu alguns d'aquests exemples.

Eyjafjallajökull (Islàndia), 2010

Plymouth (Illa de Montserrat), 2006

Llac Toba (Indonèsia), fa 70.000 anys

Pompeia (Itàlia), any 79 dC

Heimaey (Islàndia), 1973

Krakatoa (Indonèsia), 1883

a | Fixeu-vos en els llocs i les dates que s'assenyalen a les fotografies i cerqueu informació sobre les erupcions volcàniques que van tenir lloc.

b | Digueu a quin tipus de volcà correspon cada erupció, així com els productes volcànics que van causar el desastre entre la població.

c | Associeu els riscos següents a les fotografies anteriors: cendres volcàniques, núvols ardents, risc d'explosió, allaus de fang o lahars i colades de lava.

Deduïu

En regions on el risc d'erupció volcànica és alt, es fa imprescindible prendre **mesures preventives**.

Fixeu-vos en aquestes imatges:

a | Què indiquen aquests senyals d'advertència?

b | Aquests senyals corresponen a les mesures establertes en un pla d'emergències o a mesures preventives?

c | Feu una llista de les mesures importants que s'han de respectar per prevenir el risc volcànic. Podeu consultar el web.

5.2 El vulcanisme a Catalunya

Compreneu un text i investigueu

A Catalunya, el risc d'erupció volcànica no és zero

Fa 10.000 anys encara espetegaven les darreres erupcions volcàniques a la Garrotxa. Podríem pensar que no cal esperar ja més activitat volcànica però, segons Joan Martí, investigador de l'Institut Jaume Almera de Barcelona (Consell Superior d'Investigacions Científiques), «la Garrotxa és una zona volcànica amb 12 milions d'anys d'erupcions, i en temps geològics això significa un període massa llarg per pensar que no hi ha d'haver cap més erupció». Segons Martí, «cal establir una vigilància volcànica. Ja hi ha un acord amb l'Instituto Geológico Nacional per instal·lar estacions sísmiques i sistemes de captació de deformació del terreny per GPS».

Entre el sud d'Espanya i els Països Baixos, passant pel Mediterrani peninsular, existeix el que es coneix com a *rift europeu*, un conjunt de falles que són el resultat d'una fractura, causada per una distensió o separació entre la zona est i la zona oest del continent. Aquestes fractures, a més de provocar sismicitat a Catalunya, han obert camí perquè en algunes zones ascendeixin magmes.

Elpuntavui.cat, 25 maig de 2012

a | Quines manifestacions relacionades amb el vulcanisme s'observen actualment a Catalunya?

b | Què ens indica la presència de surgències d'aigües termals en un territori? Justifiqueu-ho.

c | Quin és el risc actual de vulcanisme a Catalunya?

d | Quins precursors volcànics es vigilen?

e | Tot i el risc, els volcans avisen abans d'una erupció. Investigueu què són els **precursors volcànics** i citeu-ne alguns.

ACTIVITATS

21 Fes una llista de materials que expulsen els volcans.

22 Quin tipus d'erupcions volcàniques et semblen més perilloses per a la població? Per què?

23 Si has omplert la taula d'índex d'explosivitat volcànica de la pàgina 134, digues quins són els materials volcànics que estan associats a un major risc d'explosivitat.

24 Un dels principals perills dels rius de lava és que tallin les carreteres per on s'efectua l'evacuació. Per quines formes de relleu circulen aquestes colades? Quina mesura caldria tenir en compte per evitar aquest risc?

Activitats interactives
Activitat de síntesi

1. L'estudi de l'interior de la Terra

L'actual coneixement de l'interior de la Terra es basa en diverses observacions i estudis que es poden realitzar per mètodes directes o indirectes.

Els **mètodes directes** examinen els materials volcànics i les mostres obtingudes a través de perforacions o sondejos. Aquests mètodes ens permeten conèixer de primera mà la composició de les capes més superficials de la Terra.

Els **mètodes indirectes** poden ser diversos:

- **Estudi de la propagació de les ones sísmiques**. Els sismògrafs (aparells que enregistren aquestes ones) detecten el temps d'arribada i els tipus d'ones que han creuat l'interior de la Terra. Amb l'anàlisi informàtica d'aquestes dades podem conèixer quines capes formen la Terra, a quina profunditat se situen, quina densitat tenen i en quin estat físic es troben.
- **Estudi dels meteorits**. Si suposem que els planetes rocosos del sistema solar es van formar, fa uns 4.600 milions d'anys, per la col·lisió i unió d'asteroides, podem concloure que els meteorits que encara cauen avui dia deuen tenir composicions similars als planetes. Trobem meteorits molt rics en ferro, com el nostre nucli, i d'altres que estan formats de diversos minerals similars a l'escorça i el mantell terrestres.
- **Gravetat**. L'estudi de la gravetat ens permet conèixer la densitat del planeta i ens porta a deduir que les roques o materials de l'interior són molt més denses que a la superfície, on hi ha els materials més lleugers.

ACTIVITATS

1. Quin és el principal problema que ens podem trobar si volem fer un sondeig (un forat per obtenir mostres de materials) fins al centre de la Terra?
2. El nucli terrestre comença a 2.900 km de profunditat. Si la gravetat de la Terra fos molt més baixa, estaria situat a més o a menys profunditat? Raona-ho.

2. L'estructura de la Terra

Segons l'aspecte en què ens fixem, tindrem un o altre model de l'interior de la Terra. Atenent a l'estat físic dels materials, dividirem la Terra en capes sòlides, líquides o fluides. Si ens basem en la composició mineral, parlarem d'escorça, mantell o nucli.

2.1 Segons l'estat físic

Segons si les capes de l'interior de la Terra són sòlides, líquides o fluides, podem dividir la Terra en litosfera, astenosfera, mesosfera i endosfera.

- **Litosfera**. És la capa sòlida i rígida de la superfície terrestre. Arriba fins als 100 km o 200 km de profunditat, segons que se situï sota els continents (més gruixuda) o sota els oceans (més prima). Les ones sísmiques viatgen a velocitats relativament altes, a causa d'aquesta rigidesa.
- **Astenosfera**. És una capa fluida, on les ones sísmiques disminueixen la seva velocitat. Això es deu al fet que conté entre un 1% i un 5% de minerals fosos. Arriba fins als 670 km de profunditat. La zona més fluida correspon als primers 150 km d'astenosfera.
- **Mesosfera**. És una capa sòlida i rígida. Aquí les ones es desplacen cada cop més ràpides, cap a l'interior. Darreres investigacions parlen de la capa D per referir-se a la part inferior del mantell, és a dir, una fina capa que estaria en estat de fusió parcial, ja que les ones sísmiques disminueixen molt de velocitat.
- **Endosfera externa** o **nucli extern**. Situada a 2.900 km, es troba en estat de fusió. Les ones primàries disminueixen de velocitat i les secundàries no la poden travessar.
- **Endosfera interna** o **nucli intern**. Cap als 5.200 km, el nucli ja és sòlid, a causa de les altíssimes pressions. Les ones primàries s'acceleren.

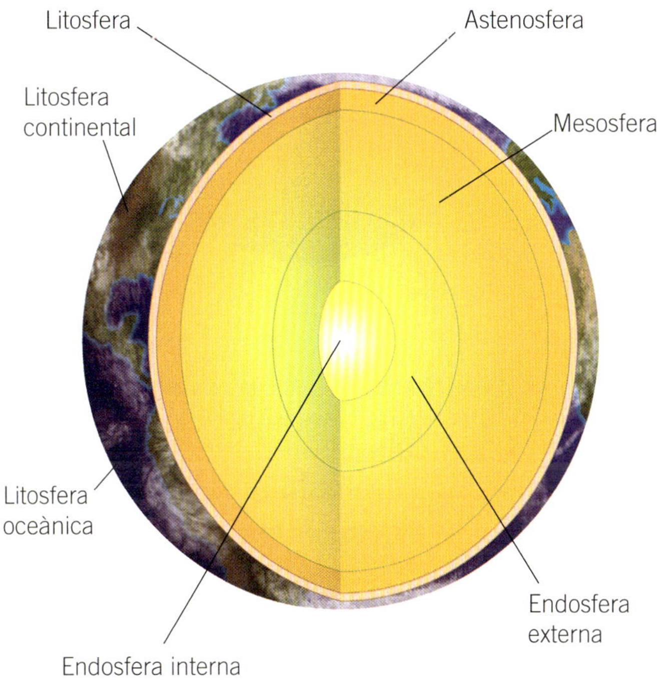

2.2 Segons la composició

Si ens fixem en la composició mineral, dividim la Terra en escorça, mantell i nucli.

- **Escorça**. Està formada per materials lleugers. A més d'aquells minerals que constitueixen les roques sedimentàries a la superfície, a sota hi ha silicats que componen roques similars al granit (només en les zones continentals) i silicats que originen roques similars al basalt, a la part inferior. La diferència entre **escorça continental** i **oceànica** és que la continental conté la capa granítica i l'oceànica no. L'escorça i una part del mantell superior formen la litosfera.
- **Mantell**. La discontinuïtat sísmica de Mohorovicic separa l'escorça del mantell, i es troba entre 20 km i 70 km de profunditat, respectivament, en els oceans i continents. Està format per diferents varietats de la roca peridotita. Conté l'astenosfera.
- **Nucli**. La discontinuïtat de Gutenberg separa el nucli del mantell i es troba a 2.900 km de profunditat. Està format d'un aliatge de metalls, principalment de ferro. Les temperatures superen els 6.000 °C, fet que provoca la fusió a la zona més externa. La zona més interna, sotmesa a majors pressions que el nucli extern, és sòlida.

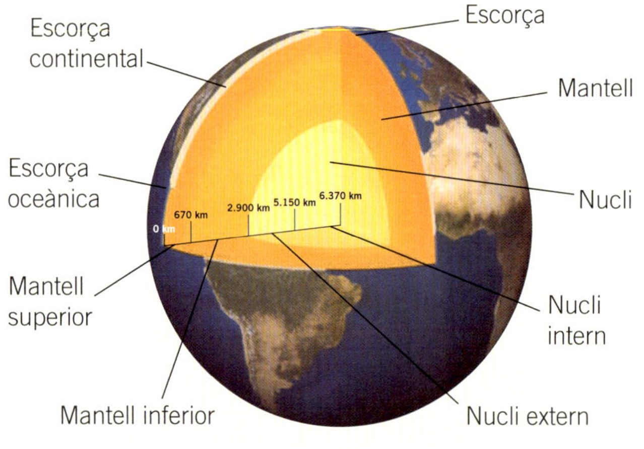

ACTIVITATS

3. Tot i les altes temperatures, hi ha poques roques en estat líquid a l'interior terrestre. Quina explicació pots donar a aquest fet?
4. Com sabem que l'astenosfera és una capa fluida i no pas sòlida? Per què diem que és fluida i no que és líquida?
5. Diries que els materials que constitueixen la litosfera són homogenis? Justifica'n la resposta.

3. La deformació de les roques

Davant dels esforços geològics, que poden durar poc temps o milions d'anys, les roques es deformen. Segons diversos factors com la intensitat i durada de les forces, el tipus de roca, la temperatura, el tipus d'esforç o la profunditat, les deformacions poden ser **elàstiques**, **plàstiques** o **fràgils**.

Si els materials recuperen la forma inicial una vegada desapareixen els esforços, es tracta d'una **deformació elàstica**. És el cas de les vibracions o els terratrèmols.

3.1 Deformacions plàstiques. Els plecs

Provoquen canvis permanents, de manera que la roca no recupera la forma inicial quan desapareixen els esforços, sinó que es doblega i es formen **plecs**.

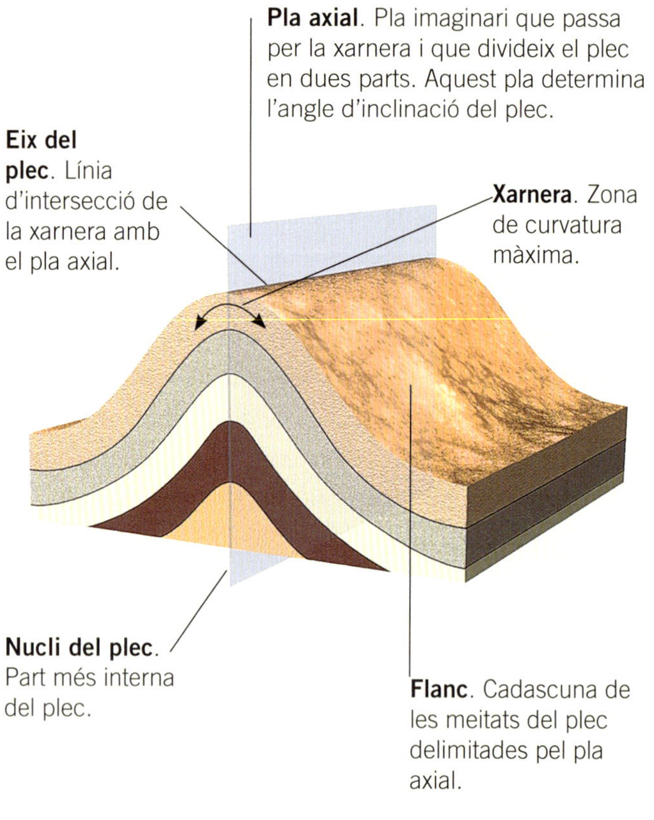

Atenent a la forma dels materials, un plec pot ser:

- **Anticlinal**. Té forma convexa. El plec és corbat cap amunt i la xarnera queda dalt quan el pla axial és vertical.
- **Sinclinal**. Té forma còncava. El plec és corbat cap avall i la xarnera queda a sota si el pla axial és vertical.

3.2 Deformacions fràgils. Les falles i diàclasis

Provoquen trencament de les roques. Poden ser de dos tipus:

- **Diàclasis** o esquerdes. Hi ha una superfície de ruptura, però sense desplaçament. Les diàclasis es formen, per exemple, quan solidifiquen les colades volcàniques o quan s'assequen les argiles o llots.
- **Falles**. Hi ha una superfície de ruptura i els blocs de roca s'han desplaçat paral·lelament a aquesta superfície.

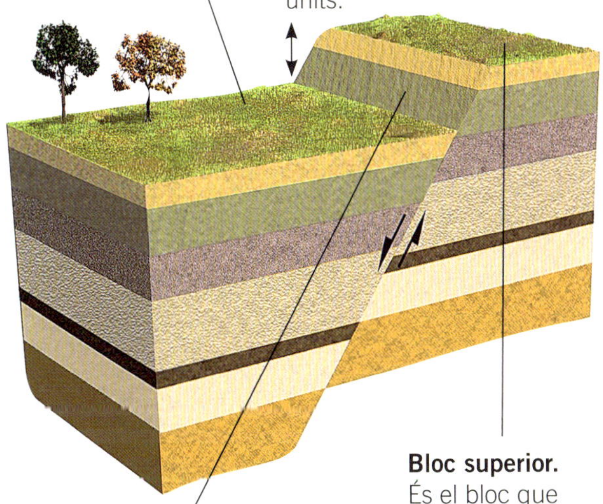

El fet que es formin falles o plecs dependrà del tipus de roca, de la intensitat de l'esforç o bé de la temperatura i profunditat. Si l'esforç és violent, tendirà a trencar-se. Si la temperatura i pressió són altes, tendirà a plegar-se.

3.3 Distensió i compressió

Els esforços que deformen les roques poden ser de dos tipus:

- **Compressió**. Són esforços d'acostament, que comprimeixen les roques que queden enmig. Originen deformacions com els plecs, les falles inverses o les falles de direcció.
- **Distensió**. Són esforços de separació. No hi ha compressió, però hi ha gravetat, una força que pot provocar la formació de falles normals i diàclasis o esquerdes.

ACTIVITATS

6. Quina relació hi ha entre el tipus d'esforç que pateix una roca i el tipus de falles que es formen?
7. De quins factors depèn que es formin falles o plecs, davant d'esforços de compressió?

4. Sismicitat

Els terratrèmols es produeixen pel moviment dels blocs de grans falles. Les altíssimes friccions entre grans blocs de falla impedeixen durant molts anys que hi hagi desplaçament fins que les tensions acumulades són prou altes per vèncer aquestes friccions. Aleshores s'allibera tota l'energia acumulada i es produeix el corriment de la falla, el qual provoca les característiques vibracions del terreny.

Les **ones sísmiques** són el mitjà de propagació de l'energia alliberada en un terratrèmol

El punt on s'inicien les ones sísmiques es coneix com a **hipocentre** o **focus sísmic** i es troba a la mateixa falla. El punt de la superfície situat exactament sobre la vertical de l'hipocentre és **l'epicentre**.

En l'hipocentre sempre es generen ones primàries i secundàries.

Les **ones primàries** són més ràpides i es transmeten en tots els materials. S'originen a l'hipocentre i es transmeten en medis líquids i sòlids d'una manera similar a com ho fan les ones sonores.

Aquestes ones comprimeixen i dilaten alternativament el medi pel qual circulen i fan vibrar les partícules **en la mateixa direcció** de propagació de l'ona.

Les **ones secundàries** són més lentes i no es transmeten en líquids. Aquest tipus d'ona fa vibrar les partícules en **direcció perpendicular** a la seva propagació.

4.1 Riscos associats a la sismicitat

Els terratrèmols poden ser de gran intensitat i ocasionar molts danys sobre el territori, especialment si afecten una àrea densament poblada. Per saber la força d'un terratrèmol i valorar-ne els danys es fan servir dues mesures diferents: l'escala de Richter i l'escala MSK.

- **Escala de Richter**. Determina la magnitud o energia alliberada i es basa en la lectura dels sismogrames (enregistrament de la vibració). És una escala oberta, logarítmica i graduada amb unitats i dècimes. No depèn de la proximitat a l'epicentre. El terratrèmol de major magnitud constatat fins ara va succeir a Xile l'any 1960 i va assolir 9,5 graus.

  Es considera que un terratrèmol és de magnitud major quan supera els 6,9 graus de magnitud i menor de 2 a 2,9. Per sota de 2 graus de magnitud, els terratrèmols no són perceptibles.

ESCALA DE MAGNITUD RICHTER		
Magnitud	**Descripció**	**Efectes**
Menys de 2	Micro	Els microsismes no són perceptibles.
De 2 a 2,9	Menor	Generalment no són perceptibles.
De 3 a 3,9		Sovint es perceben però en rares ocasions originen danys.
De 4 a 4,9	Lleuger	Moviment d'objectes a les habitacions que genera soroll. Sisme significatiu però amb poca probabilitat de danys.
De 5 a 5,9	Moderat	Pot causar danys majors a les edificacions dèbils o mal construïdes. En edificacions ben dissenyades els danys són lleus.
De 6 a 6,9	Fort	Poden arribar a destruir àrees poblades, fins a 160 km des de l'epicentre.
De 7 a 7,9	Major	Poden causar seriosos danys en zones extenses.
De 8 a 8,9	Gran	Poden causar greus danys en diversos centenars de kilòmetres.
De 9 a 9,9		Devastadors en diversos milers de kilòmetres.
Més de 10	Èpic	Des que es tenen registres històrics dels sismes, mai s'ha registrat un terratrèmol d'aquesta magnitud.

- **Escala MKS** o de **Mercalli**. Valora la intensitat. Es basa en l'observació dels danys. És una escala tancada de l'I al XII; el valor I correspon a un terratrèmol imperceptible, mentre que XII representa un terratrèmol de màxima violència que provoca una devastació total. Depèn de la proximitat a l'epicentre, de la densitat de població i del tipus d'edificacions construïdes a la zona afectada, entre altres factors. Només té aplicació per valorar terratrèmols històrics i conèixer-ne, d'aquesta manera, la freqüència o sismicitat.

ESCALA D'INTENSITAT MSK	
I	Ningú no el nota; només el perceben els sismògrafs.
II	El perceben molt poques persones.
III	El noten poques persones. Els llums del sostre es mouen.
IV	El noten moltes persones. Les portes i finestres vibren.
V	El percep la majoria de la gent. Els prestatges i els arbres es mouen.
VI	Tothom el nota. Es mouen mobles i es trenquen els vidres.
VII	Les campanes repiquen i es produeixen desperfectes en les construccions més dèbils.
VIII	Molts edificis s'ensorren, especialment aquells que no disposen de mesures sismoresistents.
IX	Es malmeten fins i tot els edificis sismoresistents. Apareixen esquerdes al sòl i es desplacen els fonaments dels edificis.
X	Els edificis sismoresistents s'ensorren, el sòl s'esquerda i es torcen les vies del tren.
XI	La majoria de construccions i el ponts s'ensorren. El sòl queda molt esquerdat.
XII	Alguns objectes surten projectats a l'aire. Les ciutats queden totalment arrasades. Es desplacen grans masses de roques.

Efectes d'un terratrèmol de magnitud 8,8 a la ciutat de Concepción a Xile, any 2010.

Per intentar reduir les conseqüències dels terratrèmols cal aplicar mesures de prevenció. Les principals són:

- Tenir un **pla d'emergències** que indiqui a la població, als bombers, als mitjans de comunicació, etc., com actuar davant d'una situació de crisi sísmica. Aquest pla ha de contenir també un pla d'evacuació que es pugui activar davant de la imminència d'un terratrèmol. Existeixen uns fenòmens previs al terratrèmol, coneguts com a **precursors sísmics**, com són el canvi de pendent del terreny, el comportament estrany dels animals o l'augment de petits sismes, que poden alertar sobre un sisme.
- **Educar la població** perquè conegui aquest pla i sàpiga com protegir-se.
- Complir la **normativa sísmica** en la construcció d'edificis en zones d'alt risc, com l'ús de formigó armat amb ferro, el reforçament de les juntes de les bigues, o minimitzar els elements de construcció externs que puguin caure davant d'un sisme.

4.2 La sismicitat al nostre entorn

La zona de major risc sísmic a la Península correspon al sud est, i es deu a la col·lisió, encara activa, entre les plaques africana i euroasiàtica.

El **risc sísmic a Catalunya** és moderat, i és degut al moviment de grans falles a la zona litoral, provocat per una distensió, i a la col·lisió de la Península amb Europa, procés que va provocar la formació dels Pirineus. Al nord de Catalunya existeix una sismicitat residual i es calcula que pot haver-hi un terratrèmol destructiu cada 100 anys. Als Pirineus els terratrèmols són poc freqüents, però al llarg de la història recent n'han estat registrats diversos de magnitud entre 4 i 5, alguns dels quals van assolir una intensitat de grau VII o VIII a l'escala MSK.

ACTIVITATS

8. Per què la intensitat sísmica depèn de la distància a l'epicentre?
9. Quin avantatge sísmic comporta l'ús de ferro per construir la carcassa d'un edifici?
10. Per què les grans falles no es mouen de manera contínua, tenint en compte que l'acostament de dues plaques tectòniques es produeix a velocitat bastant constant?

5. Vulcanisme

Els volcans es formen quan el magma que constitueix la roca fosa, ja sigui a nivell de l'escorça o al mantell superior, puja per una fractura fins a la superfície, ja que el magma és menys dens que la roca.

Els productes volcànics són:

- **Gasos**. Principalment, vapor d'aigua, diòxid de carboni, diòxid de sofre i monòxid de carboni. Formen núvols que en algunes erupcions poden ascendir milers de metres. Aquesta columna de gasos que s'eleva damunt del cràter conté també cendres volcàniques i s'anomena **columna eruptiva**.
- **Lava**. És la fracció líquida del magma un cop aquest ha alliberat bona part dels gasos. En sortir expulsada, crea rius de lava o **colades** que corren per les valls. Els magmes rics en sílice s'anomenen *àcids*, són espessos i poden tapar el cràter, fet que augmenta el risc d'explosió, a causa de l'alta pressió dels gasos retinguts a l'interior del volcà. Els magmes bàsics són pobres en sílice i són fluids.
- **Piroclasts**. Són fragments de lava semisòlida que surten disparats del volcà i que se solidifiquen a l'aire i formen fragments de roca. Segons la seva mida, es classifiquen en **cendres** (quan són molt fins com la sorra), **lapil·li** (quan tenen la mida de la grava) i **bombes volcàniques** (quan tenen un diàmetre superior a 1 cm).

Tipus d'erupcions volcàniques

Atenent a l'índex d'explosivitat volcànica (IEV), es classifiquen en dues grans categories:

- **Efusives**: erupcions poc violentes amb explosions molt poc freqüents. Tenen un IEV molt baix i emeten laves líquides. Són conegudes com a **erupcions hawaianes**.
- **Explosives**: erupcions violentes que expulsen molts piroclasts i materials roents. Segons el seu índex creixent d'explosivitat, se subdivideixen en **estrombolianes**, **vulcanianes**, **peleanes i plinianes**.

  En aquestes erupcions, els materials se solidifiquen abans de sortir del cràter i s'acumulen a la xemeneia. Els gasos que intenten escapar no troben sortida i fan augmentar la pressió, fins que els materials cedeixen i es produeixen les explosions.

Els principals tipus d'erupcions volcàniques són:

- **Erupció hawaiana**. És de tipus efusiu. Les laves són molt fluides i recorren ràpidament llargues distàncies. Els gasos s'escapen sense produir explosions i no s'emeten piroclasts. Els pendents del volcà són suaus.
- **Erupció estromboliana**. És de tipus explosiu. Les laves no són tan fluides com les hawaianes. Les explosions són de poca violència però tenen lloc en períodes curts de temps. Emeten piroclasts i colades de lava.
- **Erupció vulcaniana**. Provoca explosions violentes. La lava és viscosa i se solidifica en el cràter; la pressió que generen els gasos trenca els materials i els projecta a l'exterior. Es creen núvols en forma de bolet i s'expulsa molta cendra.
- **Erupció peleana**. La lava és molt viscosa i obstrueix la xemeneia. El tap és expulsat a l'exterior molt violentament o roman en el cim obstruint la sortida de materials. Es formen núvols roents a alta temperatura que descendeixen pel con volcànic a més de 150 km/h.
- **Erupció pliniana**. Les explosions són molt intenses i sorolloses. Les columnes de fum i de piroclasts tenen forma de bolet i poden arribar als 30 km d'altura. Precipiten molts piroclasts, alguns d'ells de grans dimensions.

Erupció del volcà Arenal, Costa Rica.

ACTIVITATS

11. Quins productes volcànics poden envair preferentment les valls i provocar situacions de risc quan estan edificades?
12. En què consisteix el monitoratge d'un volcà? Quina és la seva finalitat?
13. Quina diferència hi ha entre lava i magma?
14. On s'origina el magma?

5.1 Riscos associats al vulcanisme

El risc d'una erupció depèn del seu tipus, de la distància que separa el volcà de les zones poblades i de la qualitat de les construccions i infraestructures. Ara bé, els majors riscos per a la població no acostumen a ser les colades de lava, sinó:

- **Cendres volcàniques**. Són trossos minúsculs de lava solidificada que el vent pot transportar llargues distàncies. Dificulten la visió i la respiració, fan malbé els conreus i poden arribar a ensorrar edificis.
- **Núvols ardents**. Són masses de gasos, alguns de tòxics, barrejats amb cendres i materials incandescents, que descendeixen pel con volcànic. Viatgen a gran velocitat i són molt destructius.
- **Allaus de fang o lahars**. Són colades d'aigua i cendres provinents de la fusió de la neu o de l'aigua continguda al cràter. Barrejada amb les cendres caigudes, forma uns fangs que poden desplaçar-se grans distàncies.

Prevenció

La prevenció volcànica requereix d'un pla d'emergències, especialment en aquelles regions on el risc és alt. Aquest pla explica com cal actuar i organitza una possible evacuació.

El monitoratge o seguiment del volcà permetrà estar atents als **precursors volcànics**, que són aquells fenòmens previs a una erupció, com per exemple l'augment de gradient tèrmic o escalfament del terreny, petits sismes o sorolls, o l'emissió de cendres.

Cal, també, informar la població perquè coneguin el pla d'emergències i sàpiguen autoprotegir-se.

L'ordenació territorial ha d'evitar l'ocupació del fons de les valls, sobretot amb edificis, ja que és la zona per on preferentment poden baixar les colades de lava, els lahars o els fluxos piroclàstics.

5.2 El vulcanisme a Catalunya

Catalunya ha estat, en temps geològics recents, una zona volcànica activa, especialment les comarques de la Garrotxa, l'Empordà i la Selva. Actualment, existeixen manifestacions relacionades amb el vulcanisme, com són les aigües termals en moltes poblacions.

Les illes Canàries representen el major risc volcànic de l'Estat, amb diverses erupcions els darrers segles.

Comprova el que saps
Mapa conceptual

Simulació de la formació de les capes terrestres

Segueix els passos...

Reuneix el material necessari:

- un tub d'assaig
- una cullera sopera
- una cullerada de sorra fina
- una espelma blanca
- una cullerada de llimadures de ferro
- unes pinces
- una ratlladora (o bé una llima)
- un bec Bunsen

Procediment

1. Amb la ratlladora (o la llima) ratlla l'espelma blanca, de manera que obtinguis un volum aproximat d'una cullerada de cera ratllada.
2. Fes una barreja homogènia de llimadures de ferro, cera i sorra damunt d'un paper i introdueix-la al tub d'assaig.
3. Encén el bec de Bunsen i acosta el tub d'assaig, aguantant-lo amb les pinces. La separació entre la base del tub i la flama hauria de ser d'entre 5 cm i 10 cm per evitar que la cera s'encengui.
4. Escalfa-ho fins que la cera es fongui. Pots agitar el tub mentre s'escalfa, per facilitar-ne la fusió.

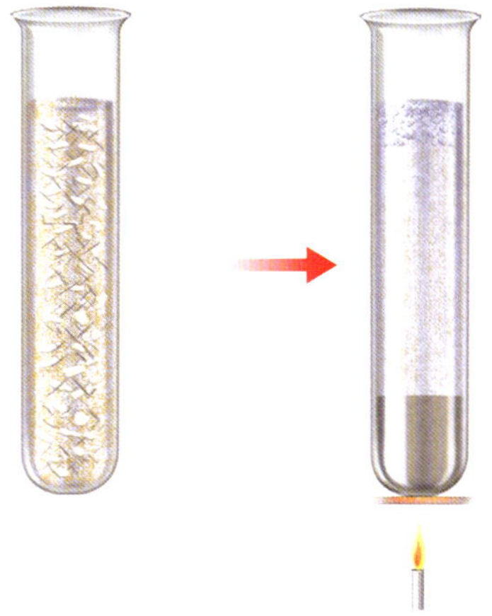

Analitza els resultats

a) Tan bon punt acabes de barrejar-ho tot, com estan distribuïdes les diferents substàncies que formen la mescla, de forma homogènia (no es pot destriar) o heterogènia (s'han separat algunes substàncies de la barreja)?

b) Un cop ha fos la cera, com estan distribuïdes les substàncies a l'interior del tub, de forma homogènia o heterogènia? Aconsegueixes distingir-hi capes? Quantes?

c) En quin ordre es troben les substàncies, de baix a dalt? Per què s'han superposat en aquest ordre?

ACTIVITATS

1. En aquest experiment hem simulat un procés que es va produir al nostre planeta. Explica'l i identifica a què correspondrien, en la realitat, les diferents substàncies que hem emprat.
2. Quina funció ha fet la cera en aquest experiment?
3. A l'interior de la Terra no hi ha cera, però uns milers de milions d'anys enrere hi havia una altra substància que va afavorir també la formació de capes. De què es tractava?
4. Per obtenir la fusió de la cera ha calgut calor. Tenim proves que demostren que a l'interior de la Terra les temperatures són bastant més elevades. I encara ho eren més en el passat. D'on provenia aquesta calor?
5. Les capes que formen la Terra, per què s'han distribuït en aquest ordre (escorça, mantell i nucli)?

ACTIVITAT FINAL

La zona volcànica de la Garrotxa

La zona volcànica de la Garrotxa, constituïda per més de 40 volcans, representa el millor paisatge volcànic de la península Ibèrica. El mapa et mostra la geologia d'una part d'aquesta regió, activa fins fa uns 10.000 anys, però amb volcans que encara no s'han extingit del tot.

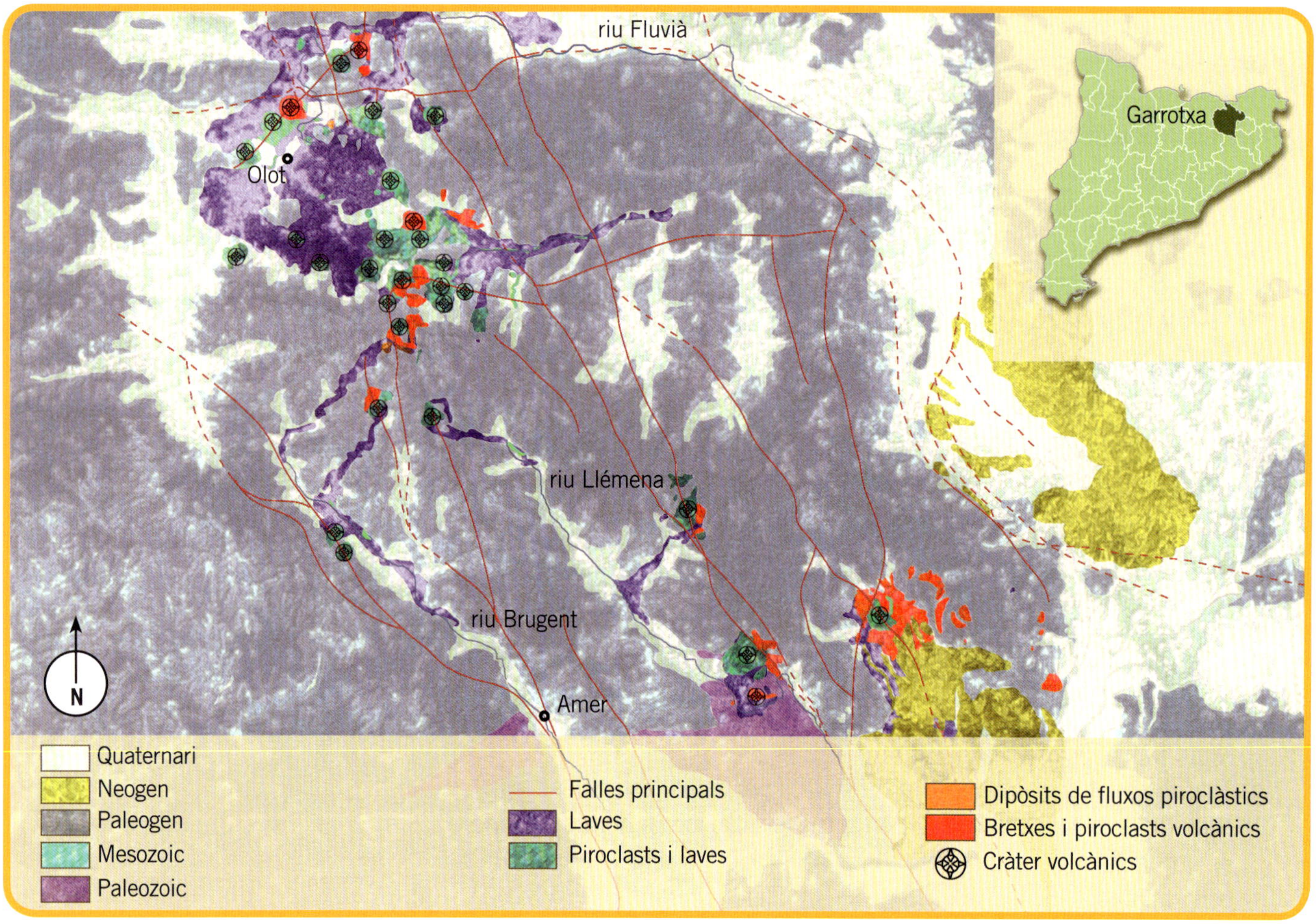

ACTIVITATS

1. Quins tipus de productes volcànics estan representats al mapa?
2. Quina és la direcció que predomina en la majoria de les falles (respon a partir dels punts cardinals)?
3. Observa bé el mapa i digues si existeix una relació entre les falles i el vulcanisme. Raona la resposta.
4. Quina és la causa del vulcanisme en aquesta regió?
5. A partir de la teva resposta anterior, dedueix quin tipus de falles predomina en aquesta regió.
6. Al dibuix pots veure l'estructura d'un dels volcans més ben estudiats de la zona, el Croscat. Digues quin tipus de volcà és. Quin índex d'explosivitat volcànica té aquest volcà i els de tota la regió?
7. Un dels sismes més forts que han sacsejat Catalunya va ser el terratrèmol d'Amer, al segle XV. Fixa't en el mapa i dóna una explicació a aquest fenomen.

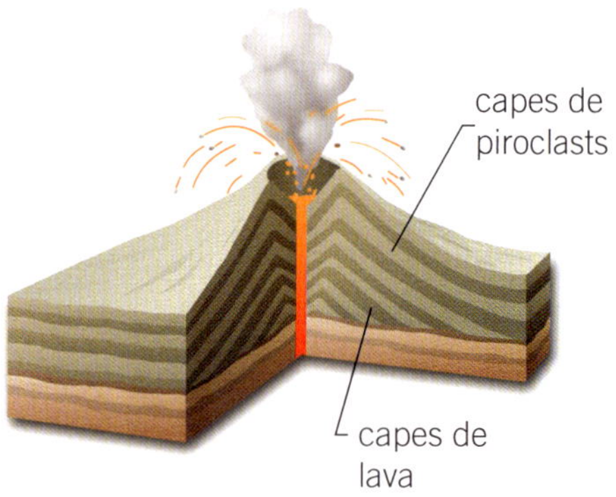

Autoavaluació

REVISTA DE CIÈNCIA

El naixement de dues illes

A l'estiu de 2015 va tenir lloc un naixement molt especial, el de dues illes de naturalesa volcànica enmig del mar Roig, en un arxipèlag denominat Zubair, davant la costa del Iemen.

Gràcies als satèl·lits, s'han pogut recollir imatges que capten la gran virulència d'aquest procés. En les fotografies s'aprecien les emanacions de gasos i d'altres substàncies que modifiquen el color de l'aigua. A partir de les imatges de tres satèl·lits i la narració de diversos pescadors, s'ha sabut que la gènesi d'aquestes illes ha durat no més de 25 dies.

Aquestes illes se situen sobre una dorsal oceànica, zona amb una activitat sísmica i volcànica molt intenses. Les mesures realitzades amb radars han valorat que les dues plaques que constitueixen la dorsal, la placa Aràbiga i l'Africana, se separen cada any uns 6 mm.

Vista aèria de dues noves illes, al sud del mar Roig.

Tot i que no és rar que a les dorsals hi hagi activitat volcànica, no és habitual que aquesta es visualitzi a la superfície de l'oceà. Saber que una àrea de l'oceà és activa volcànicament ajuda a reduir els riscos que poden comportar properes erupcions, especialment per al trànsit marítim i per a la pesca.

Cal esperar que aquestes illes no desapareguin a causa de l'erosió, però això dependrà de la naturalesa dels materials que la constitueixen, i de l'impacte dels corrents oceànics i l'onatge. Els científics creuen que aquestes illes poden durar segles perquè els materials volcànics emesos en aquestes erupcions són molt estables, de manera que, d'aquí a un temps, possiblement les veurem reflectides en els mapes!

En altres indrets, les illes aparegudes no duren més de tres mesos perquè els materials són molt erosionables i en poc temps desapareixen transportats per les onades.

En una zona més propera al nostre territori, concretament a l'illa del Hierro, l'any 2011 va haver-hi un fenomen similar, encara que no tan espectacular. A 5 km de la costa de l'illa i a 900 m de profunditat, es va produir una erupció submarina, tot i que l'acumulació de materials no va originar una nova illa. Ara bé, van ser expulsats materials magmàtics a la superfície, es va formar una columna de fum i, possiblement, emanacions sulfúriques van provocar la mort d'alguns peixos. Els posteriors estudis van determinar que el volcà submarí va alliberar 329 milions de metres cúbics de materials volcànics, l'equivalent a 120.000 piscines olímpiques. Pot semblar molt, però per formar una illa com la del Hierro es necessiten unes 9.000 erupcions similars a la de l'any 2011. Així, caldrà esperar una mica per veure créixer l'illa del Hierro.

COMPRENSIÓ LECTORA I REFLEXIÓ

1. Quin ha estat l'origen de les noves illes de l'arxipèlag de Zubair?
2. Per què aquesta zona registra un alt vulcanisme i una elevada sismicitat?
3. Quin tipus d'instruments es van fer servir per detectar la creació d'aquestes illes?
4. De què depèn que les noves illes es mantinguin o desapareguin per l'erosió?
5. Valora els riscos per a les persones que poden comportar uns episodis com els exposats en el text.

UNITAT 7

EL MOVIMENT DELS CONTINENTS

Ja fa més d'un segle que un científic es va fixar en l'estranya coincidència entre les costes d'Àfrica i Sudamèrica, i va pensar que en temps remots podien haver estat juntes.

- T'havies fixat mai en l'encaix de les costes d'aquests dos continents?
- Saps d'alguna prova que pugui demostrar la seva unió primigènia?

Alfred Wegener, l'any 1915, va aportar diverses proves que demostraven el moviment i la separació dels continents, però la ciència va rebutjar els seus arguments.

Anys més tard, l'avenç tecnològic va aportar noves descobertes que van concretar de manera coherent les idees de Wegener: la tectònica de plaques. Aquesta teoria, a més de justificar el moviment dels continents, explicava altres fenòmens relacionats, com ara la formació de serralades, la sismicitat o el vulcanisme.

- Sabries explicar com s'han format serralades com els Pirineus?
- Creus que vius en un lloc segur, on no es poden produir terratrèmols o erupcions volcàniques?

Foto: Imatge satèl·lit de la dorsal atlàntica.

EN AQUESTA UNITAT APRENDRÀS...

1 Que els continents havien estat units i posteriorment s'han mogut.

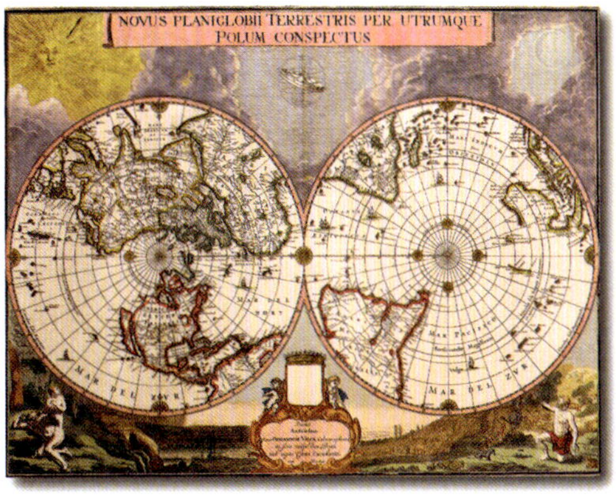

2 Que la ciència no sempre té la veritat absoluta.

3 Quines són les proves modernes que confirmen el moviment dels continents.

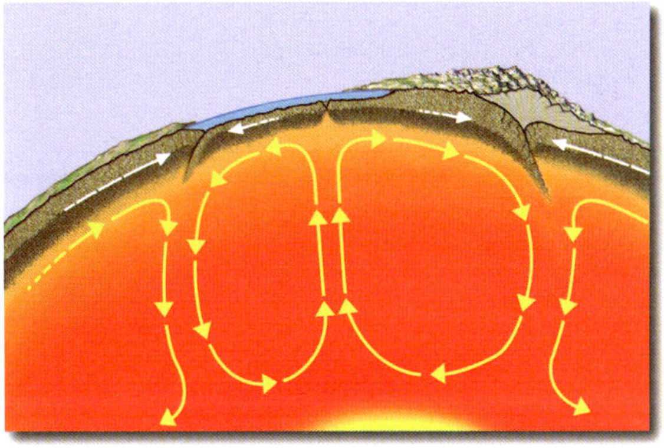

4 Per què es mouen les plaques tectòniques.

5 Que en els límits de les plaques es formen muntanyes, s'originen volcans i terratrèmols i es transformen les roques.

6 Que podem observar roques que es van formar a gran profunditat.

I SERÀS CAPAÇ DE...

- Interpretar un experiment de laboratori i extrapolar-lo a escala planetària.
- Interpretar esquemes i deduir conceptes.
- Ser crític amb les idees científiques.
- Elaborar hipòtesis a partir d'experiments i proves científiques.

1. La deriva dels continents

L'any 1915, el científic Alfred Wegener va demostrar un fet que molta gent intuïa quan observava la coincidència de les costes dels continents sud-americà i africà: que els continents havien estat units i posteriorment s'han mogut.

Observeu i deduïu

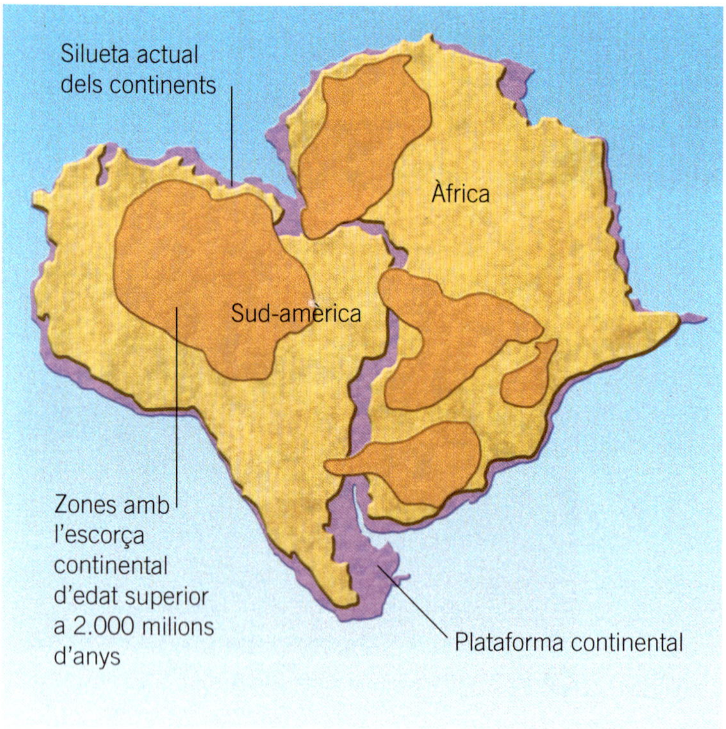

Com ja deveu recordar, la plataforma continental és la part submergida de l'escorça continental. Examineu amb deteniment aquesta imatge i responeu:

- **a** | Per què s'afirma que la línia de costa no és el límit on acaben els continents? L'encaix entre Sud-amèrica i Àfrica es produeix entre les costes o bé entre continents? Raoneu la resposta.
- **b** | En un trencaclosques han de coincidir les peces, però també el dibuix que s'hi ha representat. Què seria, en aquesta imatge, el «dibuix»? Coincideixen, també, els fragments? Expliqueu-ho.
- **c** | Per què en la imatge surten destacades les roques molt antigues i no pas les més recents?
- **d** | Per tant, quina conclusió podem extreure de tot plegat?

Observeu i deduïu

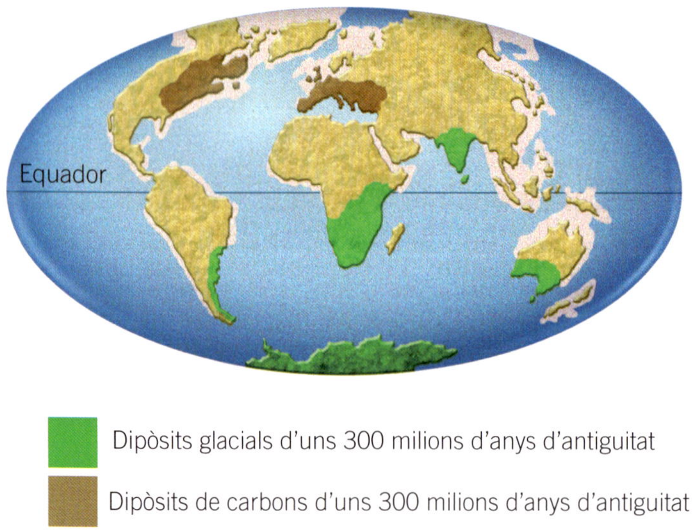

Observeu aquest mapa del món on hi ha representats els dipòsits glacials antics (til·lites) que es van formar uns 300 milions d'anys enrere, així com les zones on s'han trobat jaciments de carbons d'aquelles èpoques.

- **a** | La presència de dipòsits glacials, quina informació climàtica ens revela d'aquestes regions?
- **b** | En les regions d'Àfrica o l'Índia, per exemple, aquest clima remot, es correspon amb l'actual?
- **c** | Quina explicació podeu donar a aquest fet?
- **d** | Podria ser que tot el planeta s'hagués glaçat, fa 300 milions d'anys? Raoneu per què hem de descartar aquesta idea.
- **e** | Quina és, doncs, l'única possible conclusió del fet anterior?

Observeu i deduïu

En aquest mapa podeu veure les zones de distribució de fòssils de determinades espècies, que es van extingir fa entre 240 milions d'anys (*Cynognathus*) i 300 milions d'anys (*Glossopteris*).

a | Creieu que aquestes espècies podien haver creuat l'Atlàntic o l'Índic, nedant, volant o desplaçant-se d'una altra manera? Raoneu-ho.

b | Segurament existeixen diverses hipòtesis per explicar la presència d'aquestes espècies en continents separats avui dia. Raoneu quina hipòtesis us semblaria més correcta.

c | Actualment, podem trobar espècies d'animals que viuen únicament en un continent. N'hi ha exemples a Sud-amèrica, l'Antàrtida, Austràlia o Àfrica. Enumereu alguna d'aquestes espècies i indiqueu a quin continent viu. Per què no habiten en cap altre lloc?

ACTIVITATS

1. Quines són les quatre proves que va presentar Alfred Wegener? Què pretenia demostrar?
2. Existia una continuïtat de tipus de roques i serralades antigues entre Àfrica i Sud-amèrica. Des de fa uns 150 milions d'anys (Juràssic), això ja no és així. Per què?
3. S'han trobat mostres de fòssils d'ammonits, un cefalòpode amb closca, parent dels actuals pops i calamars, dispersos arreu del món, tant en roques més antigues de 150 milions d'anys com en d'altres de més modernes. Explica si aquest fet contradiu la deriva dels continents.

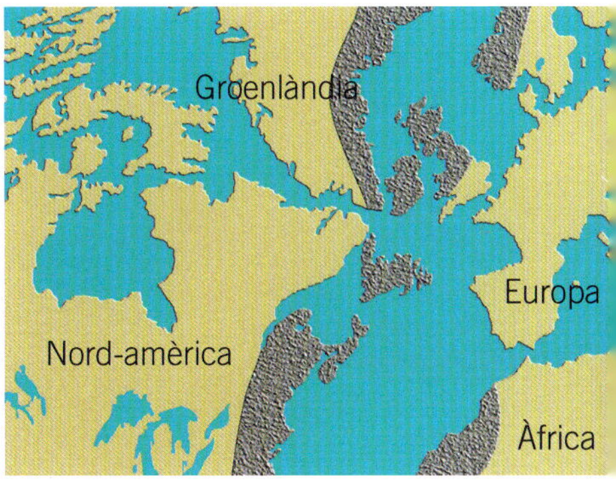

Wegener també es va fixar en les formacions geològiques.

Per què creus que hi ha aquesta curiosa continuïtat entre les serralades antigues del nord d'Europa i de l'est de Nord-amèrica?

Activitats interactives
Activitat de síntesi

2. La deriva continental es desmunta

Allò que la ciència creu no és immutable; les teories científiques sempre han d'estar subjectes als nous descobriments. Les proves obtingudes a força d'experimentar i observar poden ser correctes, però les conclusions poden ser errònies. Això va passar amb la deriva continental. Com veuràs, la ciència no sempre té la veritat absoluta.

Compreneu un text i deduïu

Llegiu aquest text i responeu a les preguntes:

Una teoria que s'enfonsa

Alfred Wegener, meteoròleg alemany, va ser el primer científic a reunir prou evidències per donar suport al desplaçament dels continents. L'any 1910 va parar atenció a aquesta idea després d'observar la increïble semblança entre les costes dels continents de l'hemisferi sud. Va ser el 1915 quan publicaria *L'origen dels continents i oceans,* un clàssic de la literatura geològica, on l'autor proposava que la Terra era, inicialment, un gran continent anomenat Pangea, i que en l'era Mesozoica (fa uns 200 milions d'anys) va començar a fracturar-se i es van desplaçar els seus fragments.

A l'hora d'explicar les causes d'aquells colossals moviments, l'autor invocava les marees atretes pel Sol i la Lluna, així com la força centrífuga de la Terra, que com que té una forma d'el·lipsoide, provocaria en girar un desplaçament dels continents cap als pols.

Wegener afirmava també que els continents eren grans blocs de sial (silicats alumínics), principalment granit, que suraven sobre una massa més densa anomenada sima (silicats magnèsics), principalment basalt, que com que és més tova permetria els desplaçaments del sial.

Tot i aquestes acurades explicacions, Alfred Wegener va rebre un munt de crítiques a la seva obra. L'any 1930, Wegener moria a Àustria sense que la seva proposta hagués estat acceptada per la comunitat científica.

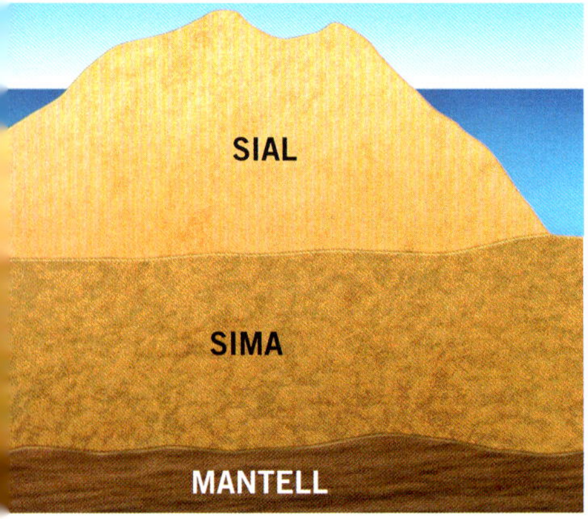

Estructura de l'escorça terrestre segons Wegener.

Sabries dir quins termes utilitzem actualment per referir-nos a *sial* i a *sima*?

a | Què opineu de les causes proposades per Wegener per explicar el desplaçament de grans masses de roca continental damunt del fons marí?

b | La temperatura de fusió del granit és més baixa que la del basalt. A temperatures moderadament altes, quin dels dos materials pot començar a fondre's abans? Per tant, quin serà més dur i quin més tou? Per què fallen, novament, les idees de Wegener, en aquest sentit?

c | Creieu que les proves sobre el desplaçament dels continents que va aportar Wegener són vàlides avui dia? Raoneu la resposta.

ACTIVITATS

4. Coneixes alguna altra teoria científica que s'hagi modificat en el temps? Esmenta-la i explica per què es va haver de reformular.

5. Tot i les crítiques, s'admet avui dia que l'Àfrica i Sud-amèrica estaven unides en el passat. Quin aspecte cal canviar dels postulats de Wegener?

Activitats interactives
Activitat de síntesi

3. Tectònica de plaques

Gràcies al progrés tecnològic, nous descobriments a mitjan de segle passat van aportar llum a unes idees poc clares sobre la deriva continental. Saps quines són les proves modernes que confirmen el moviment dels continents?

Reflexioneu i deduïu

L'ús del sonar va permetre conèixer el relleu submarí. Es van identificar unes formes com les que podeu veure a la imatge.

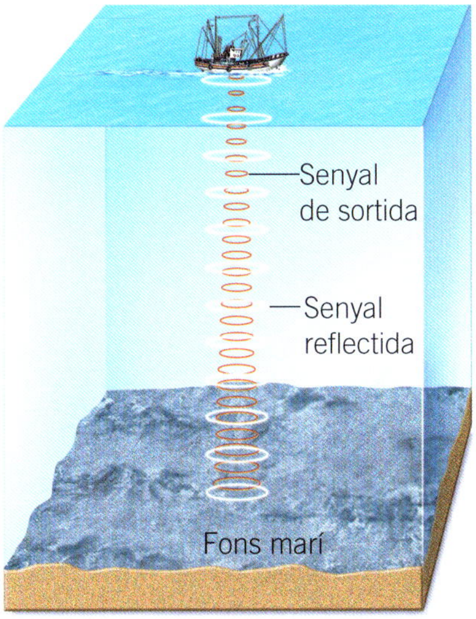

a | La superfície dels continents presenta muntanyes, valls, etc. Creieu que han existit sempre o bé s'han format com a conseqüència de la dinàmica de la Terra?

b | Creieu que les formes de relleu del fons submarí s'han mantingut sempre invariables o bé han experimentat canvis amb el temps? Què us ho fa pensar?

c | Tenint en compte l'esquema de Wegener de la pàgina anterior que explica com els continents es desplacen, què s'hauria d'observar en el fons oceànic que pogués servir com a evidència d'aquest desplaçament? Hi són presents, en la realitat, aquestes evidències?

Feu una cerca i organitzeu la informació

Els moviments relatius entre dues plaques litosfèriques generen tres situacions possibles: que se separin l'una de l'altra, que col·lideixin, o bé que les plaques es desplacin lateralment. Observeu l'esquema:

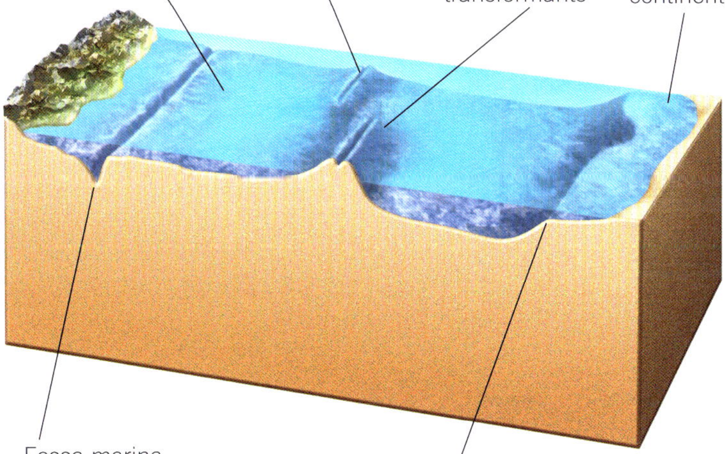

a | Cerqueu a Internet els termes **dorsal oceànica**, **fossa marina** i **falla transformant** i definiu-los breument.

b | Copieu la taula i marqueu amb una creu quins d'aquests processos es generen en cada estructura: vulcanisme, terratrèmols, formació de serralades (orogènesi), formació de roques metamòrfiques i deformació de les roques. Digueu també quin tipus de roques es formen a les dorsals oceàniques.

	Vulcanisme	Terratrèmols	Formació de serralades	Formació de roques metamòrfiques	Deformació de roques
Dorsal oceànica					
Fossa marina					
Falla transformant					

c | Si partim de la idea que Àfrica i Sud-amèrica estaven unides, creieu que hi ha alguna relació entre les formes de relleu submarí que emergeixen enmig de l'oceà Atlàntic, com les dorsals, i la separació dels continents?

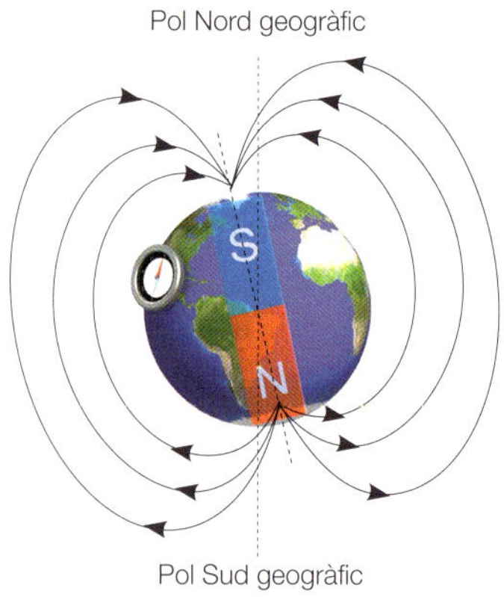

Interpreteu un esquema

Per saber on és el pol Nord podeu ajudar-vos d'una brúixola, un instrument que té una agulla de ferro imantada i que s'orienta segons el camp magnètic terrestre.

Els minerals de ferro també s'orienten, en major o menor grau, atrets pel camp magnètic de la Terra. Aquests minerals se solen solidificar aviat, en els magmes, i un cop paral·lels a les línies del camp magnètic, queden fixos en aquesta posició quan se solidifiquen la resta de minerals.

A l'hora d'estudiar mostres del fons marí, s'observen bandes de basalts paral·leles a les dorsals i simètriques a banda i banda. En cadascuna d'aquestes bandes, la polaritat dels minerals de ferro està orientada en un determinat sentit, cap al sud o cap al nord. Això fa pensar que la polaritat de la Terra s'inverteix en períodes de prop de pocs centenars de milers d'anys, és a dir, on abans era el nord magnètic, passa a ser el sud magnètic.

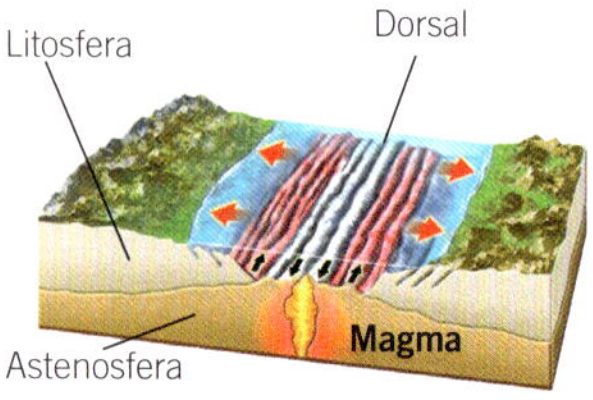

A. Període de magnetisme normal: el pol Nord geogràfic coincideix amb el pol Sud magnètic.

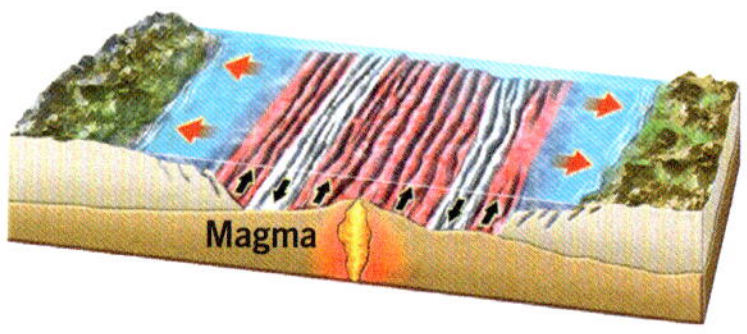

B. Període de magnetisme invertit: el pol Nord geogràfic coincideix amb el pol Nord magnètic.

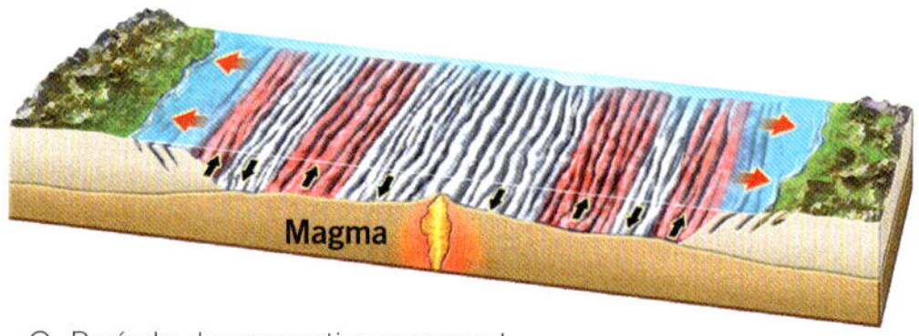

C. Període de magnetisme normal.

- **a** | En quines zones del fons marí se solidifiquen els basalts?
- **b** | A la figura C, quin color representa els basalts formats més recentment?
- **c** | Per què creus que hi ha una simetria en les bandes magnètiques, a cada costat de la dorsal?
- **d** | En el dibuix, les fletxes negres per què indiquen sentits diferents?
- **e** | Els geòlegs sostenen que la litosfera s'expandeix a partir del fons oceànic. Quines evidències aporten les dades anteriors en relació amb aquesta afirmació?

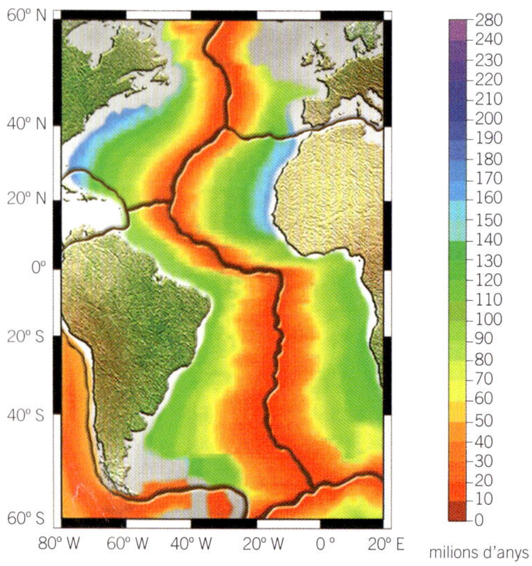

Observeu i deduïu

Fent un mostreig de les roques basàltiques del fons del mar s'ha elaborat aquest mapa, on podeu veure en diferents colors els milions d'anys d'antiguitat del fons de l'oceà Atlàntic.

- **a** | On es troba el fons oceànic més antic, prop dels continents o prop de les dorsals?
- **b** | On es troba el fons oceànic més modern?
- **c** | Per tant, on es construeix el fons oceànic?
- **d** | A mesura que es crea nou fons oceànic, què passa entre Sud-amèrica i Àfrica, i entre Nord-amèrica i Europa?
- **e** | Per tant, a quines conclusions arribeu?

Interpreteu un mapa

Aquí teniu un mapa del món que recull l'activitat sísmica de les darreres dècades.

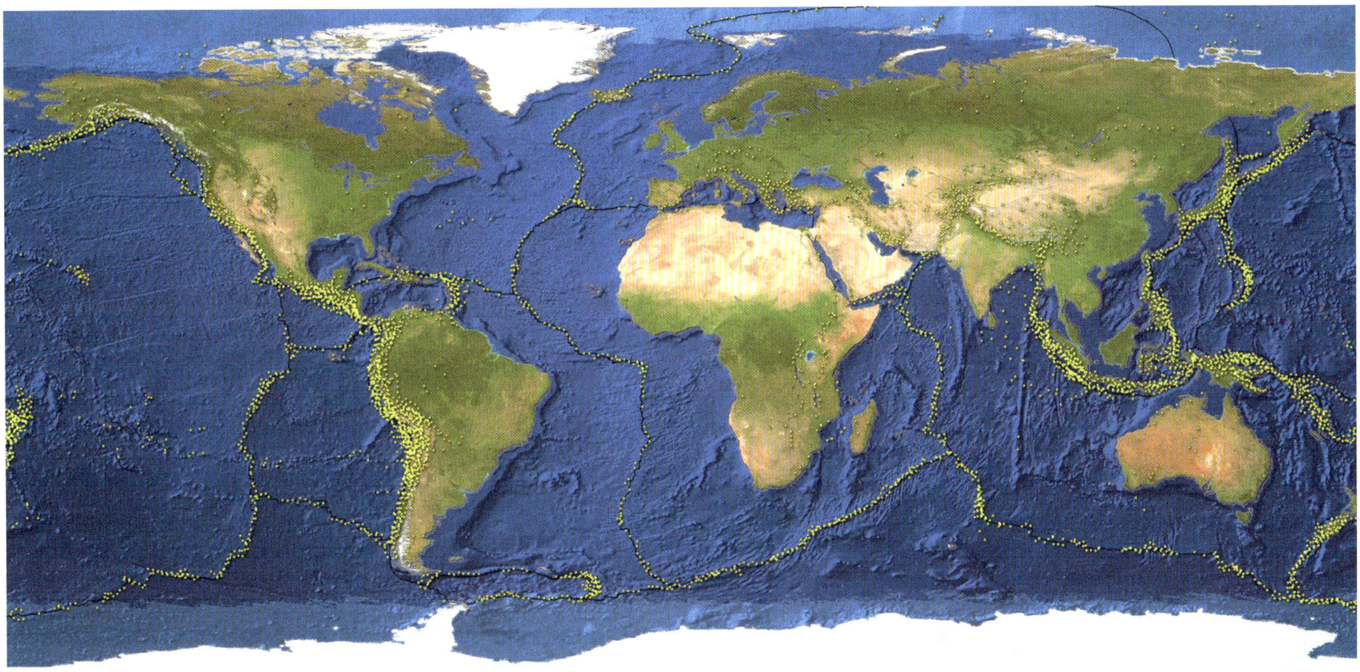

a | A partir de l'observació del mapa, creieu que els terratrèmols es distribueixen a l'atzar o bé es concentren en unes franges concretes?

b | Recordeu que els terratrèmols es formen quan es mouen les grans falles. Què podem dir de les zones més actives? Es troben molt o poc fracturades?

c | Recordeu, també, que la litosfera és la capa superior rígida de la Terra. Us sembla que aquesta capa és contínua o es troba fracturada en algunes zones? Justifiqueu la resposta a partir de la interpretació del mapa de distribució de terratrèmols en el món.

d | Busqueu informació a la xarxa i definiu el terme *placa tectònica*.

Interpreteu un mapa

Observeu el mapa següent i compareu-lo amb l'anterior.

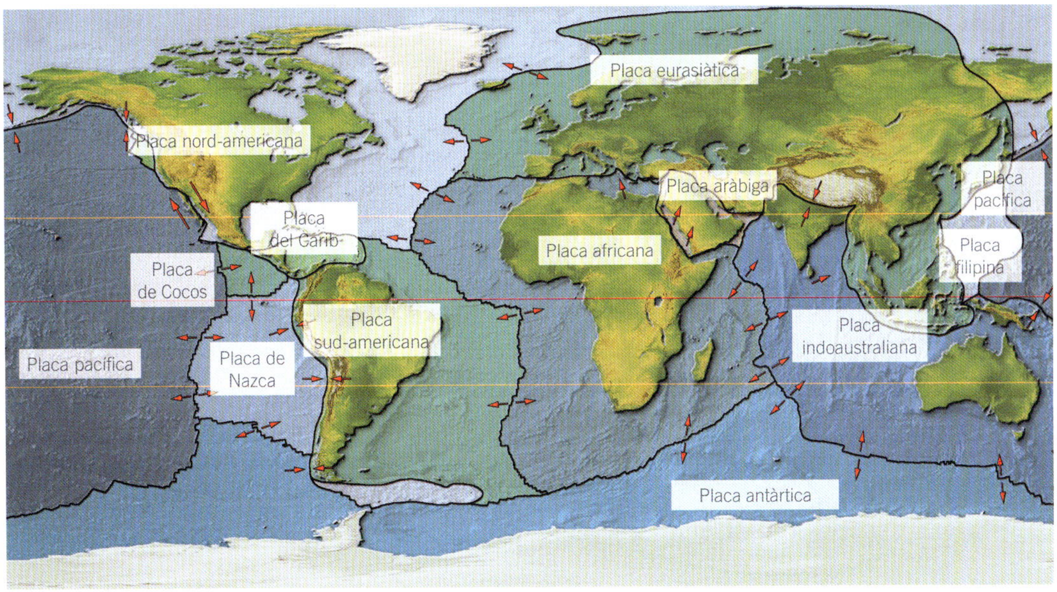

a | Què és el que defineix o marca els límits de les plaques tectòniques?

b | Coincideixen aquests límits amb la vora dels continents?

c | Com definiríeu *placa continental*, *placa oceànica* i *placa mixta*? Poseu un exemple de cada una.

Imatge satèl·lit d'Europa.

Per què els continents poden canviar la seva forma i disposició sobre el planeta al llarg del temps?

Reflexioneu i deduïu

Hem vist una teoria que intentava demostrar que els continents abans estaven junts, però que, sense ser incorrecta del tot, tenia errades. Algunes aportacions posteriors han pogut millorar aquests postulats. La nova teoria, una mica diferent de l'anterior, s'anomena **tectònica de plaques**.

a | Wegener va intentar demostrar amb la deriva continental que els continents abans estaven junts. Creieu que les proves que va aportar són vàlides avui dia? Anoteu, breument, quines són aquestes proves.

b | Per què fallava la teoria de la deriva continental?

c | Quines noves proves es van descobrir a la segona meitat del segle XX, que confirmaven el moviment dels continents?

d | Fixeu-vos en els esquemes de sota. Quina és la diferència fonamental entre la deriva continental i la tectònica de plaques? Si cal, podeu buscar ajuda a la xarxa, cercant «Tectònica de Plaques».

e | Elaboreu un breu text per explicar què és la «tectònica de plaques».

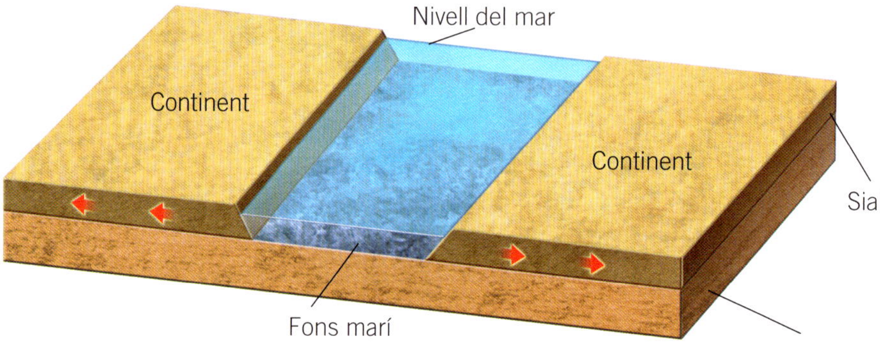

Segons la deriva continental

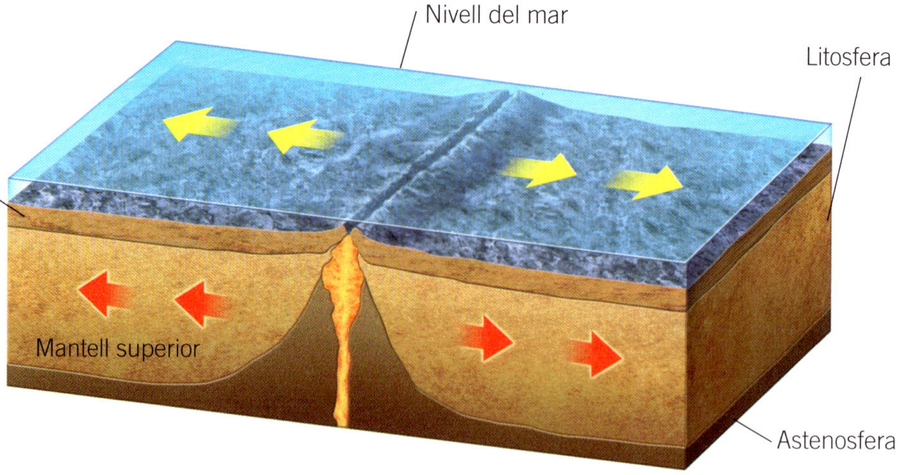

Segons la tectònica de plaques

ACTIVITATS

6. Creus que en l'època d'Alfred Wegener era possible conèixer com era el fons marí? Raona la resposta.
7. Quines diferències hi ha entre una placa tectònica i un continent?
8. Com sabem on es troben els límits de les plaques tectòniques?
9. Sabem que l'oceà Atlàntic s'ha obert, i ho continua fent. Això significa que el planeta es fa més gran? Raona la resposta.

Activitats interactives
Activitat de síntesi

4. El moviment de les plaques tectòniques

Alfred Wegener no va poder explicar correctament per què es movien els continents, i la comunitat científica va rebutjar les seves idees. Avui dia s'ha demostrat que la litosfera està fragmentada. Saps explicar per què es mouen les plaques tectòniques?

Observeu i deduïu

Fixeu-vos en les fotografies:

Guèiser en el parc de Yellowstone, EUA

Erupció del volcà Tungurahua, Equador

- **a** | Quines proves tenim que l'interior de la Terra està calent?
- **b** | Fixeu-vos en la gràfica. Tot i que en els primers quilòmetres la temperatura augmenta uns 30 °C per quilòmetre, a major profunditat l'increment tèrmic no és tan accentuat. Per terme mitjà, quants graus per cada quilòmetre augmenta la temperatura, aproximadament, a la litosfera?
- **c** | Creieu que aquests valors mitjans són uniformes arreu del món o bé poden variar d'un lloc a l'altre? Raoneu la resposta.
- **d** | Aquest augment és sempre el mateix en totes les capes del planeta o va canviant amb la profunditat?
- **e** | Cerqueu, a la xarxa, què és el *gradient geotèrmic* i quines en són les causes més importants.
- **f** | El gradient geotèrmic no és el mateix en altres planetes. En cossos més petits, com Mercuri i Mart, és molt més baix, mentre que a Venus, de mida semblant a la Terra, és similar al nostre. Per què en els planetes més petits és menor que en els més grans?

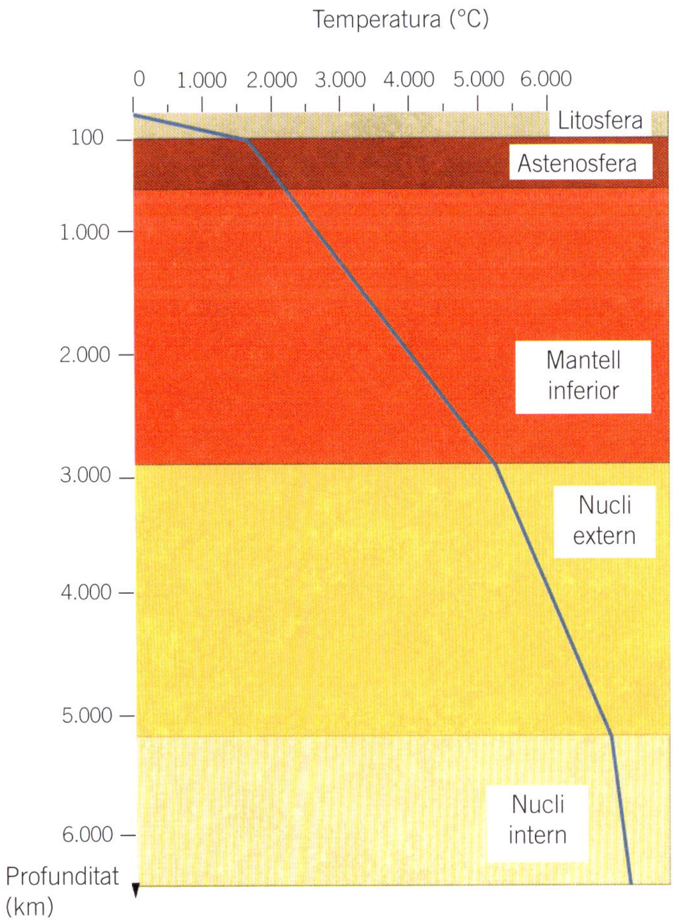

Observeu i deduïu

Globus aerostàtic d'aire calent.

Saps per a què serveix el cremador, que es veu a la fotografia?

Sabeu per què s'enlairen els globus aerostàtics? Probablement us heu fixat que, per fer-los pujar, cal escalfar l'aire que contenen. Ara veurem per què i quina relació té això amb el moviment dels continents.

Abans que res, repassem algunes idees:

a | Quan escalfeu un objecte, es contrau o es dilata?

b | Fixeu-vos en l'esquema de les molècules que formen l'aire. Quan es troben més separades, quan la temperatura és alta o baixa?

c | L'aire, quan s'escalfa, es dilata o es contrau?

d | On hi haurà més molècules, en un volum d'un metre cúbic d'aire calent o fred?

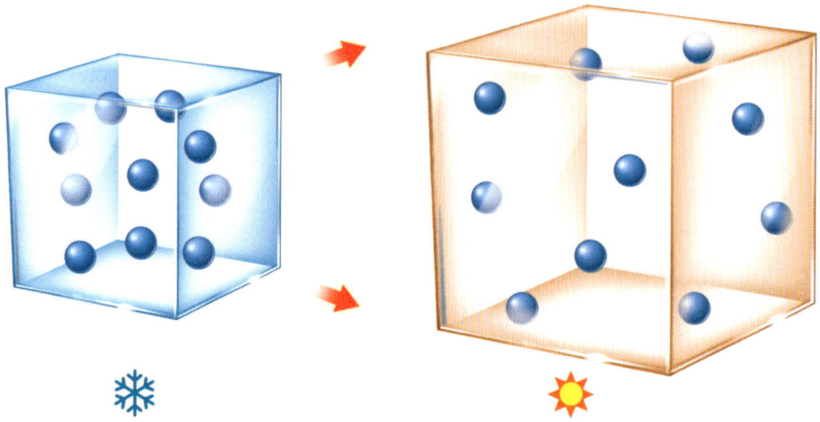

e | Què tindrà més massa i, per tant, pesarà més, un metre cúbic d'aire calent o fred?

f | Per tant, quin aire serà més dens, el calent o el fred?

g | Quin aire tendeix més a elevar-se, el calent o el fred? Per què?

h | Redacteu un text curt per explicar per què cal escalfar l'aire d'un globus per fer-lo enlairar.

Analitzeu un experiment

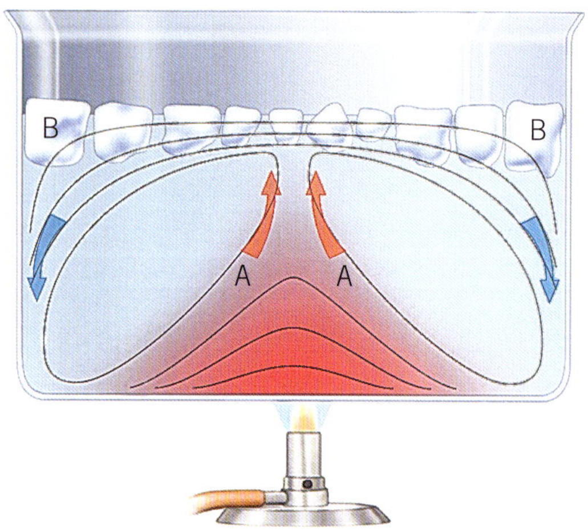

Aquest experiment serveix per explicar un fenomen molt estès, no solament en el camp de la geologia, sinó a la natura, en general (corrents marins, vent, etc.).

Escalfem aigua en un recipient. Les molècules d'aigua experimenten un moviment rotatori anomenat **corrent de convecció**.

a | En l'experiment, l'aigua en el punt A augmenta o disminueix la densitat? Quin moviment farà l'aigua en aquest punt? Per què?

b | Expliqueu què passa amb la densitat de l'aigua al punt B i quin moviment farà. Raoneu-ho.

c | Creieu que seria possible aquest corrent d'aigua si l'escalféssim des de dalt?

Interpreteu un esquema

En aquesta activitat podrem veure el procés d'un fenomen similar, a gran escala, al que hem vist en l'experiment anterior.

Tal com deveu recordar, hi ha una capa anomenada *astenosfera* que, sense ser un magma, sí que té un petit grau de fusió parcial de les roques que la formen, cosa que li confereix una certa fluïdesa.

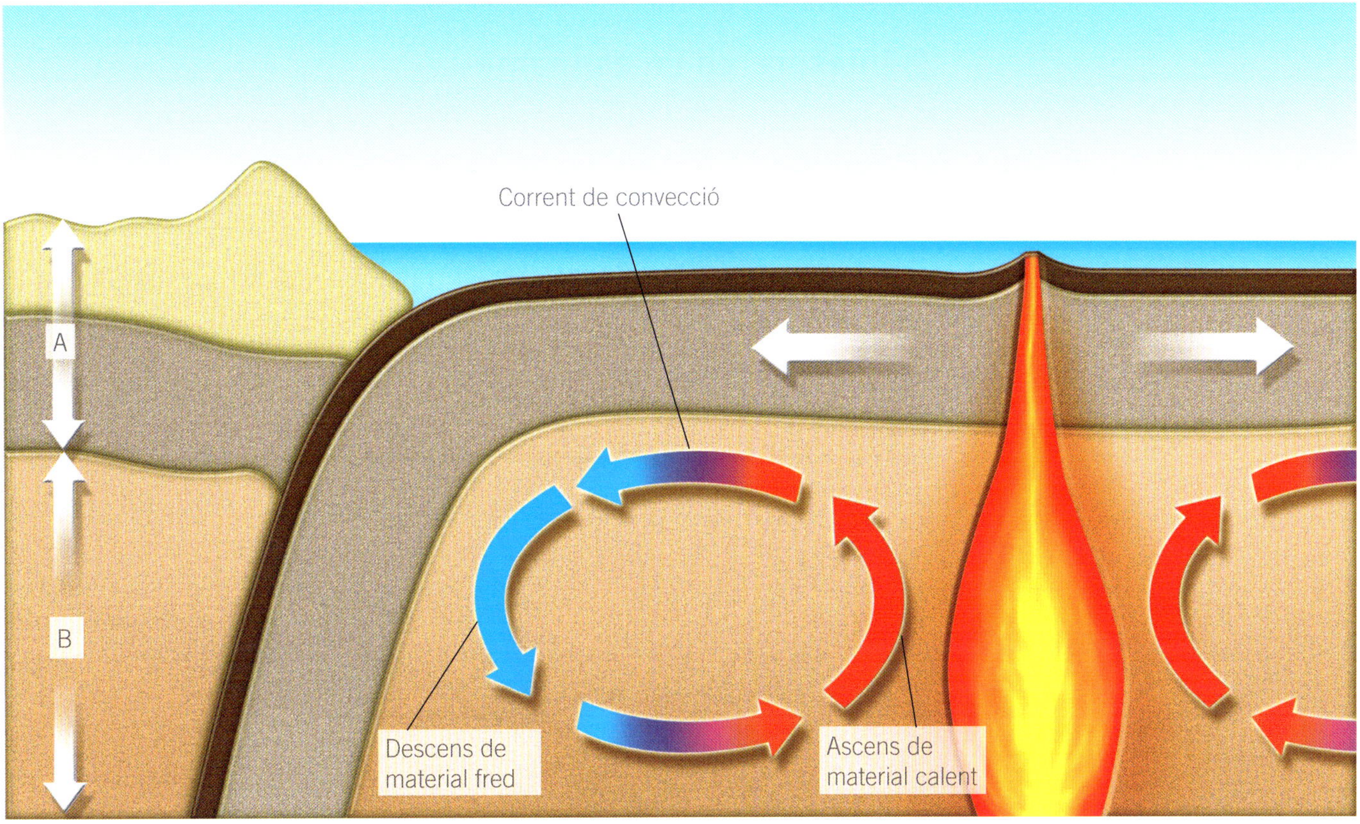

a | Quines capes de la Terra representen les lletres A i B?

b | En aquest esquema podem veure corrents de convecció. En quina capa de la Terra estan representats?

c | Perquè es generin aquests corrents, la font de calor on ha d'estar situada? Quines proves tenim que això sigui així, realment?

d | Què hi ha al damunt dels corrents de convecció? Creieu que ho poden arrossegar?

e | A partir de les idees que hem vist, observeu aquest esquema geològic i redacteu una explicació del moviment de les plaques tectòniques.

f | Aquest esquema clàssic dels corrents de convecció a l'astenosfera no és l'únic model acceptat. N'hi ha un altre que ha sorgit més recentment i que afirma que els corrents de convecció es podrien generar a nivell de tot el mantell. Consulteu el web i expliqueu les diferències entre tots dos models.

ACTIVITATS

10. Per què està calenta la Terra?
11. Quan la Terra sigui un planeta fred, es mouran les plaques tectòniques? Raona la resposta.
12. En les dorsals, els corrents de convecció són ascendents o descendents?
13. Creus que les plaques tectòniques s'han desplaçat sempre a velocitats similars a les actuals (pocs centímetres per any)? Dóna una explicació.

Activitats interactives
Activitat de síntesi

5. Els límits de les plaques tectòniques

Les plaques tectòniques es mouen, cadascuna en una direcció i sentit, i provoquen col·lisions, separacions o fins i tot moviments en paral·lel. En els límits de les plaques es formen muntanyes, s'originen volcans i terratrèmols i es transformen les roques, a causa d'una intensa activitat geològica.

5.1 Límits divergents

Interpreteu un esquema

En aquest esquema podeu observar una estructura anomenada **rift continental**, on s'aprecien diverses estructures i processos.

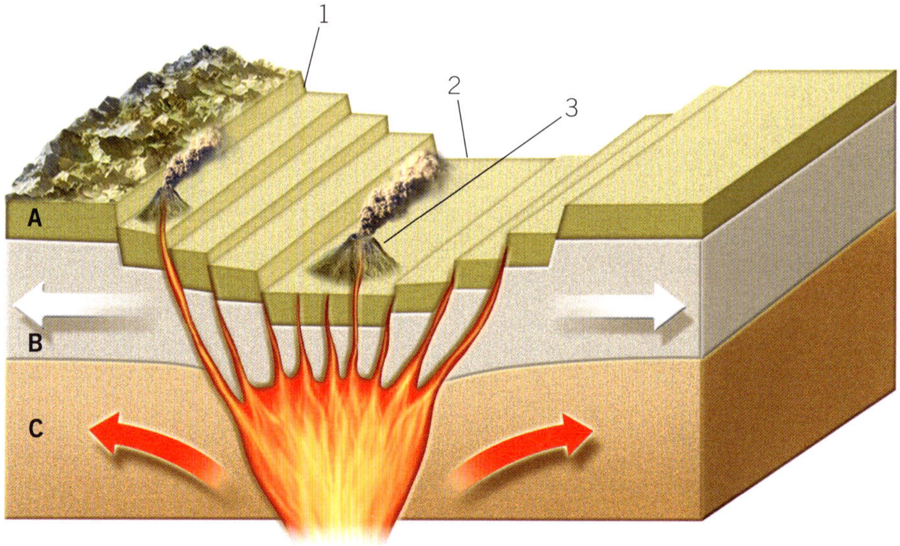

a | Indiqueu quines capes de la Terra representen les lletres A, B i C. La A i B juntes, què formen? Digueu quina estructura de deformació correspon al número 1, quina forma de relleu representa el número 2 i quin fenomen geològic és el número 3.

b | Busqueu informació a la xarxa i definiu el terme *fossa tectònica* (graben). La identifiqueu en l'esquema?

c | Com són els corrents de convecció, just per sota del rift, convergents (s'ajunten) o divergents (se separen)? Per tant, quina situació es dóna, compressió o distensió?

d | Aquest esquema representa una o dues plaques tectòniques?

e | En els llocs com el que reprodueix l'esquema hi sovintegen els terratrèmols i els volcans. Digueu per què.

f | Feu una llista dels fenòmens geològics que es manifesten en un rift continental.

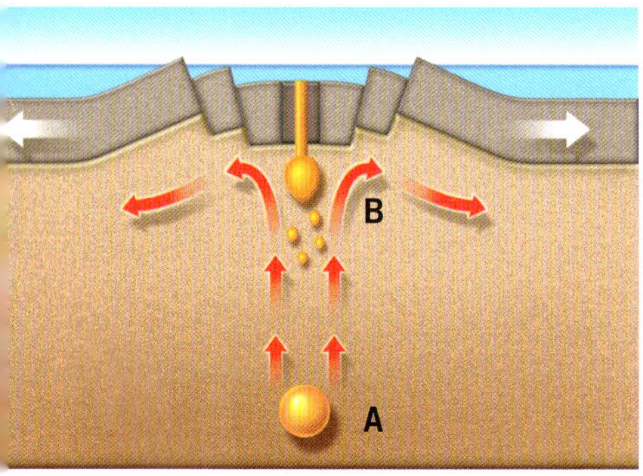

g | Observeu aquest esquema. Les lletres representen dues profunditats, a l'astenosfera, sotmeses a temperatures similars. En el punt A el grau de fusió de les roques és molt baix i en el punt B, més alt. Elaboreu una hipòtesi per explicar per què, tot i ser el mateix material, B és un magma i A no.

Feu una cerca i responeu

El millor exemple de rift continental és la Gran Vall del Rift, a l'Àfrica. El rift va començar a formar-se fa uns 30 milions d'anys. Actualment, encara és actiu i continua creixent en amplada i longitud.

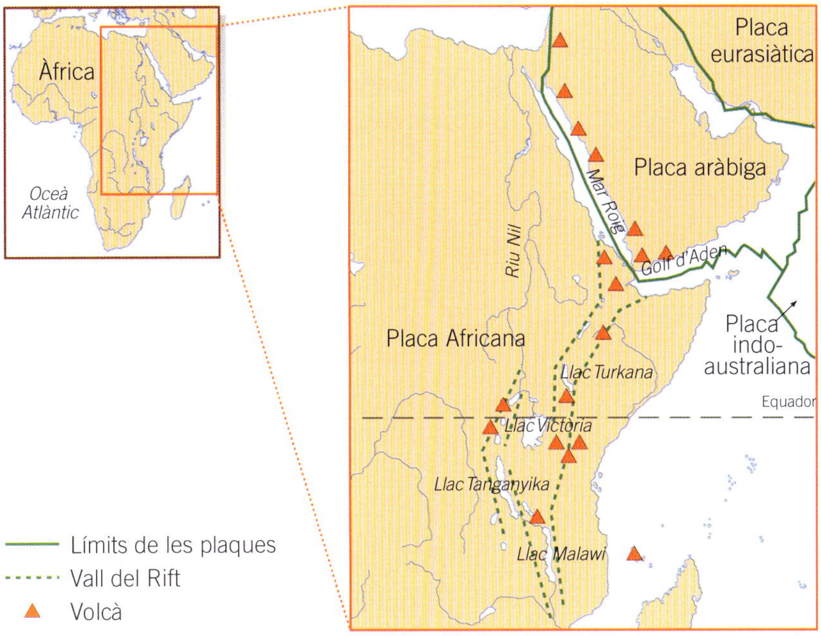

a | Expliqueu per què hi ha tants volcans en aquesta zona. Consulteu el web i indiqueu el nom d'un volcà famós que es trobi en aquesta zona.

b | Què ens pot fer pensar que hi ha una continuïtat entre el Rift i el mar Roig?

c | Expliqueu què passarà en un futur geològic en aquesta zona de l'Àfrica.

Observeu i deduïu

Un rift continental pot evolucionar i, al cap de milions d'anys, ser cobert pel mar.

Observeu aquestes imatges i traieu-ne conclusions:

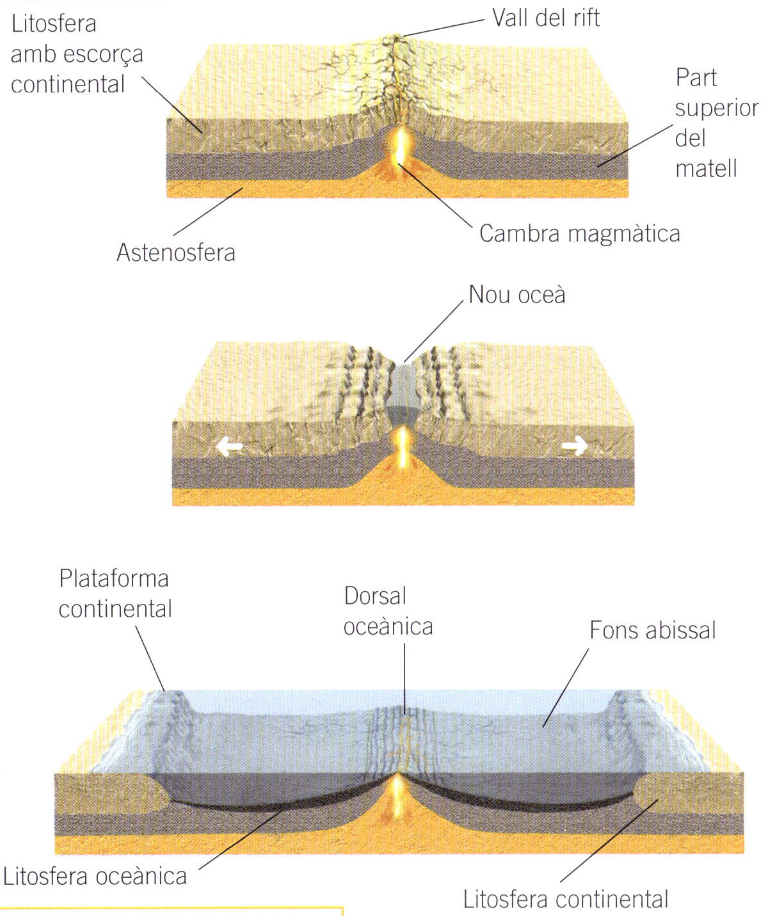

a | A mesura que les plaques se separen, què es forma al mig?

b | A partir de quin material es constitueix la nova litosfera?

c | En què es converteix la vall del rift?

d | Quina mena de fenòmens geològics es poden produir a la dorsal oceànica?

e | Els dibuixos mostren els tres estadis de fractura d'un continent, la formació d'una dorsal i l'expansió del fons oceànic. Cerqueu en el mapa de plaques tectòniques de la pàgina 153, tres llocs d'arreu del món que serveixin d'exemple d'aquests tres estadis i esmenteu on es troben.

f | Els **límits divergents** es produeixen quan les plaques es separen l'una de l'altra. Per què es diu que són límits constructius?

ACTIVITATS

14. Per què es produeix la separació de les plaques tectòniques?
15. Per què el mar envaeix els rifts continentals, a la llarga?
16. Quin tipus de litosfera es forma entre dues plaques que se separen?
17. Quina diferència hi ha entre un rift continental i una dorsal oceànica?

5.2 Límits convergents

Hi ha tres possibilitats diferents de col·lisió entre plaques tectòniques: **col·lisió entre dues plaques oceàniques**, **col·lisió entre una placa oceànica i una de continental** i **col·lisió entre dues plaques continentals**.

Observeu i deduïu

Analitzeu aquest esquema i traieu-ne conclusions.

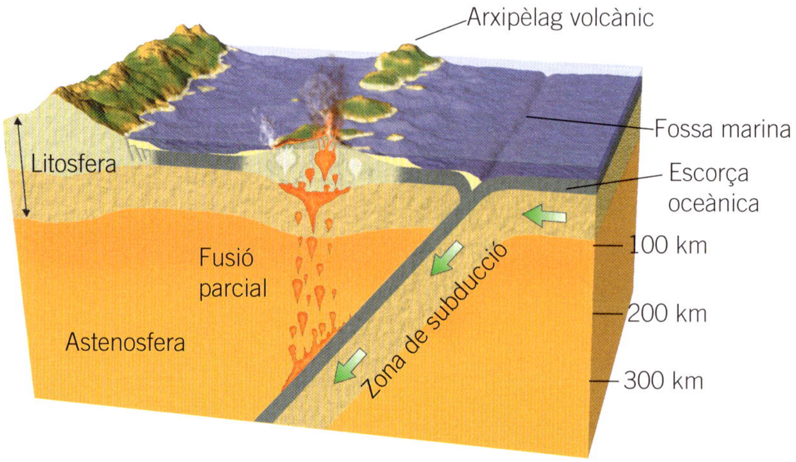

a | Entre quins tipus d'escorça es produeix la col·lisió?

b | Una de les dues plaques tectòniques s'enfonsa sota l'altra. Com s'anomena aquesta zona que s'endinsa cap a l'astenosfera? Què li passa en aquesta zona més enllà dels 200 km de profunditat?

c | Els arxipèlags volcànics que han emergit en aquestes zones es coneixen com a **arcs insulars**, ja que les illes dibuixen en el mapa una lleugera forma d'arc. Expliqueu com es formen, aquests arxipèlags.

d | Quina forma de relleu es pot localitzar en el fons marí, just enmig de les dues plaques?

e | Poseu algun exemple d'arxipèlag volcànic que s'hagi originat d'aquesta manera.

f | Escriviu un breu text per raonar si es crea o es destrueix placa tectònica en aquestes zones.

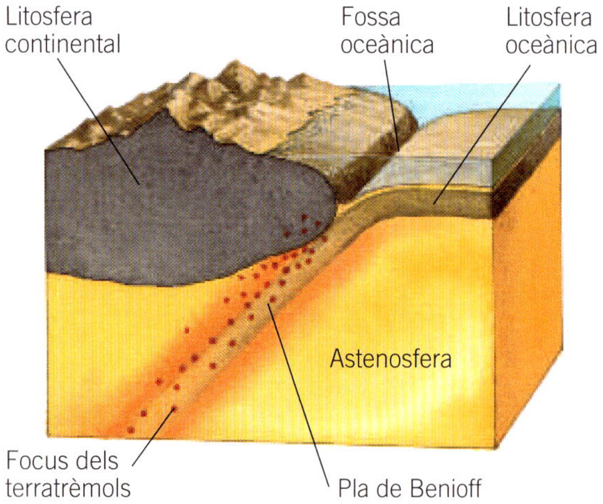

Feu una cerca i iexpliqueu

a | Busqueu informació a la xarxa sobre el **pla de Benioff**. Digueu què és i expliqueu per què hi ha una gran quantitat d'hipocentres de terratrèmols en aquesta zona.

b | Consulteu el web i escriviu un breu text que expliqui com s'origina un tsunami.

c | Expliqueu per què creieu que els arxipèlags d'illes volcàniques com Indonèsia pateixen amb una certa freqüència els tsunamis.

Observeu i deduïu

Analitzeu aquest esquema i traieu-ne conclusions.

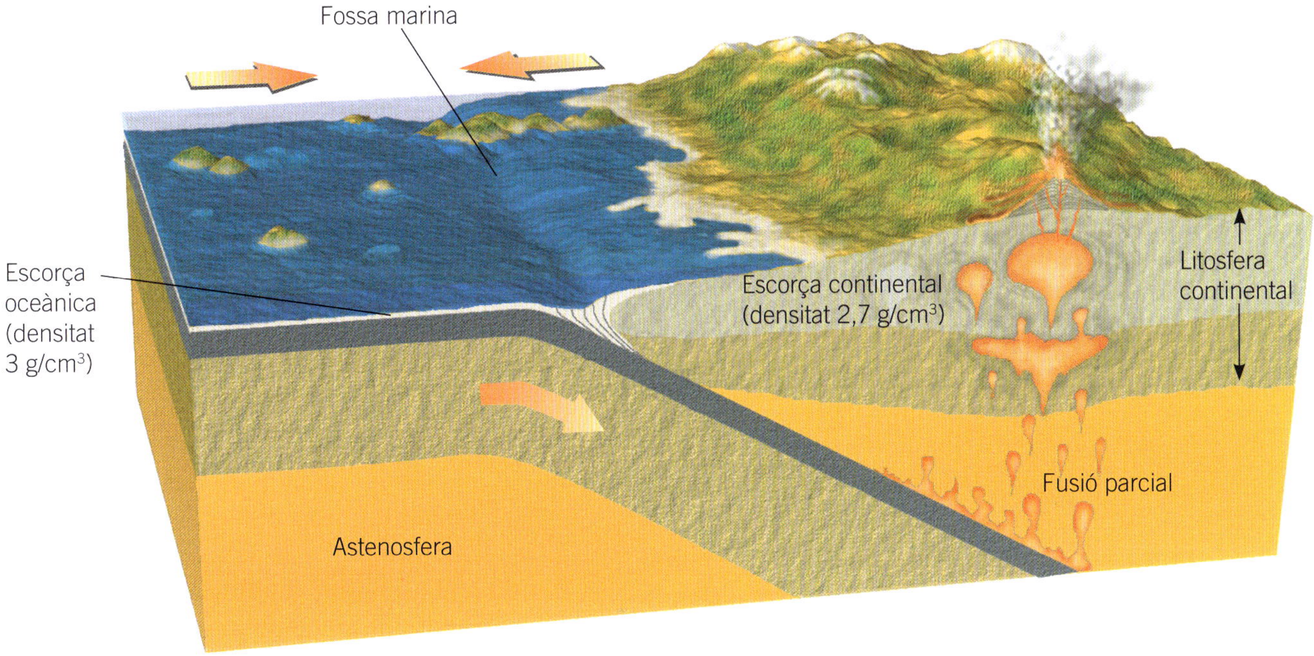

a | Entre quins tipus d'escorça es produeix la col·lisió?

b | En aquests casos, la placa que té escorça oceànica sempre subdueix, mentre que l'altra no ho fa mai. Observeu l'esquema i expliqueu per què succeeix així.

c | A diferència de la col·lisió entre dues plaques oceàniques, aquí no es formen arxipèlags volcànics. Quina estructura geològica observeu en l'escorça continental?

d | Quina forma de relleu submarí separa les dues plaques? A què creieu que pot ser deguda la formació d'aquest relleu submarí?

e | És una zona sísmica? Creieu que en aquestes zones hi ha el pla de Benioff? Raoneu si es poden produir tsunamis o no.

f | Mireu el mapa de plaques tectòniques de la pàgina 153 i poseu algun exemple de zona en què es produeixi una col·lisió com la que es descriu a l'esquema.

Feu una cerca i responeu

Coneguda com a cinturó de foc del Pacífic, aquesta zona (indicada en color vermell en el mapa) conté més del 90 % dels volcans actius de la Terra.

a | Indiqueu quina és la causa del vulcanisme, tant a la franja d'Amèrica com als continents d'Àsia i Oceania.

b | Aquesta zona coincideix amb un cinturó o banda sísmica? Per què?

c | Busqueu al web exemples d'erupcions volcàniques i feu un comentari sobre el grau d'explosivitat o perillositat de les erupcions que es donen en aquest cinturó.

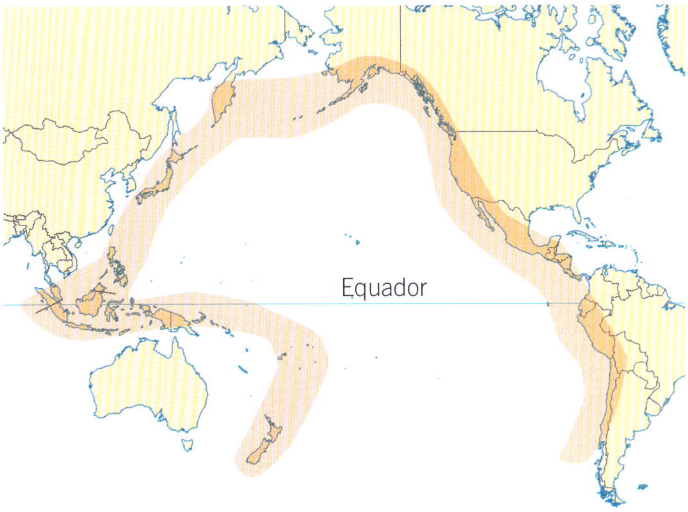

Observeu i deduïu

Analitzeu aquest esquema i traieu-ne conclusions:

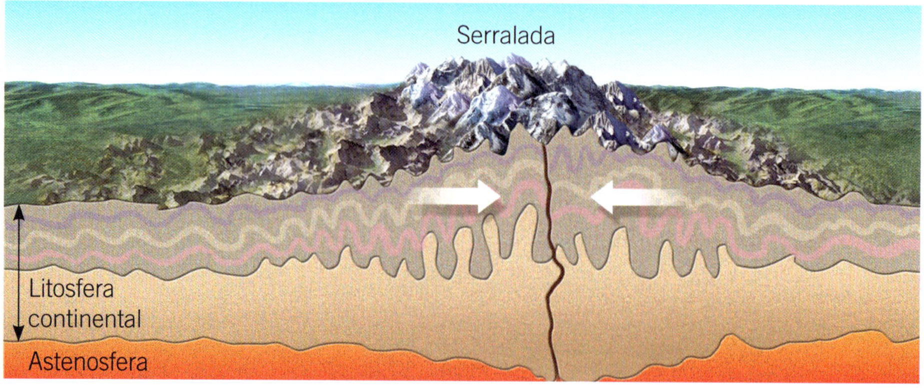

a | Entre quins tipus d'escorça es produeix la col·lisió?

b | Existeix subducció? Doneu una explicació.

c | Quina estructura geològica es forma a la superfície entre les dues plaques?

d | Què ha passat amb les capes de roques sedimentàries que, en un principi, formaven estrats horitzontals?

e | Es donen fenòmens magmàtics? Per què?

f | Creieu que es poden produir terratrèmols? Raoneu la resposta.

g | Esmenteu algun lloc de la Terra en què es doni aquest tipus de col·lisió.

Observeu i investigeu

Hem vist dues situacions en què es poden formar serralades. Tot i això, aquestes serralades presenten algunes diferències.

a | Compareu les imatges de la col·lisió entre litosfera oceànica i continental i entre litosfera continental i continental. Digueu en quin cas es produeix vulcanisme i en quin no. Expliqueu per què.

b | Poseu exemples d'aquests dos tipus de serralades.

c | Busqueu a la xarxa una definició senzilla d'**orogènesi**.

Volcà Chimborazo als Andes, Equador

ACTIVITATS

18 Elabora una taula com aquesta, on quedin reflectides les diferències entre els tres tipus de col·lisió. Completa-la posant sí o no, segons el cas:

	Oceànica-oceànica	Oceànica-continental	Continental-continental
Sismes			
Magmatisme			
Orogènesi			
Arxipèlags volcànics			

19 Has vist que en alguns casos una placa s'enfonsa sota l'altra quan col·lideixen, però la litosfera continental no ho fa mai. Per què?

20 Per què quan col·lideixen dues plaques parlem de *límits convergents*? Què és el que convergeix?

5.3 Límits conservants

Observeu i deduïu

a | Expliqueu com és el moviment relatiu de les dues plaques que queden al costat de la falla transformant.

b | Es crea o es destrueix placa en aquests límits?

c | Raoneu si es poden o no generar terratrèmols en aquestes zones. Es poden produir fenòmens magmàtics?

d | Aneu al web del Google Maps, allunyeu-vos de manera que pugueu veure tot l'oceà Atlàntic i fixeu-vos en la dorsal oceànica que hi ha al mig. No és contínua. Com s'anomenen les estructures que la divideixen en fragments?

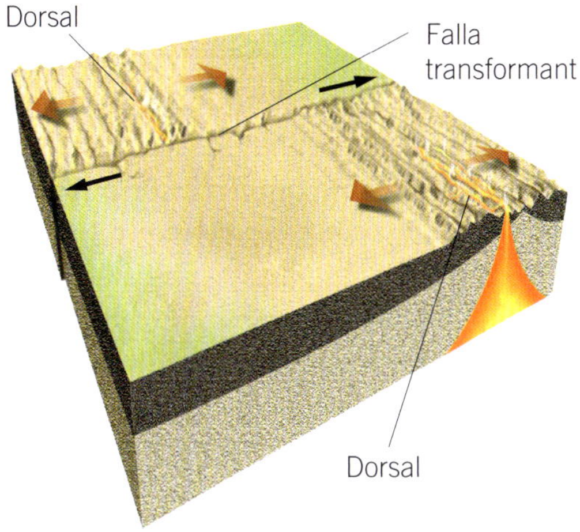

Observeu i investigueu

La falla de San Andrés és una falla transformant de més de 1.000 km de longitud, que separa la península de Califòrnia del continent americà.

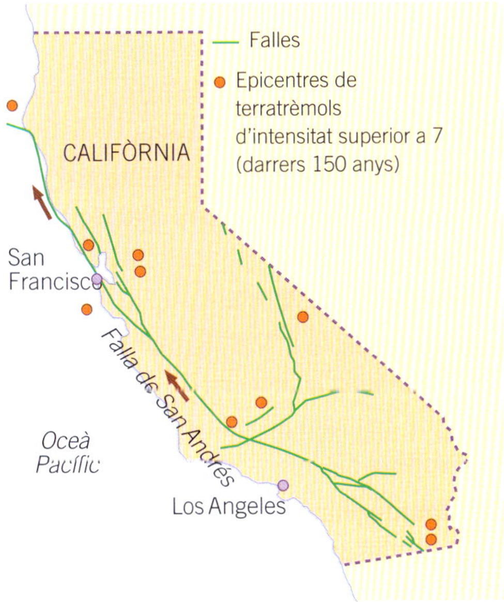

a | Busqueu quines plaques tectòniques separa aquest límit de placa.

b | Quina relació podeu establir entre aquest límit de placa i l'alta perillositat sísmica registrada en ciutats com San Francisco o Los Angeles?

c | Busqueu informació a la xarxa del conegut The Big One i redacteu un breu text que expliqui de què es tracta.

ACTIVITATS

21 Quina gran estructura geològica es crea en els límits conservants?

22 Per què aquests tipus de límits s'anomenen *conservants*?

23 Entre quins tipus de litosfera es poden donar aquests límits de placa?

24 Per què no hi ha orogènesi en les falles transformants?

Activitats interactives
Activitat de síntesi

6. La isostàsia

A més de realitzar moviments horitzontals, la superfície de la Terra es mou en vertical. L'acumulació de materials sedimentats al damunt, l'enfonsa. L'erosió fa l'efecte contrari, treu materials. És per això que podem observar roques que es van formar a gran profunditat.

Analitzeu un experiment

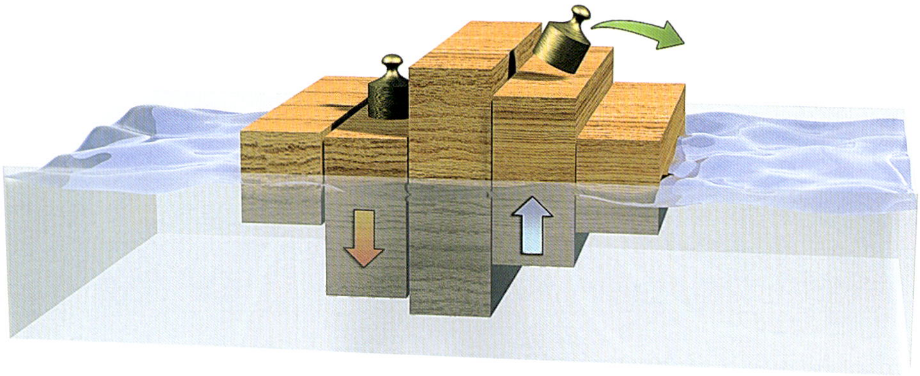

Per explicar els moviments verticals de la litosfera, o **isostàsia**, ens fixarem en un senzill experiment, en el qual treballarem amb blocs de fusta que suren damunt de l'aigua. Abans de col·locar cap pes, totes les columnes formades pels trossos de fusta i l'aigua que hi ha a sota pesen igual, és a dir, tenen equilibri isostàtic.

a | Els blocs de fusta que més sobresurten, tenen més o menys part submergida que els altres blocs?

b | Què passa si afegim un pes sobre un dels blocs? I si el retirem?

c | Ara, ens imaginarem que la fusta representa la litosfera i l'aigua l'astenosfera. En les serralades predomina l'erosió o la sedimentació? Per tant, a mesura que aquest procés avanci durant milions d'anys, què passarà amb la serralada, tendirà a emergir o a enfonsar-se? I les roques formades en profunditat, s'enterraran o es desenterraran?

d | En les conques sedimentàries, com per exemple el Mediterrani, predomina l'erosió o la sedimentació? Per tant, a mesura que aquest procés avanci durant milions d'anys, què passarà amb la litosfera al Mediterrani, tendirà a elevar-se o a enfonsar-se?

e | Consulta a la xarxa el concepte de **subsidència isostàtica** i descriu-lo. On es produirà aquest fenomen, a les serralades o a les grans conques o zones de sedimentació?

Conca sedimentària: depressió de l'escorça terrestre dins la qual es dipositen les capes de sediments procedents de l'erosió del relleu del seu entorn.

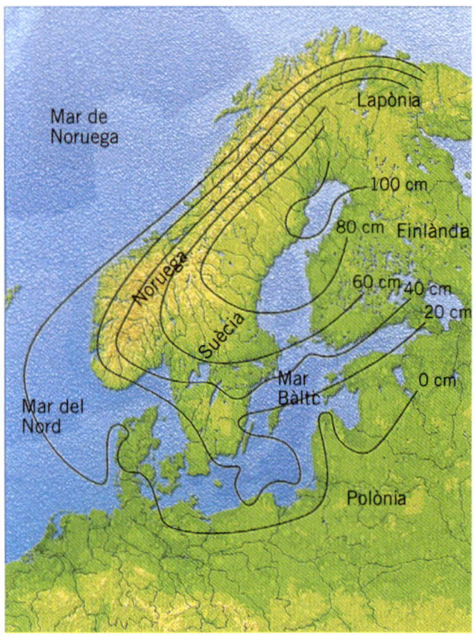

Les línies indiquen els centímetres d'elevació per segle.

Per què s'està aixecant el nord d'Europa?

ACTIVITATS

25 Explica en què consisteix l'equilibri isostàtic.

26 Els moviments verticals de la litosfera es deuen a la manca d'equilibri isostàtic. Digues quins processos poden provocar manca d'equilibri i raona el perquè en cada cas: erosió, orogènesi, formació del sòl, desglaç, tsunamis, sedimentació, extracció de petroli.

27 En quina part del territori català creus que és més gruixuda la litosfera? I més prima?

28 Per què en el centre d'una serralada, com els Pirineus, afloren a la superfície roques molt antigues, formades a grans profunditats?

Activitats interactives

Activitat de síntesi

1. La deriva dels continents

L'any 1912, un meteoròleg alemany, Alfred Wegener, va exposar per primera vegada la teoria de la **deriva continental**, segons la qual, en un passat llunyà, que es remunta fins a uns 300 milions d'anys, totes les terres emergides formaven un únic i gran continent, la **Pangea**, envoltat per un vast oceà anomenat **Pantalassa**. La Pangea es va fragmentar en dos continents, un al nord de l'Equador (la **Lauràsia**) i l'altre al sud (la **Gondwana**). Lentament, els fragments es van anar allunyant de l'equador i, a mesura que es desplaçaven, s'anaven fragmentant en porcions més petites, fins que van adoptar la forma i posició que tenen actualment.

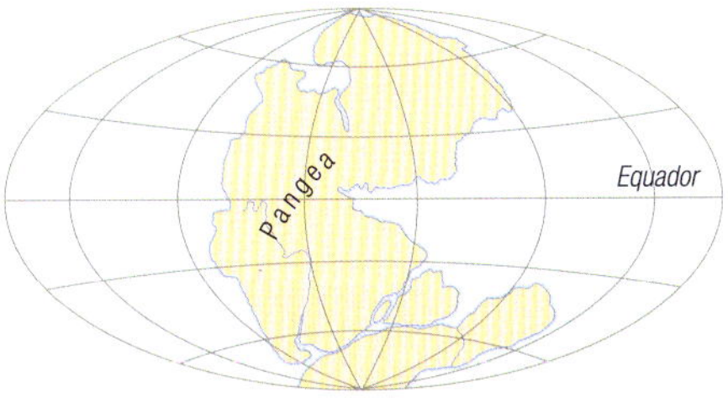

Permià
Fa 260 milions d'anys

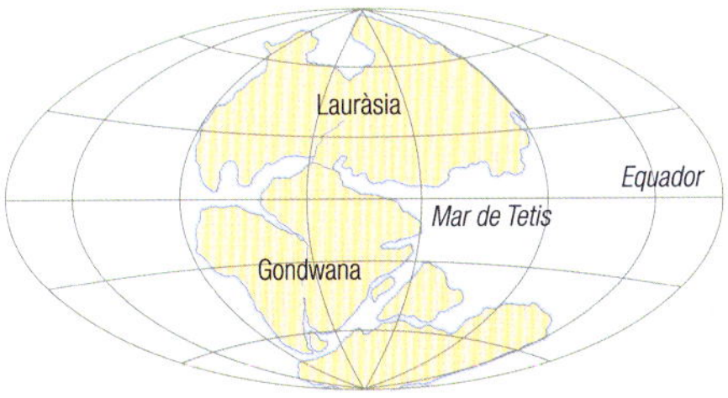

Triàsic
Fa 210 milions d'anys

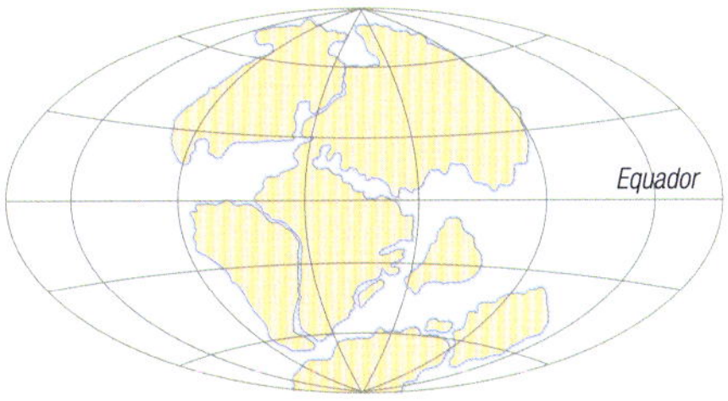

Juràssic
Fa 135 milions d'anys

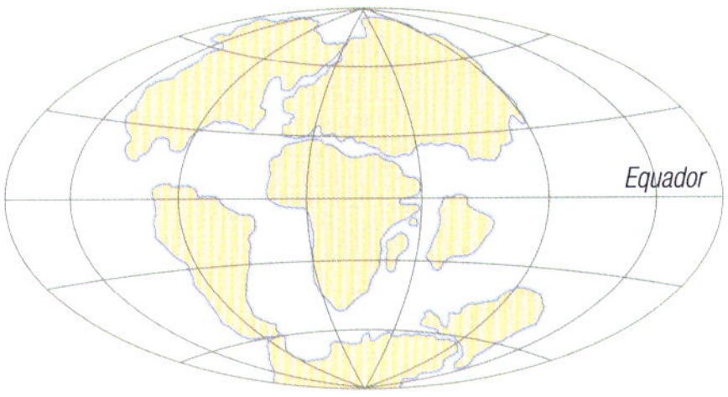

Cretaci
Fa 65 milions d'anys

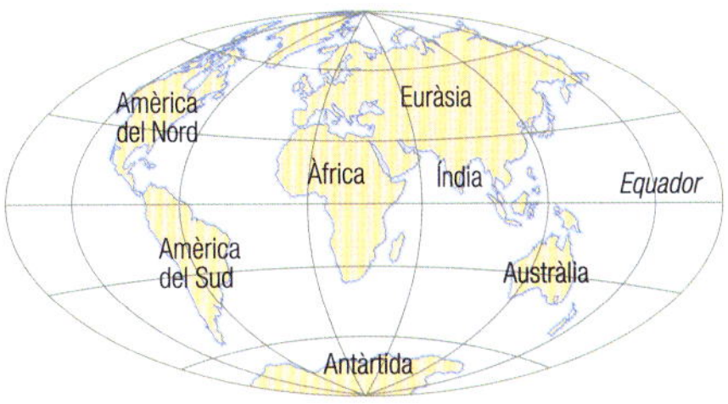

Avui

Les proves que va reunir Wegener eren:

- **Proves geogràfiques**. L'encaix dels continents. Àfrica i Europa encaixen amb Amèrica. Però aquest encaix és molt més evident entre les plataformes continentals que entre les costes.
- **Proves geològiques**. La continuïtat d'estructures com serralades antigues i roques entre els continents separats pel mar, molt evident, tant entre Nord-amèrica i Europa com entre Sud-amèrica i Àfrica. Aquestes continuïtats no es mostren en roques més modernes, un cop ja estaven els continents separats.
- **Proves paleontològiques**. La presència de fòssils de la mateixa espècie, anteriors a la fragmentació de la Pangea, repartits entre continents molt allunyats. Aquesta coincidència no es manifesta avui dia en espècies més modernes, com el cangur, el lleó o les llames, per exemple.
- **Proves paleoclimàtiques**. La presència de restes de morenes glacials en continents que avui dia es troben en climes equatorials i tropicals, la qual no es pot explicar si no és per una ubicació diferent i molt més propera als pols quan es van formar. El mateix passa amb els carbons formats fa uns 300 milions d'anys a Europa i Nord-amèrica, en zones que llavors eren selves pròximes a l'equador i que actualment es troben lluny d'aquestes regions.

ACTIVITATS

1. Per què l'encaix entre Sud-amèrica i Àfrica és molt més evident si ens fixem en les plataformes continentals que en les línies de costa?
2. Per què l'actual Himàlaia, al nord de l'Índia, no té continuïtat per Àfrica?

2. La deriva continental es desmunta

Tot i la certesa de les proves, la teoria de la deriva continental no podia explicar per què s'haurien fragmentat els continents i quina era la força que originava el moviment de les superfícies emergides, i el món científic la va refutar. Wegener va pensar que els continents devien surar sota una capa semisòlida i que es devien desplaçar cap a l'equador a conseqüència de la força centrífuga generada per la rotació de la Terra i per la frenada produïda per l'atracció del Sol i la Lluna.

L'arrossegament de continents damunt del fons marí trencaria els mateixos continents a causa de l'intens fregament.

L'explicació basada en un sial (continent) que sura sobre un sima (fons oceànic) més tou falla perquè els components minerals dels continents (majoritàriament silicats alumínics, d'on surt el terme *sial*) tenen temperatura de fusió menor que els dels fons oceànics (majoritàriament silicats magnèsics, d'on surt el terme *sima*). Per tant, en tot cas hauria de ser el sial el material més tou, no pas el sima.

ACTIVITATS

3. Per què la ciència tenia seriosos dubtes de la teoria de la deriva continental si hi havia clares proves que la demostraven?
4. Antigament s'utilitzaven els termes *sial* i *sima* per referir-se a roques riques amb alumini, com el granit, i riques amb magnesi, com el basalt, respectivament. És correcte associar el sial amb els continents? Raona-ho.

3. Tectònica de plaques

Durant les dues dècades posteriors a la mort de Wegener, la comunitat científica va deixar de banda la teoria de la deriva continental. Ara bé, després de la Segona Guerra Mundial, alguns dels avenços tecnològics que s'havien inventat amb finalitats bèl·liques, com el radar, es van aplicar a l'estudi de la Terra i el fons oceànic.

Cap als anys cinquanta del segle passat, l'avenç tecnològic aporta noves dades, com ara la datació i el magnetisme de les roques del fons oceànic, i l'estudi i distribució dels volcans i terratrèmols, que ajudaran a elaborar una nova teoria per explicar el moviment dels continents.

Aquestes noves proves són:

- El **descobriment del relleu submarí profund**, realitzat a partir de l'invent del sònar. L'ús de radars va permetre identificar el relleu del fons oceànic i relacionar les dorsals oceàniques i les fosses abissals amb les formes geològiques que creen i destrueixen la litosfera, respectivament. També es van recollir mostres de les roques del fons oceànic i se'n va descobrir la naturalesa basàltica. Amb aquestes dades es va deduir que, al llarg de l'eix de les dorsals, hi ha erupcions volcàniques i que els materials expulsats originen escorça nova.

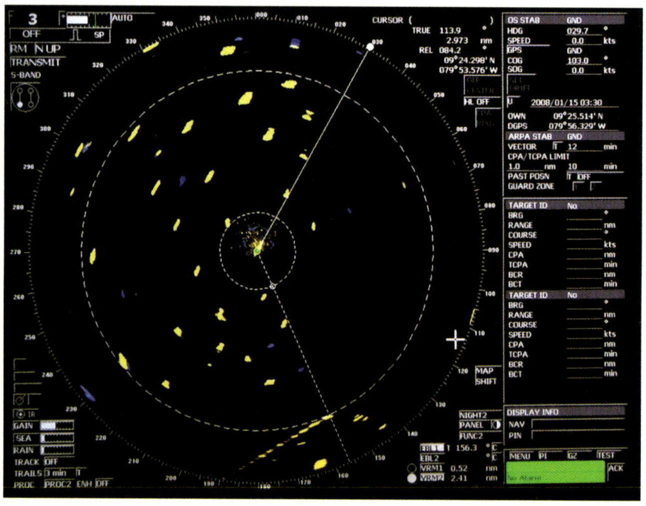

- El **descobriment de la inversió de la polaritat magnètica terrestre**. El nucli extern del planeta genera un camp magnètic que s'inverteix cada cert període de temps i ens permet veure una simetria del sentit d'aquesta polaritat a banda i banda de les dorsals.
- La constatació d'un **fons marí molt jove** prop de les dorsals, i molt vell lluny de les dorsals. L'ús de mètodes de datació radioactiva ha permès comprovar que les roques més allunyades de les dorsals oceàniques i, per tant, més properes als continents tenen una edat de 200 milions d'anys, mentre que les situades en les proximitats de les dorsals són molt més recents.
- La **distribució dels volcans i terratrèmols** no és aleatòria arreu de la superfície terrestre, sinó que hi ha zones en què l'activitat sísmica i volcànica és més elevada que en d'altres. Aquesta es concentra en franges estretes del planeta, fet que permet deduir que la superfície terrestre està fracturada en aquestes zones.

Tot plegat, juntament amb les proves aportades per Wegener, encaixa en una nova teoria coneguda com a **tectònica de plaques**. Aquesta teoria afirma que no són els continents el que s'ha mogut, sinó fragments de litosfera o plaques tectòniques, que es desplacen, arrossegats per corrents de convecció de l'astenosfera, més calenta i fluida.

Així, doncs, podem definir una **placa tectònica** com un fragment de litosfera que té un moviment independent de les altres. Segons la naturalesa de les plaques, cal distingir entre plaques oceàniques, continentals i mixtes, segons si tenen escorça oceànica, continental o totes dues.

El moviment d'aquestes plaques és responsable de la generació de diferents formes de relleu de la Terra, incloses les fosses abissals i les dorsals oceàniques.

Quan una placa tectònica es mou interacciona amb la resta de plaques que té al seu voltant. Els moviments relatius entre dues plaques originen formes de relleu diferents:

- Les dorsals oceàniques.
- Les fosses abissals.
- Les falles de transformació.

Els límits de les plaques tectòniques estan marcats per les franges o cinturons sísmics, que representen zones de trencament de litosfera. El moviment independent de cada placa genera grans falles que, quan es mouen, provoquen terratrèmols.

ACTIVITATS

5. Per què la comunitat científica considera que la teoria de la tectònica de plaques és millor que la teoria de la deriva continental?

6. Per què les bandes de basalts submarins amb magnetisme invertit i normal, alternativament, representen una prova per demostrar que el fons marí s'està eixamplant?

7. Les plaques tectòniques es mouen i interaccionen les unes amb les altres.

   Observa el dibuix i indica en quina de les tres situacions, A, B i C:

   a) Les plaques se separen.
   b) Les plaques xoquen.
   c) Les plaques llisquen.
   d) Es formen falles de transformació.
   e) Es crea nova litosfera.
   f) Apareixen les fosses oceàniques.
   g) No es crea ni es destrueix litosfera.
   h) Hi podria haver una dorsal oceànica.

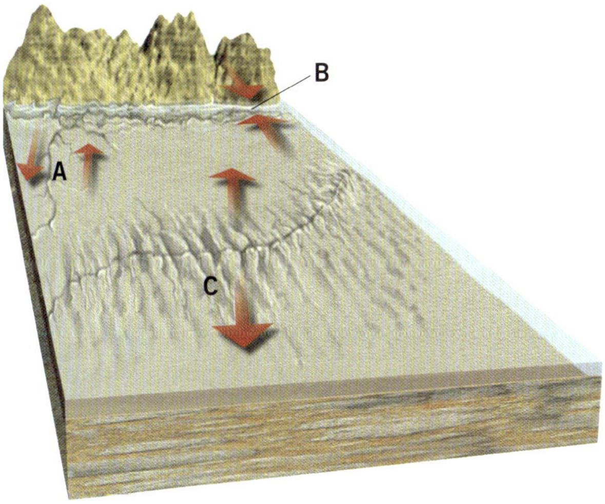

4. El moviment de les plaques tectòniques

Tenim proves, com el vulcanisme, les fumaroles o les aigües termals, que demostren que l'interior de la Terra està calent. Fins i tot, s'han pres mesures directes d'aquesta calor, com en algunes mines profundes. A la localitat sud-africana de Tautona existeix una mina d'or de 4.000 m de profunditat on s'arriba a temperatures de 60 °C.

Coneixem com a **gradient geotèrmic** l'augment de temperatura que es dóna en profunditat. Als primers quilòmetres les temperatures s'incrementen en uns 30 °C per cada quilòmetre, de mitjana, tot i que en molts llocs, sobretot en àrees volcàniques, aquest increment pot ser molt més alt, i en altres llocs molt més baix. A partir d'uns 100 km o 200 km, més a sota de la litosfera, l'increment tèrmic és menor i més constant, fins que al centre de la Terra es calculen temperatures de prop de 6.000 °C.

Tot i que encara no es coneix amb exactitud el mecanisme que fa moure les plaques, és evident que la calor de l'interior de la Terra és la causa principal d'aquest moviment. Aquesta calor té orígens diversos, però principalment prové de la desintegració d'elements radioactius localitzats al mantell i de la calor original provocada per l'impacte d'asteroides fa 4.600 milions d'anys, procés conegut com a *acreció gravitacional*, i que va donar lloc a la formació del nostre planeta.

La calor de l'interior de la Terra provoca corrents de convecció a l'astenosfera, en roques que tenen un petit grau de fusió i, per tant, un comportament lleugerament fluid. Aquests corrents arrosseguen les plaques tectòniques que tenen al damunt. Noves hipòtesis afirmen, però, que els corrents de convecció es podrien generar a nivell de tot el mantell. Aquests corrents es distribueixen de forma irregular al planeta i donen lloc a moviments de placa en diverses direccions i sentits.

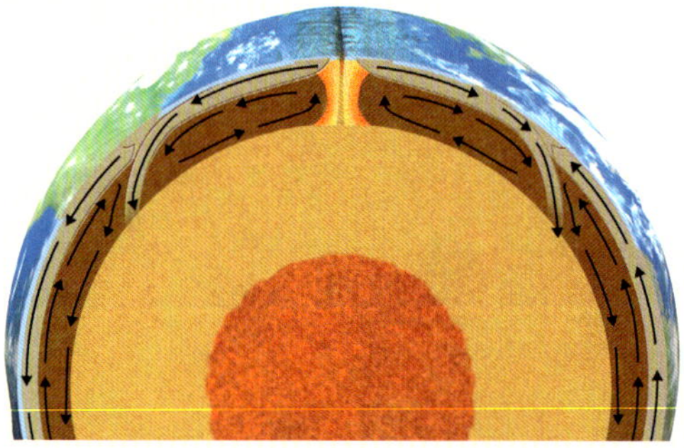

Els corrents de convecció necessiten dues condicions: que hi hagi un fluid i que el focus de calor quedi a sota. En aquesta situació, la calor escalfa, des de baix, el fluid, que es dilata i disminueix la seva densitat, de manera que el fluid puja. A dalt s'escampa lateralment, empès pel fluid ascendent, es va refredant progressivament, recupera la densitat i descendeix, completant la cèl·lula de convecció.

ACTIVITATS

8. Explica per què els objectes, quan s'escalfen, disminueixen de densitat.
9. De dia, el Sol escalfa més el terra que el mar, ja que a l'aigua li costa molt absorbir la calor. Dedueix cap a on bufarà el vent, de terra a mar o de mar a terra.
10. Per què considerem que la col·lisió d'asteroides que va generar els planetes com la Terra fa 4.600 milions d'anys és, en part, responsable de la calor interna?
11. El nucli extern de la Terra, com ja saps, és líquid. És possible que presenti corrents de convecció? Raona-ho.

5. Els límits de les plaques tectòniques

Cada placa tectònica es mou de forma independent respecte a les altres. Per tant, existeixen diferents possibilitats de límit entre dues plaques, segons com sigui el seu moviment relatiu:

- Els **límits divergents**. Es produeixen quan les plaques se separen una de l'altra.
- Els **límits convergents**. Es produeixen quan les plaques col·lideixen.
- Els **límits passius**. Es produeixen quan les plaques es desplacen lateralment.

5.1 Límits divergents

Són aquells en què hi ha distensió i les plaques tectòniques se separen, a causa de corrents de convecció divergents provinents de l'astenosfera. Es poden localitzar en el continent, formant una estructura geològica coneguda com a **rift continental**, o en l'oceà, formant les **dorsals oceàniques**. En aquests límits es crea nova litosfera oceànica.

Els rifts continentals s'identifiquen com a grans valls o fosses tectòniques, depressions del terreny limitades per falles normals.

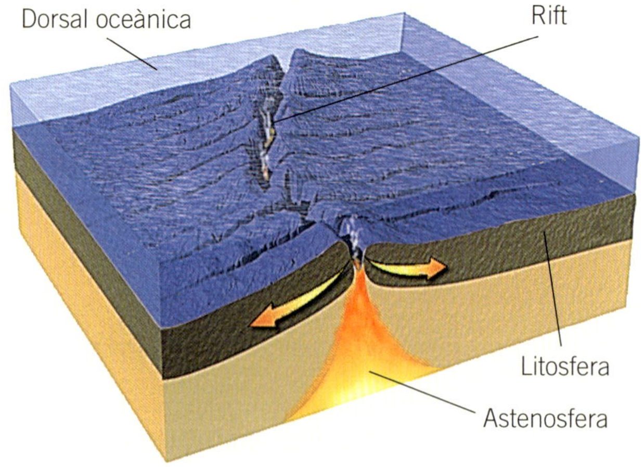

Les dorsals són grans serralades submarines amb una vall central o rift.

En totes dues estructures existeixen, a més de terratrèmols, erupcions volcàniques que acaben omplint l'espai que queda entre les dues plaques a mesura que se separen. Aquests magmes se solidifiquen i creen litosfera oceànica. En aquestes zones, els corrents de convecció de l'astenosfera provoquen l'ascens de material fluid que, quan arriba a poca profunditat i pressió, s'acaba fonent i forma grans bosses de magma just sota aquestes estructures, que són les responsables de l'activitat magmàtica.

Algunes dorsals oceàniques poden haver estat rifts continentals en una fase primerenca de trencament i separació de plaques.

5.2 Límits convergents

Són aquells en què hi ha compressió, és a dir, dues plaques tectòniques col·lideixen, arrossegades pels corrents de convecció convergents a l'astenosfera. Es destrueix placa tectònica. Segons com sigui la litosfera, es poden donar diferents situacions:

- **Col·lisió entre dues plaques oceàniques**. Es produeix subducció, és a dir, una de les dues plaques (la més vella) s'enfonsa sota l'altra, es fon i dóna lloc a magmes que poden ascendir i formar un arxipèlag d'illes volcàniques (**arc insular**). La zona que s'enfonsa, o zona de subducció, frega contra l'altra placa i l'astenosfera, i això origina terratrèmols que es concentren en una zona anomenada **pla de Benioff**.

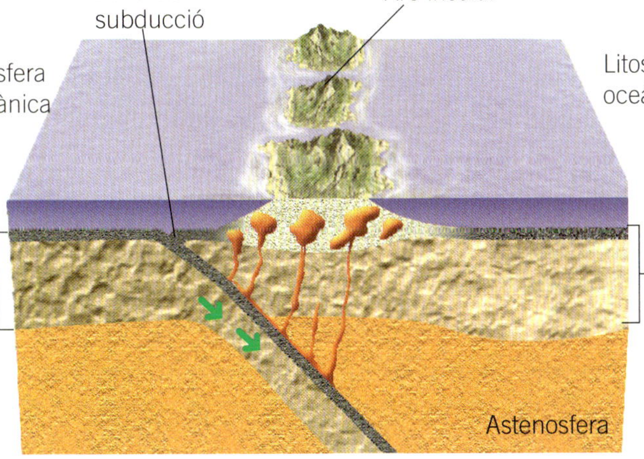

- **Col·lisió entre placa oceànica i continental**. Es produeix subducció de la placa oceànica, més densa, sota la continental. En la zona de subducció hi ha fusió i per tant es produeixen fenòmens magmàtics (roques plutòniques en profunditat i vulcanisme en superfície). Com que una de les dues plaques és continental, la seva col·lisió produeix el plegament i la deformació de les capes de roques sedimentàries i la formació de serralades, fenomen conegut com a **orogènesi**. Es registra una important sismicitat. Quan els terratrèmols tenen lloc al mar es poden originar tsunamis, igual que passa en la col·lisió entre dues plaques oceàniques.

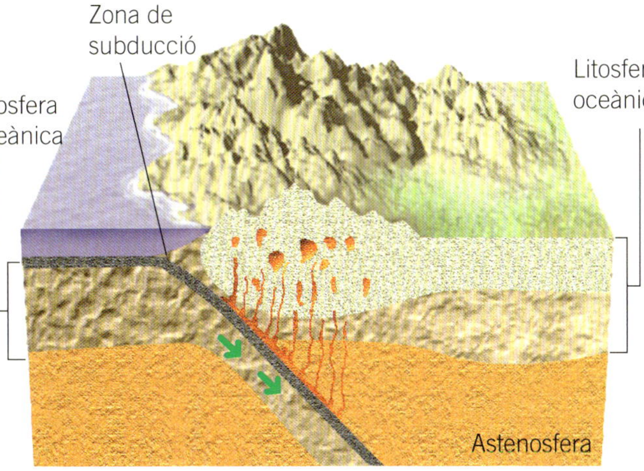

- **Col·lisió entre dues plaques continentals**. No hi ha subducció perquè la litosfera continental té una densitat massa baixa per enfonsar-se, i per tant no hi ha fenòmens volcànics. Hi ha sismicitat, com en tot límit de placa, i es pot produir **orogènesi**, tot i que en les serralades que es formin no es donaran fenòmens volcànics, a diferència de les serralades formades quan hi ha subducció. El resultat és la formació de cadenes muntanyoses com l'Himàlaia o els Pirineus.

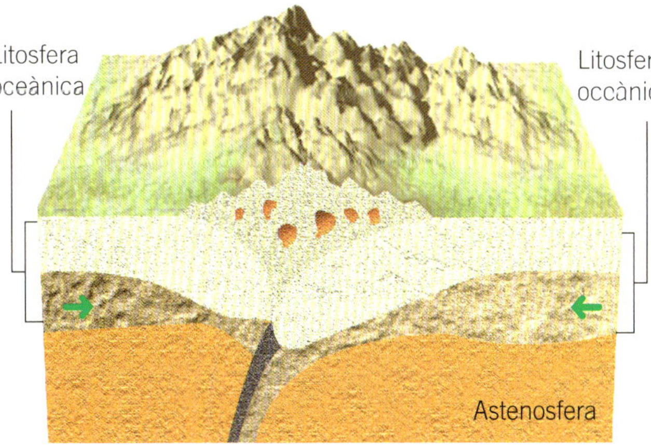

5.3 Límits conservants

Són aquells en què no hi ha construcció ni destrucció de placa. Això passa quan el moviment relatiu de les dues plaques en contacte és paral·lel. Formen unes estructures conegudes com a **falles transformants**. Les falles de transformació es caracteritzen pel seu moviment de cisallament. Aquest tipus de moviment genera molta fricció, cosa que dificulta un desplaçament suau i continu de les plaques. Quan les tensions acumulades són prou altes, se supera la força de fregament i les plaques avancen a batzegades. En cada un dels moviments bruscos, es genera una vibració del terreny que origina un terratrèmol. No hi ha orogènesi ni magmatisme, però sí una alta sismicitat a causa del fregament de les dues plaques. Es poden produir entre diferents tipus de litosfera.

ACTIVITATS

12 Quins fenòmens són comuns en tots els límits de placa?

13 Quina condició s'ha de complir sempre perquè es formi una serralada?

14 Quina situació provoca fenòmens magmàtics quan hi ha col·lisió?

15 Quin tipus de litosfera es forma en els límits divergents?

16 El famós terratrèmol de Lisboa de 1755 va provocar l'incendi de la capital portuguesa. Cerca en quin tipus de límit de placa es va originar, i si es va desencadenar un tsunami.

17 Observa aquest gràfic esquemàtic que representa el moviment de les plaques tectòniques i contesta les preguntes següents:

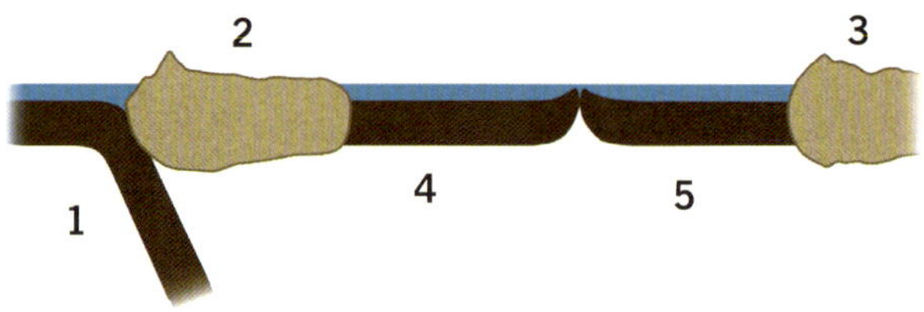

a) Identifica la litosfera oceànica i la litosfera continental.

b) Quines plaques es veuen implicades en una subducció? Quina s'enfonsa en l'astenosfera?

c) Quina forma de relleu constitueixen els elements 4 i 5 del gràfic?

d) On se situaria el pla de Benioff? Explica què és aquesta zona.

e) En alguna zona d'aquest esquema es podria localitzar un arc insular? Justifica la resposta.

f) Indica, amb fletxes, el moviment de les plaques tectòniques.

18 Identifica dos límits passius en el mapa de les plaques tectòniques de la pàgina 153. Quina és la naturalesa de les plaques en aquests límits?

6. La isostàsia

A més de moure's en sentit horitzontal, els continents tenen un cert moviment vertical: s'enfonsen i s'eleven sobre l'astenosfera.

Aquest moviment vertical és conseqüència de la diferent densitat dels materials que conformen la litosfera i l'astenosfera, de manera que els continents es comporten com si fossin blocs de fusta lleugers que suren sobre l'astenosfera, composta per materials més densos.

Per explicar aquest comportament, a finals del segle XIX es va definir la teoria de la isostàsia, que defensa que l'excés de massa que hi ha a les serralades ha de compensar-se amb un engruiximent de la capa litosfèrica situada a sota. Tal com es pot veure en el dibuix, totes les columnes han de pesar igual perquè es mantingui l'equilibri isostàtic.

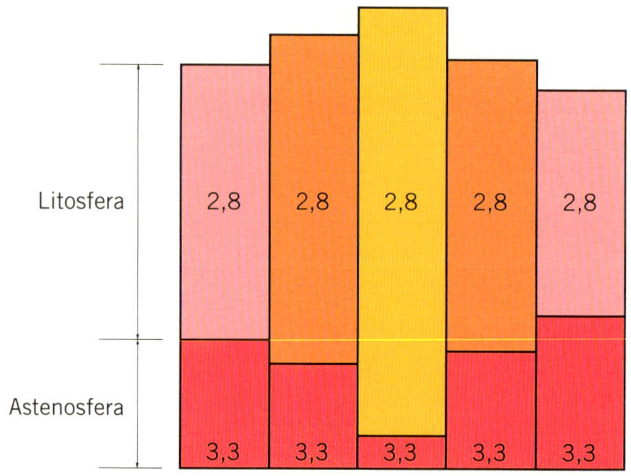

Quan aquest equilibri es trenca, per causes diverses com la formació d'una serralada, llargs períodes d'erosió o de sedimentació o la fusió d'un casquet de gel, la litosfera experimenta moviments verticals d'ascens o descens (subsidència) per recuperar aquest equilibri, anomenats **moviments isostàtics**.

Per tant, l'enfonsament que afecta una conca sedimentària a conseqüència de l'acumulació de sediments s'anomena **subsidència isostàtica**.

ACTIVITATS

19 Quin moviment vertical experimentarà una serralada a mesura que es vagi erosionant?

20 Quin moviment farà el fons marí a causa de l'acumulació de sediments? Com s'anomena, aquest moviment?

Comprova el que saps
Mapa conceptual

Simulació del magnetisme de l'escorça oceànica

Segueix els passos...

1. Reuneix el material necessari
   - Un imant gran
   - 20 agulles de cap
   - Fulls en blanc
   - Llapis de colors
   - Cinta adhesiva transparent
   - Brúixola

2. Magnetitza les agulles de cap.
   Alinea les puntes en la mateixa direcció i enganxa-les amb cinta adhesiva per formar un manat. Després frega el manat contra un dels extrems de l'imant, sempre en la mateixa direcció, unes 20 vegades.

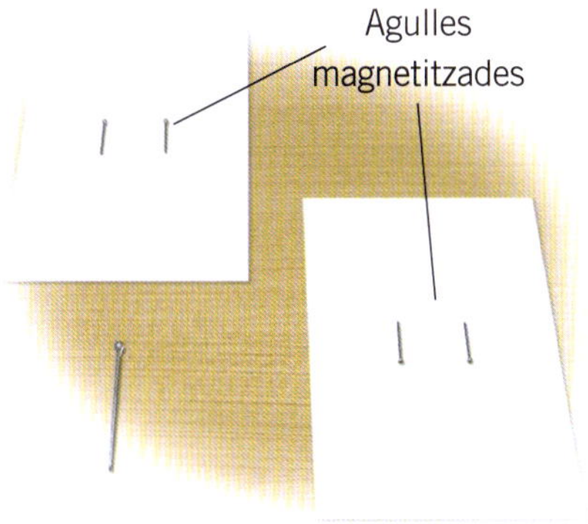

3. Comprova la direcció de les agulles magnetitzades.
   Deixa caure dues o tres agulles sobre un full de paper sota del qual has col·locat l'imant. Enganxa amb cinta adhesiva les agulles orientades i determina'n la direcció amb la brúixola.
   Fes la mateixa operació, ara invertint la direcció de l'imant. Observa que les agulles s'orienten en sentit contrari.

4. Enganxa dos fulls amb la cinta adhesiva.
   Dibuixa bandes alternes simètriques respecte de la unió dels dos fulls, unes més estretes que les altres, entre 5 cm i 8 cm d'ample, i pinta-les de diferents colors.

5. Col·loca la tira de paper pintada.
   Col·loca la tira de paper pintada, doblegada per la unió dels fulls, entre dues taules. Posa l'imant a sota d'una de les taules i una brúixola a sobre, tal com mostra la figura.

6. Comprova l'orientació de les agulles.
   Estira a poc a poc i alhora els extrems dels fulls, i deixa caure tres o quatre agulles cada vegada que aparegui una banda. Les agulles s'orientaran segons la polaritat de l'imant, que també has d'invertir de posició cada vegada que aparegui una banda de diferent color. Enganxa les agulles amb cinta adhesiva.

7. Determina la polaritat de cada banda.
   Una vegada que tota la tira ha sortit per la ranura entre les dues taules, treu l'imant i determina la polaritat de cada banda amb la brúixola. Anota els resultats.

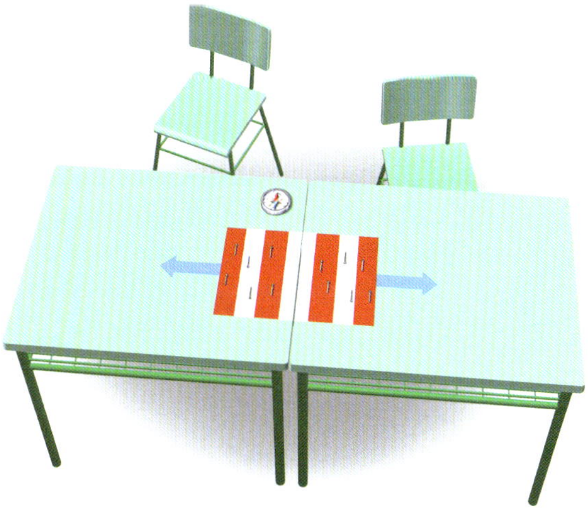

Analitza els resultats

a) Què fa de dorsal en aquest model? I de fons oceànic?

b) Què representen les agulles de cap?

c) Per què posem cinta adhesiva a les agulles?

d) Quines bandes seran més antigues i quines més modernes?

e) Quina evidència de la tectònica de plaques hem simulat en aquesta pràctica?

ACTIVITATS

1. Per què els minerals de ferro de basalts solidificats no canvien l'orientació de la seva polarització cada cop que el pol magnètic terrestre s'inverteix?
2. Per què unes bandes són més estretes i unes altres més amples?

ACTIVITAT FINAL

ENTRE DUES PLAQUES

L'illa d'Islàndia es troba situada enmig de l'oceà Atlàntic i té un origen volcànic. A Islàndia, avui dia, el vulcanisme és ben viu i s'estén de nord a sud de l'illa.

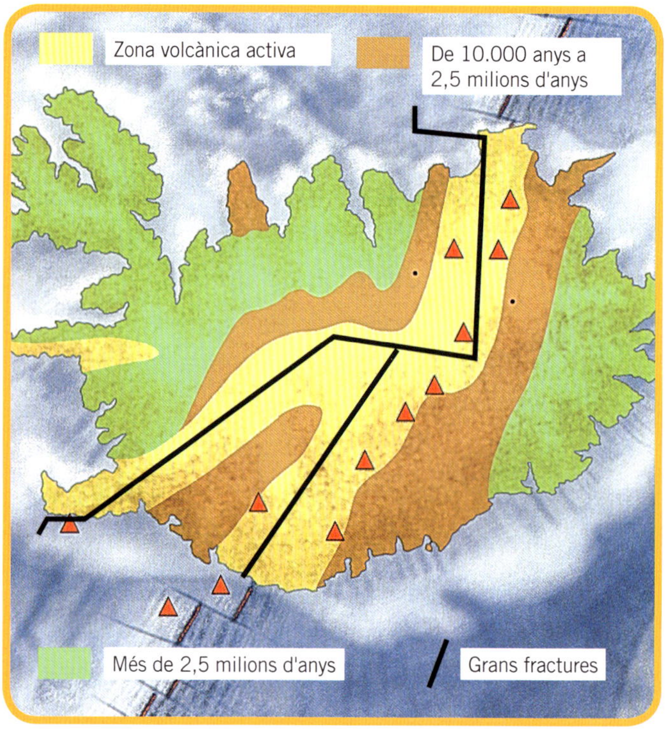

ACTIVITATS

1. L'any 2010, el volcà Eyjafjallajökull va entrar en erupció a Islàndia. L'erupció va provocar una important emissió de cendres i el caos en la circulació aèria al nord d'Europa. Revisa el mapa de tectònica de plaques i indica les causes d'aquesta i altres erupcions en aquest país.
2. Quina gran estructura geològica travessa l'illa? A quin tipus de marge de placa correspon?
3. Indica en el mapa d'Islàndia on hi ha una falla transformant.
4. Quina part de l'illa és més jove? Quina part és més vella? Raona per què és així.
5. Hi ha possibilitats que es produeixi sismicitat en aquesta zona? I fenòmens orogènics? Digues per què.
6. La fotografia mostra una gran falla que passa pel mig dels materials volcànics. Explica quin tipus de falles deuen predominar, normals o inverses.
7. Quines prediccions es podrien fer sobre el futur d'aquesta illa? Podem esperar que la seva superfície augmenti o que disminueixi? Raona-ho.
8. Fa uns 11.000 anys que va finalitzar la darrera era glacial, amb la fusió del casquet de gel que cobria el nord d'Europa. Això ha afectat els lents moviments verticals de l'illa. Dóna una hipòtesi per explicar aquests moviments isostàtics.

Gran falla a Islàndia

Autoavaluació

REVISTA DE CIÈNCIA

The Big One, el gran terratrèmol

Califòrnia és un estat nord-americà famós per ciutats com Los Angeles o San Francisco. Ara bé, per als geòlegs, la notorietat està determinada per la falla de San Andrés, una profunda falla de més de 1.300 km de longitud que travessa l'estat de nord a sud i que dibuixa el límit entre la placa del Pacífic i la nord-americana.

Més enllà de la singularitat, aquest fet marca el destí de moltes de les persones que viuen en aquest territori, perquè és una falla molt activa, i les tensions que s'hi acumulen provoquen forts terratrèmols amb períodes de recurrència d'uns 150 anys a la secció nord de la falla, i 100 anys a la del sud . Això vol dir que prop de San Francisco i a la zona de Los Angeles, cal esperar un gran terratrèmol cada 150 i 100 anys, respectivament.

El que preocupa els geòlegs és que a la secció sud de la falla fa més de 300 anys que no es produeix cap gran terratrèmol i això, encara que sembli contradictori, no és una bona notícia. La raó cal buscar-la en el fet que les tensions que es generen en les roques s'acumulen a les falles fins al moment en què aquestes es trenquen o es mouen. Com més temps faci que s'acumulen tensions, més gran cal esperar que sigui l'energia alliberada.

Les estimacions fetes pels geòlegs preveuen un gran terratrèmol a Los Angeles de magnitud superior a 7 graus a l'escala de Richter, sisme que podria ocasionar milers de morts, ferits i danys materials superiors als 200.000 milions de dòlars. Fins i tot, alguns geòlegs han estimat en un 99,9 % la probabilitat que, en un marge de tres anys, es declari un terratrèmol superior a 6 graus. Aquestes conclusions les han obtingut després d'estudiar un petit sisme que va tenir lloc l'any 2014, al nord de Los Angeles.

No és estrany que Hollywood hagi aprofitat l'avinentesa per rodar una pel·lícula sobre un devastador terratrèmol que anihila Califòrnia. Encara que es tracti d'una pel·lícula de ficció, pot servir per recordar als habitants que cal que es mantinguin preparats davant el risc.

Vista nocturna de la ciutat de Los Angeles, Califòrnia

COMPRENSIÓ LECTORA I REFLEXIÓ

1. Quina relació hi ha entre els terratrèmols que puguin succeir a Los Angeles i San Francisco i la tectònica de plaques?
2. Què és el període de recurrència?
3. Per què no és bo que en zones on s'acumula molta tensió a les falles no es produeixin terratrèmols sovint?
4. Per què els danys que pot ocasionar un terratrèmol amb epicentre proper a Los Angeles serien molt més elevats que si succeís, per exemple, al desert del Colorado?
5. Fes una llista dels danys que pot ocasionar un terratrèmol en una ciutat com Los Angeles.

UNITAT 8

L'EDAT DE LA TERRA

Fins al segle XIX es creia que la Terra, i amb ella el sistema solar i tot l'Univers, havien estat creats feia uns 6.000 anys. Aquesta afirmació es recolzava en càlculs realitzats a partir de les dades de la Bíblia. Actualment, els científics estan d'acord a assignar a la Terra una antiguitat d'uns 4.600 milions d'anys. En dos segles, s'han multiplicat per prop de 800.000 les primeres estimacions sobre el seu origen.

- Com creus que els científics poden calcular l'edat del planeta Terra? De quines dades disposen per fer-ho?

El paisatge que veiem al nostre voltant ha estat testimoni de molts canvis al llarg de la història del planeta.

- Podem reconstruir la història geològica d'un territori a partir de la seva conformació actual? Podem saber com era fa milions d'anys?

Foto: Formacions rocoses anomenades Hoodoos *a Arizona, EUA.*

EN AQUESTA UNITAT APRENDRÀS...

1 Com es van originar l'Univers, el sistema solar i la Terra.

2 Com podem saber l'edat de les roques.

3 Quina informació ens aporten les roques sedimentàries sobre la història de la Terra.

4 Quines dades ens revelen els fòssils sobre la Terra primitiva.

5 Quina ha estat la història geològica de Catalunya.

I SERÀS CAPAÇ DE...

- Interpretar gràfiques de desintegració radioactiva per datar les roques.
- Relacionar la presència de fòssils amb l'edat de les roques que els contenen i amb les condicions ambientals en què van viure.
- Interpretar perfils geològics i columnes estratigràfiques.
- Relacionar un paisatge amb la seva història geològica.

1. L'origen de l'Univers

Els científics estimen que l'antiguitat de l'Univers és d'uns 13.800 milions d'anys. Saps com es van originar l'Univers, el sistema solar i la Terra?

Compreneu un text

Llegeix el text i ordeneu els esdeveniments de les primeres etapes de l'Univers al fris cronològic del dibuix.

La teoria de la relativitat general d'Einstein implica que l'Univers s'hauria iniciat a una temperatura i densitat infinites amb una gran explosió inicial, batejada com a *Big Bang*. A mesura que l'Univers s'expandia, la seva temperatura aniria disminuint gradualment. Aproximadament una centèsima de segon després de la gran explosió, la temperatura hauria estat d'uns 100.000 milions de graus i el contingut de l'Univers serien, en bona part, fotons, electrons i neutrins (partícules extremament lleugeres) i les seves antipartícules, juntament amb alguns protons i neutrons. Durant els tres minuts següents, a causa d'un refredament gradual, l'Univers assoliria mil milions de graus, i els protons i els neutrons haurien començat a combinar-se formant nuclis d'heli, hidrogen i altres elements lleugers. Centenars de milers d'anys després, quan la temperatura era d'uns pocs milers de graus, els electrons haurien pogut ser capturats per aquests nuclis lleugers, i haurien format àtoms. No obstant això, els elements pesants dels quals estem formats, com ara el carboni i l'oxigen, no es constituirien fins mil milions d'anys més tard, gràcies a reaccions nuclears a l'interior dels estels.

Adaptat de Stephen Hawking, *L'Univers en una closca de nou*

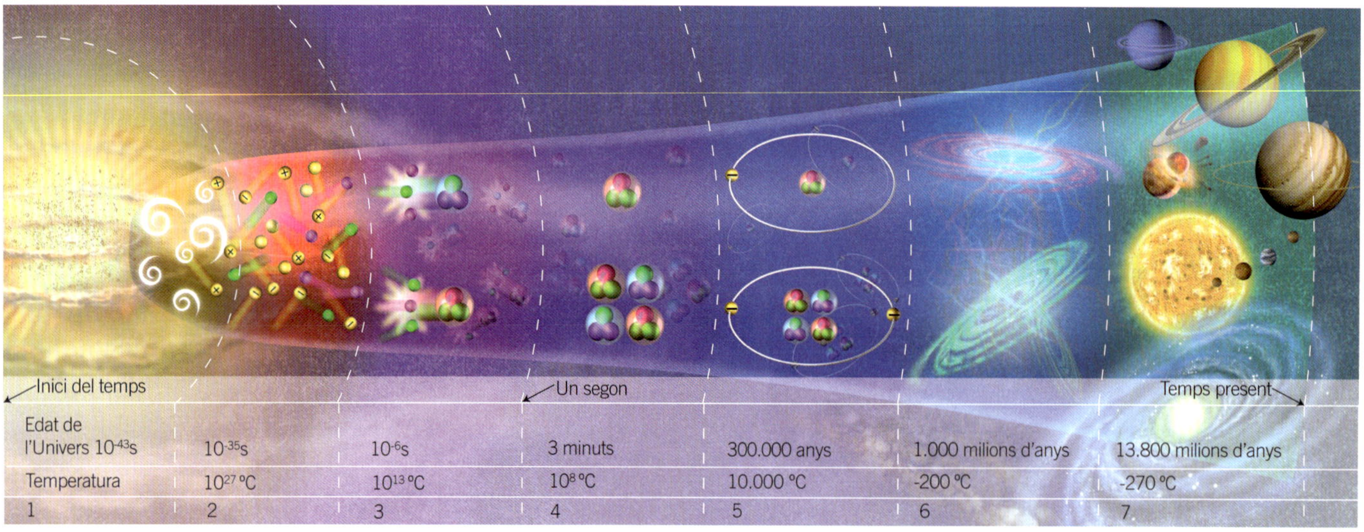

- Els protons i neutrons es combinen i donen lloc a nuclis lleugers, com heli i hidrogen.
- L'energia es condensa per constituir electrons i altres partícules lleugeres.
- El cosmos pateix una inflació extremament ràpida, passant de la mida d'un àtom a la de pocs centímetres.
- Les partícules s'associen i donen lloc a neutrons i protons.
- Els primers estels inicien al seu interior la síntesi d'elements pesants que alliberen al cosmos i que seran l'inici de futurs planetes i estrelles.
- Els nuclis lleugers capturen electrons i formen els primers àtoms d'hidrogen i heli.
- La gravetat fa que l'hidrogen i l'heli s'agrupin i originin les primeres galàxies.

1.1 El sistema solar

L'hidrogen i l'heli, atrets entre ells per la força de la gravetat, es van associar i van formar galàxies, dins de les quals aquests elements es van condensar i van donar lloc a estrelles. La **teoria planetesimal** intenta explicar el procés de formació dels estels i els seus sistemes planetaris que fa 4.600 milions d'anys va originar el Sol i els planetes que l'envolten.

Unitat astronòmica: unitat de distància que equival a la distància mitjana de la Terra al Sol (149.597.871 km).

Observeu i deduïu

Observeu el procés de formació del sistema solar:

A partir de la descripció anterior de la formació del sistema solar, intenteu raonar quina explicació dóna la teoria planetesimal als fets següents:

- La rotació del Sol i la translació dels planetes s'efectuen en el mateix sentit.
- Els planetes giren en òrbites gairebé circulars en el mateix pla.
- Els planetes interiors estan compostos per materials més densos, mentre que els més allunyats són més lleugers i gasosos.
- Els planetes presenten impactes antics de meteorits.
- L'edat calculada per als diferents planetes, asteroides i satèl·lits del sistema solar coincideix.

ACTIVITATS

1. Quina diferència hi ha entre *planetesimal* i *protoplaneta*?
2. Els planetes que formen el sistema solar estan constituïts, en part, per àtoms pesants. Tenint en compte aquesta dada, d'on provenen els materials amb què es va formar el sistema solar?

1.2 La Terra

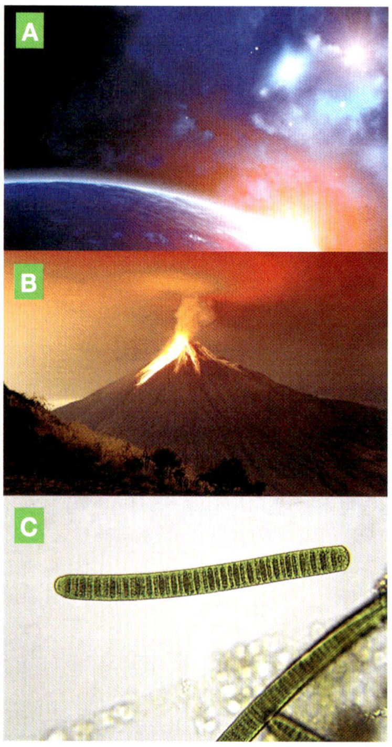

Feu una cerca i responeu

Llegiu els textos i contesteu les preguntes després de cercar la informació precisa:

A Un cop format, el planeta Terra presentava una atmosfera composta pels gasos que originalment formaven part de la nebulosa planetària. Aquesta atmosfera era molt semblant a la que envolta els planetes exteriors actualment.

B Les altíssimes temperatures terrestres i el vent solar van fer desaparèixer aquesta atmosfera. A mesura que el planeta s'anava refredant i els materials més densos anaven dirigint-se cap a l'interior, l'activitat volcànica va alliberar gasos que, atrapats per la gravetat, van donar lloc a una segona atmosfera.

C La condensació de l'aigua atmosfèrica originarà els oceans, i en ells apareixerà la vida. Els organismes fotosintètics transformaran l'atmosfera a partir de les seves reaccions metabòliques.

a | Quins gasos formaven l'atmosfera primitiva?

b | Quins són els principals gasos expulsats pels volcans? Com seria, doncs, aquesta segona atmosfera?

c | Quin gas prenen de l'atmosfera els organismes per produir matèria orgànica? Quin alliberen? Quina és la composició actual de l'atmosfera?

d | Un cop hàgiu obtingut la informació, descriviu com ha anat canviant la composició de l'atmosfera terrestre al llarg de la seva història.

Interpreteu un esquema

L'esquema següent mostra la hipòtesi actual que explica la formació de la Lluna durant les fases primerenques de la història del nostre planeta.

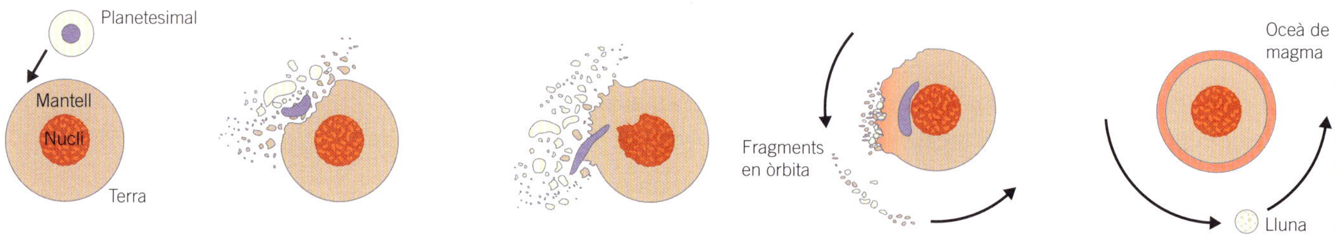

Aproximació d'un planetesimal — Impacte inicial — Fragmentació del planetesimal i pèrdua d'elements volàtils — Acreció i modificació del nucli de la Terra — Acreció de la Lluna

a | Quin fenomen seria el responsable de la formació de la Lluna?

b | Què succeeix amb el nucli del planetesimal un cop ha impactat contra la Terra? Quina seria la procedència del material que constitueix actualment la Lluna?

c | Redacteu un text que expliqui aquesta teoria.

ACTIVITATS

3 Fes una cerca d'informació sobre la composició atmosfèrica als altres planetes interiors del sistema solar i compara-la amb la de la Terra. Quin ha estat el factor fonamental de diferenciació de la nostra atmosfera?

Activitats interactives
Activitat de síntesi

2. La mesura del temps geològic

Per reconstruir la història geològica cal ordenar cronològicament els esdeveniments que s'han produït sobre el territori. Però, com podem saber l'edat de les roques?

2.1 L'actualisme

Conèixer la història de la Terra implica ser capaços d'interpretar les empremtes que els diferents processos deixen sobre el territori, com ara les marques d'erosió, les falles, els materials volcànics o la forma de les valls. Per fer-ho, és important entendre el ritme al qual aquests processos tenen lloc: és el que anomenem **principi d'actualisme**.

Charles Lyell (1797-1875) va ser un geòleg escocès. En contra de les teories que afirmaven que els processos geològics estaven determinats per la successió d'episodis catastròfics, va proposar una interpretació segons la qual els processos geològics s'explicaven a partir dels mateixos processos observables en l'actualitat que haurien actuat durant llargs períodes de temps.

L'obra de Lyell va influenciar molt un altre gran científic del segle XIX. Saps quin?

Compreneu un text

La fotografia mostra el Gran Canyó del riu Colorado a Arizona, als Estats Units. En determinats trams pot arribar a tenir una fondària de 1.600 metres.

Llegiu el text següent, relacionant-ne el contingut amb la fotografia, i responeu a les preguntes.

Quan es miren d'explicar els fenòmens geològics, sempre ens hem desviat cap al costat erroni; sempre hi ha hagut una disposició a acceptar d'entrada l'extraordinària violència i rapidesa dels canvis, tant a l'escorça inorgànica de la Terra com als elements orgànics, en comptes d'intentar fer encaixar les teories amb el funcionament ordinari de la natura.

Charles Lyell

a | Quin agent geològic creieu que és el responsable de la formació d'aquest canyó?

b | Com explicaríeu, segons el principi d'actualisme, la formació del Gran Canyó del riu Colorado?

c | Si l'acció del riu, tal com proposa Lyell, ha estat uniforme al llarg del temps i descartem l'existència de qualsevol episodi catastròfic, què podeu concloure pel que respecte a l'antiguitat del Gran Canyó? Justifiqueu la resposta.

d | A l'època de Lyell, a inicis del segle XIX, i seguint les dades de la Bíblia, es creia que la Terra havia estat creada, exactament, l'any 4004 aC. Seria compatible aquesta data cronològica amb una visió actualista dels processos geològics? Per què?

2.2 La datació absoluta

Les tècniques de **datació absoluta** ens permeten assignar l'edat a una roca basant-nos en el procés de desintegració dels elements radioactius que conté. Una de les més utilitzades en geologia és la datació radiomètrica.

Radioactivitat: fenomen que consisteix en l'emissió de radiacions i/o partícules procedents de la desintegració de nuclis d'elements inestables que queden així transformats en un altre element.

Interpreteu un gràfic

Les roques presenten a la seva composició elements radioactius. Aquests elements, o elements pares, són inestables i es transformen en d'altres de més estables, els elements fills, a un ritme constant. Anomenem **vida mitjana o període de semidesintegració** el temps que triga una mostra d'element pare a desintegrar la meitat dels seus àtoms, que passen a ser àtoms de l'element fill.

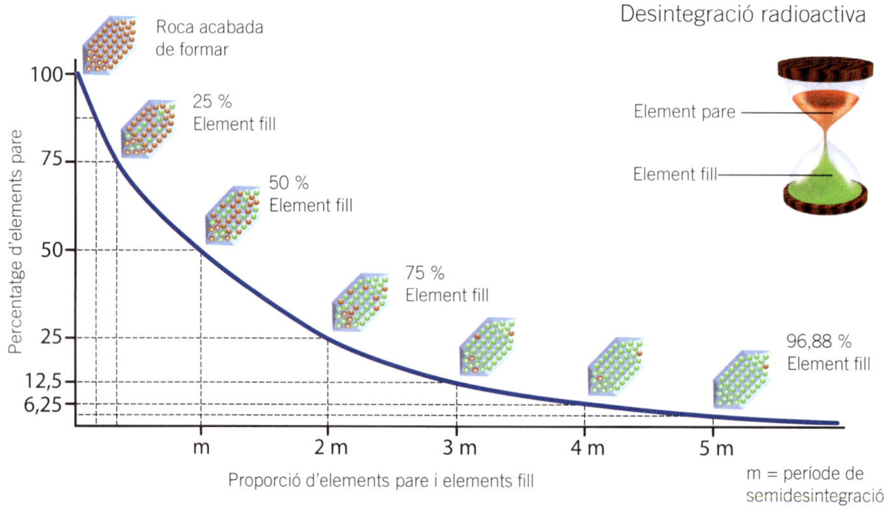

Biotita: grup de minerals que es troba en moltes roques ígnies, com el granit, i metamòrfiques. Es caracteritza per formar cristalls que es trenquen en làmines fines i flexibles.

L'àtom de potassi 40 es desintegra amb el temps i origina argó 40. Se sap que el seu període de semidesintegració és de 1.250 Ma.

a | Disposem d'una mostra de granit que presenta a la seva biotita un 25% de potassi 40 i un 75% d'argó 40. Podríeu dir, consultant la gràfica, quina és l'edat d'aquesta roca?

b | Per a una roca datada a partir del mètode de l'urani 235 / plom 207 s'ha establert una edat de 2.100 Ma. Si sabem que la vida mitjana de l'urani 235 és de 700 Ma, quins serien els percentatges de cadascun dels elements a la mostra?

c | Per datar materials orgànics s'utilitza la mateixa tècnica, però en aquests casos es fa servir el parell carboni 14 i nitrogen 14, que té un període de semidesintegració de 5.730 anys. Podríeu datar el granit anterior fent servir aquests isòtops? Per què?

Les roques més antigues que s'han pogut identificar a la Terra es troben a Nuvvuagittuq, al Canadà. Es tracta de roques d'origen volcànic que es van solidificar fa 4.280 milions d'anys.

Per què, si la Terra es va formar fa uns 4.500 milions d'anys, no podem trobar roques d'aquesta edat?

ACTIVITATS

4. Què entenem, en datació radiomètrica, per *element pare* i per *element fill*? Posa'n un parell d'exemples.
5. Busca informació i explica quina diferència hi ha entre els conceptes *datació absoluta* i *datació relativa*.

Activitats interactives
Activitat de síntesi

3. L'estratigrafia

L'**estratigrafia** és la branca de la geologia que estudia i interpreta els estrats, o capes en què es dipositen els materials en les roques sedimentàries. Quina informació ens aporten en les roques sedimentàries sobre la història de la Terra?

3.1 Els principis de l'estratigrafia

Experimenteu

Realitzeu l'experiment següent per descobrir els principis fonamentals de l'estratigrafia:

1. En un got amb aigua, afegiu uns quants trossets de fang de modelar i remeneu per preparar una suspensió de fang. Aboqueu aquesta suspensió en una gerra gran transparent de boca ampla i deixeu-la reposar un dia.
2. L'endemà, afegiu a un got amb aigua tres barres de guix triturades finament, remeneu perquè quedin en suspensió i aboqueu lentament el contingut del got a la gerra.
3. El dia següent, prepareu una suspensió de sorra de platja en un got amb aigua i afegiu-la a la gerra amb molta cura. Deixeu-ho reposar.

a | Feu un dibuix del resultat.

b | En quina disposició han quedat els materials (horitzontals, inclinats, verticals...)?

c | En quina posició han quedat els materials més antics (el fang) respecte a d'altres de més moderns (el guix)?

d | Els dos principis fonamentals de l'estratigrafia són el **d'horitzontalitat original** dels estrats i el **de superposició** dels estrats. Descriviu com creieu que han actuat aquests principis en el vostre experiment.

e | Consulteu el web i assenyaleu al vostre dibuix el **sostre** i el **mur** de cadascun dels estrats aconseguits en l'experiència. Què succeeix entre el sostre de l'estrat de fang i el mur de l'estrat de guix?

f | Mesureu amb un regle la potència de cadascun dels estrats i anoteu-la al dibuix.

g | Després de fer l'experiment, descriviu com es formen els estrats a partir del dipòsit dels sediments.

Interpreteu una fotografia

Aquesta és una fotografia d'un territori sedimentari a Salta (Argentina), la Quebrada de las Conchas. Les fletxes marquen els límits on hi ha canvi d'estrat.

a | Com estan disposats els estrats?

b | Quin dels tres estrats indicats (A, B o C) és el més antic ? Quin és el més modern? Per què?

c | Quin dels tres estrats presenta una potència més gran?

d | En quina posició es troben el mur i el sostre en cadascun d'ells?

e | En vista de les característiques dels estrats (color, potència...), podem afirmar que les condicions del territori al llarg del període de sedimentació es van mantenir constants? Per què?

Observeu i interpreteu

De vegades, els plecs o les falles alteren l'horitzontalitat de les capes, de manera que els estrats adopten posicions verticals o, fins i tot, invertides. Per conèixer l'orientació dels i poder-los ordenar per edats estrats en aquestes situacions es poden aplicar altres criteris com el de la **granoselecció** o el de les **esquerdes de dessecació**. Fixeu-vos en els esquemes següents:

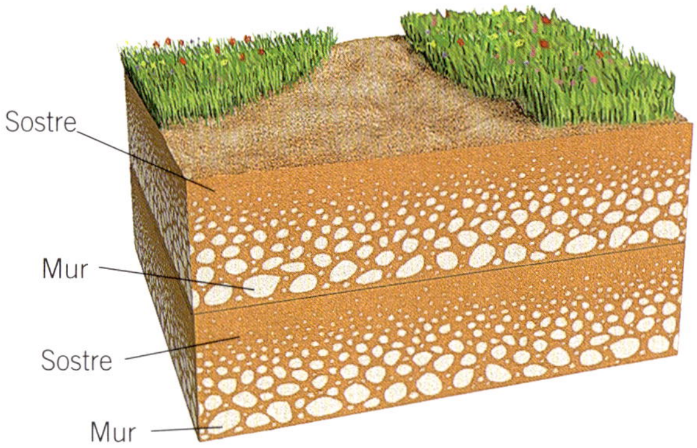

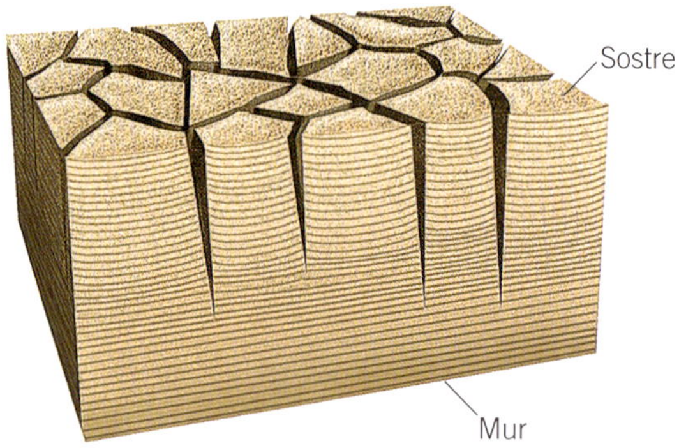

a | A quin esquema creieu que correspon el criteri de granoselecció? I el de les esquerdes de dessecació? Per què?

b | Observeu el primer esquema i fixeu-vos com es distribueix la grandària dels materials en els estrats d'origen sedimentari. En estrats que han canviat la seva orientació, com creieu que podem identificar el sostre i el mur?

c | Fixeu-vos ara en la forma que adopten les esquerdes en estrats argilosos. En aquest cas, com identificaríeu el sostre i el mur d'un estrat argilós que ha canviat la seva orientació inicial?

Observeu i deduïu

Observeu les fotografies següents:

a | Fixeu-vos en la primera fotografia. Què és més antic, la formació dels estrats o el seu plegament?

b | La roca A forma part d'un estrat. Què es va formar abans, la roca o l'estrat? Per què?

c | Si en dues localitats diferents trobem dos estrats que contenen el mateix tipus de fòssils, quina conclusió podem treure sobre la seva edat geològica?

d | Consulteu l'enllaç sobre els principis de l'estratigrafia i digueu quin principi exemplifica cadascuna de les tres fotografies.

ACTIVITATS

6. Què vol dir la *potència* d'un estrat?
7. Un estrat normal té el mur a baix i el sostre a dalt, mentre que un estrat invertit els presenta a l'inrevés. Quins criteris podem aplicar per determinar la posició del mur i el sostre d'un estrat?
8. Fes una llista dels principis de l'estratigrafia que has après en aquest apartat.

3.2 Els talls geològics i les columnes estratigràfiques

Per representar sobre un mapa la distribució de les estructures geològiques i dels materials, tant en superfície com en profunditat, es fan servir els **talls geològics** i les **columnes estratigràfiques**.

Interpreteu els esquemes

Observeu el següent tall geològic i la columna estratigràfica associada i responeu a les preguntes.

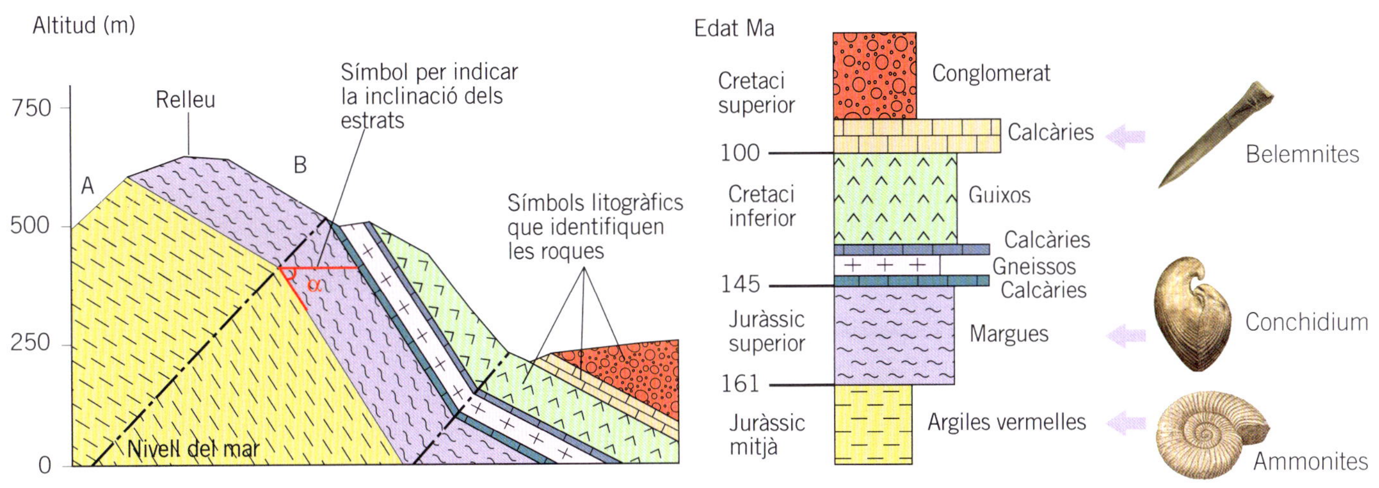

a | Si en aquest territori pugeu al cim del turó, quin tipus de roca estareu trepitjant? Consulteu la simbologia litològica a la columna estratigràfica.

b | Quines roques afloren a la superfície en el vessant on hi ha situada la lletra A? I quines es troben a la lletra B?

c | Al tall geològic, els estrats estan disposats horitzontalment? Quina en pot ser la causa?

d | Què creieu que ens indiquen les dues línies discontínues negres del tall geològic?

e | Quin és l'estrat més antic de la sèrie? I el més modern? Quines són les seves edats?

f | Quin dels estrats té més potència?

g | Si volguéssim obtenir mostres d'ammonites per fer un estudi, a quina zona del territori ens hauríem de situar? Per què?

h | Quina informació ens aporta el tall geològic que no trobem a la columna estratigràfica? I la columna estratigràfica, què ens diu que no reveli el tall geològic?

ACTIVITATS

9 Els talls geològics i les columnes estratigràfiques formen part dels mapes geològics. Entra al web de l'Institut Cartogràfic i Geològic de Catalunya. A l'apartat *Aprèn a interpretar un mapa geològic* trobaràs informació addicional sobre aquest tema.

a) Quines són les tres etapes bàsiques per a la confecció del mapa geològic d'un territori?

b) Quins són els elements bàsics dels mapes geològics? Enumera'ls i descriu-los.

Simbologia litològica: els símbols litològics són un conjunt de colors, indicatius de l'edat i el tipus de roques, als quals se superposen dibuixos de textures que concreten la seva estructura i composició.

3.3 Reconstrucció de la història geològica

Els diferents principis estratigràfics estudiats proporcionen les eines necessàries per reconstruir la història geològica d'un territori.

Interpreteu i concloeu

Les tres imatges següents presenten diferents etapes en l'evolució d'un territori:

1
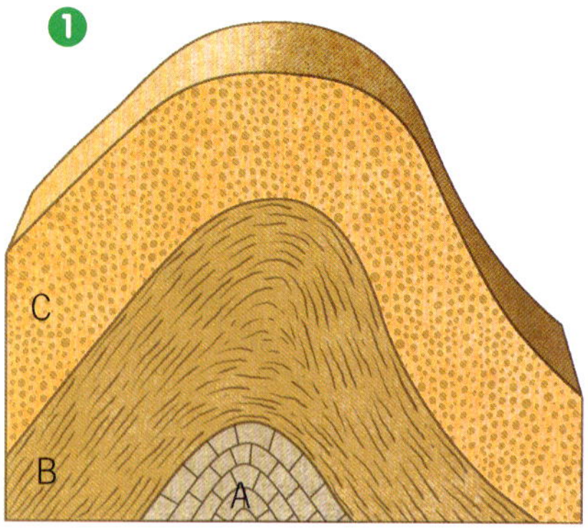

2
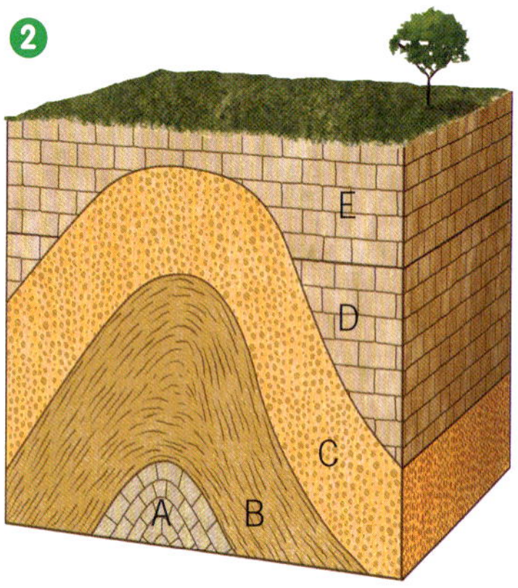

3
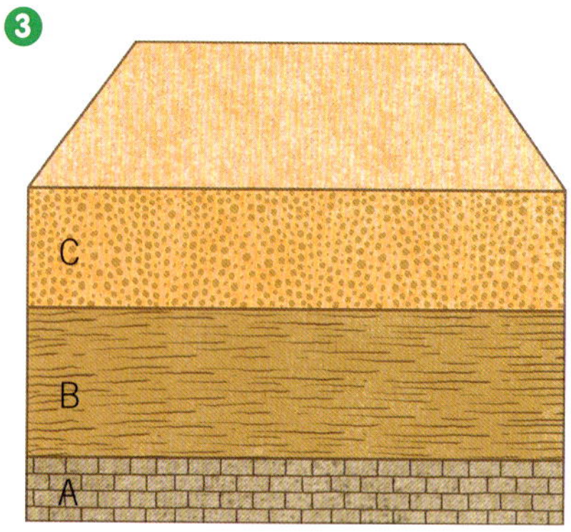

a | Ordeneu les imatges cronològicament.

b | Expliqueu pas a pas la història geològica d'aquest indret, indicant els processos que tenen lloc a cada etapa. Digueu quin dels principis de l'estratigrafia ens permet saber l'edat relativa de cadascun dels estrats.

Ordeneu cronològicament

Els esdeveniments geològics següents no estan ordenats cronològicament:

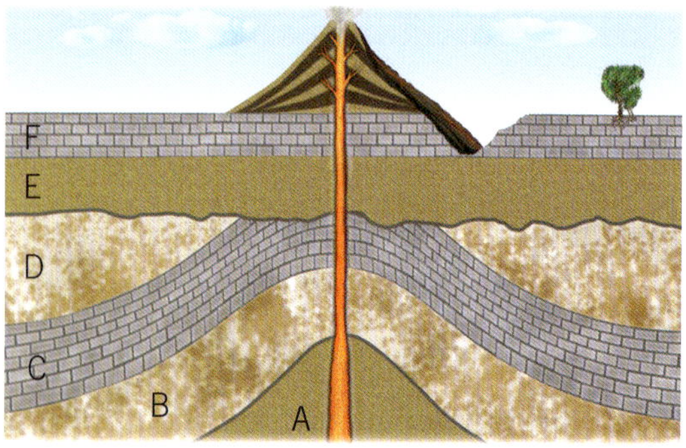

- Els estrats D i C són erosionats parcialment.
- Una massa de magma ascendeix des de l'interior terrestre i travessa els estrats fins arribar a la superfície.
- Es dipositen els materials E i F en aquest ordre.
- Els estrats A, B, C i D es pleguen.
- Es crea una discontinuïtat entre els estrats D i E.
- Es dipositen els materials A, B, C i D, en aquest ordre.
- Les repetides erupcions formen un volcà.
- Els materials de l'estrat F s'erosionen parcialment.

a | Fixeu-vos en el tall geològic de l'esquema i ordeneu els esdeveniments anteriors de més antic a més recent.

b | Enumereu els principis estratigràfics que heu utilitzat.

ACTIVITATS

10. Com sabem si un estrat està erosionat?
11. Les fases d'erosió estan associades, normalment, a episodis en els quals el territori estava emergit, mentre que les de formació d'estrats correspondrien a moments en els quals estava submergit. Per què passa això?

Activitats interactives
Activitat de síntesi

4. El fòssil com a eina de datació

Qualsevol resta d'un ésser viu, o de la seva activitat, conservada en la roca o en un altre medi es considera un fòssil. Quines dades ens revelen els fòssils sobre la Terra primitiva?

Observeu i deduïu

Fixeu-vos en els fòssils següents:

Trilobits

Ous de dinosaure

Copròlit (excrement fòssil)

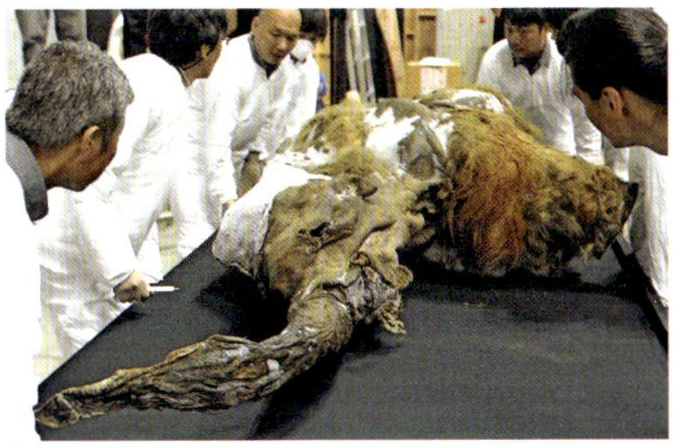
Mamut conservat en gel

Icnites (petjades fòssils) de dinosaure

Insecte en ambre

a | Classifiqueu els fòssils de les fotografies en dos grups: aquells que corresponen a l'ésser viu i aquells que són restes de la seva activitat.

b | Trieu dos dels fòssils anteriors i expliqueu quina informació ens aporten sobre el lloc on es van trobar.

Interpreteu un esquema

Observeu l'esquema i expliqueu de quina manera han pogut arribar a fossilitzar-se aquests organismes.

a | Intenteu descriure el **procés de fossilització** d'un organisme a partir de l'esquema.

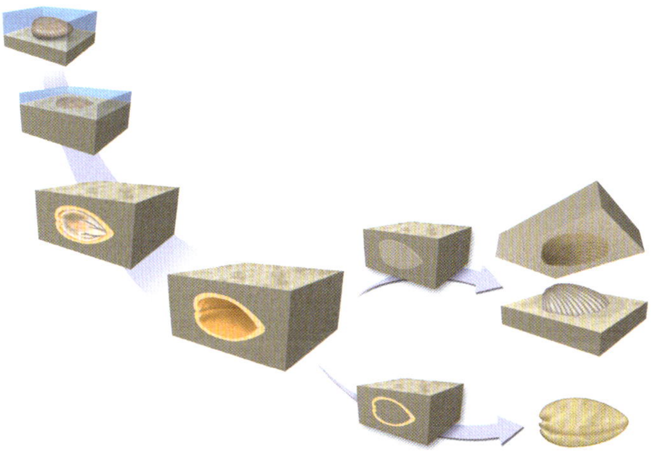

b | Què signifiquen les dues vies de conservació que es mostren? Podeu consultar el web per informar-vos-en.

Els ammonits van ser un grup de cefalòpodes amb conquilla força abundant als oceans de l'era Mesozoica. En l'actualitat són alguns dels fòssils més comuns.

Què mostra la fotografia, el motlle intern del fòssil o l'extern?

4.1 Informació que podem deduir d'un fòssil

L'estudi d'un fòssil ens pot aportar informació sobre l'època i les condicions ambientals en què es va formar el fòssil i la roca que el conté, així com sobre els tipus d'organismes que vivien en el passat, el seu comportament i la seva fisiologia.

Interpreteu un gràfic

Els trilobits són un grup extint d'artròpodes que es va originar a començament del Cambrià i va cobrir tota l'era Paleozoica. Els darrers representants se situen a final del Permià.

Aquest gràfic mostra la distribució temporal dels diferents ordres de trilobits.

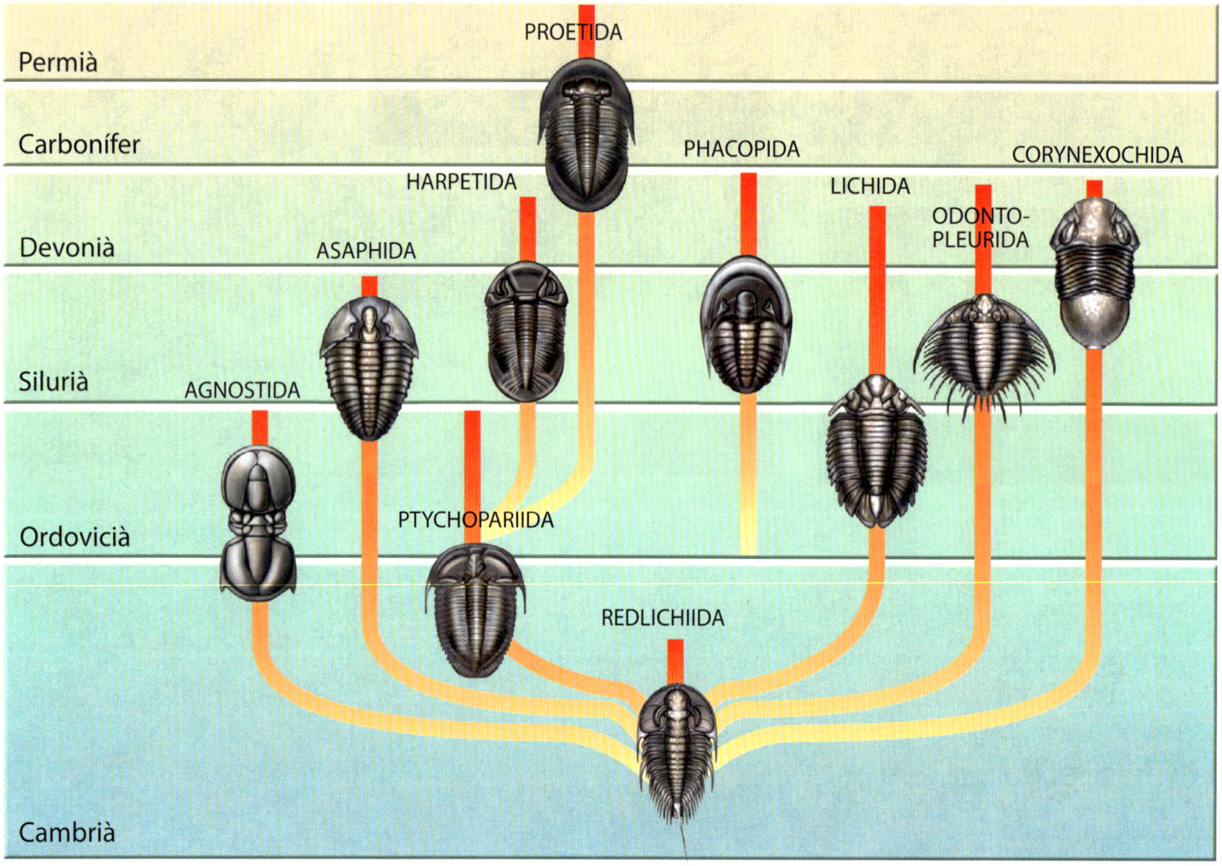

a | Quin és l'ordre més antic conegut dels trilobits? I l'últim a extingir-se?

b | Quin dels ordres s'origina a començament de l'Ordovicià? Quan desapareix?

c | Observa les següents mostres de roca i feu una datació aproximada de cadascuna d'elles a partir de la taula de distribució temporal dels trilobits.

Observeu i deduïu

La fotografia del marge mostra un niu de dinosaures trobat a Coll de Nargó, a l'Alt Urgell. Se sap que són ous de dinosaure per l'estudi de les restes d'embrions conservades al seu interior. En alguns casos, a poca distància dels nius fòssils s'han trobat restes d'individus adults de la mateixa espècie. Fins i tot, de vegades, a l'interior dels nius han aparegut les restes d'individus joves.

Quines conclusions permeten extreure aquestes troballes respecte als hàbits de cria d'aquesta espècie de dinosaures?

La posta d'ous de dinosaure al jaciment de Pinyes, a Coll de Nargó, és la més gran trobada a Europa.

Observeu i deduïu

Una de les disciplines més importants en la reconstrucció de la vegetació d'un territori en èpoques passades és la **palinologia**, l'estudi de les espores i els grans de pol·len fòssils. Els grans de pol·len es poden identificar a causa de la seva gran diversitat morfològica. Aquests grans es dipositen sobre els sediments. Mitjançant sondejos és possible estudiar-ne el tipus i la quantitat en diferents èpoques. Això permet interpretar la vegetació existent.

a | Fixeu-vos en les fotografies. Quin tipus de pol·len trobaríem als sediments en un entorn amb una vegetació de taigà? I en un de sabana?

b | Aquests fòssils ens proporcionarien també informació sobre les condicions climàtiques de la zona? Per què?

c | En palinologia, el pol·len de les espècies anemòfiles és el més abundant, mentre que les espècies entomòfiles estan poc representades. A què creieu que és degut?

Espècies anemòfiles: espècies vegetals la fecundació de les quals és duta a terme per grans de pol·len transportats pel vent.

Espècies entomòfiles: espècies vegetals la pol·linització de les quals és portada a terme pels grans de pol·len transportats pels insectes.

Paisatge de taigà, Finlandia

Paisatge de sabana, Kènia

ACTIVITATS

12 Cerca al web què són els *fòssils guia* i explica per què han de tenir una àmplia distribució per ser efectius com a eina de datació.

13 Donades les condicions que s'han de complir perquè que les restes d'un organisme es fossilitzin, creus que el registre fòssil ens dóna una informació completa sobre tots els éssers vius que habitaven un lloc en un moment determinat? Per què?

14 L'any 2005 és va trobar a la vall de Camprodon el fòssil d'una nova espècie de trilobit del gènere *Eobronteus rivopullensensis* en roques sedimentàries del Silurià constituïdes per la consolidació de fangs, fa 430 milions d'anys. Sabem que els trilobits eren animals marins i que s'alimentaven d'altres invertebrats que vivien sobre el fons, com ara cucs.

A partir d'aquestes dades, quines creus que eren, fa 430 milions d'anys, les condicions del territori que actualment constitueix la vall de Camprodon?

Activitats interactives

Activitat de síntesi

5. Les unitats geològiques de Catalunya

Les principals unitats geològiques de Catalunya són els Pirineus, la Depressió Central, la Depressió Prelitoral i les Serralades Costaneres. Totes elles són conseqüència de la tectònica de plaques. Saps quina ha estat la història geològica de Catalunya?

Interpreteu i deduïu

Fixeu-vos en els mapes sobre la història geològica més remota del nostre territori i contesteu a les preguntes següents:

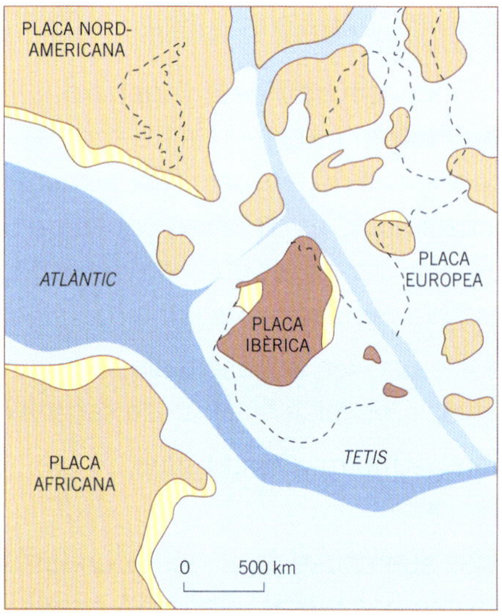

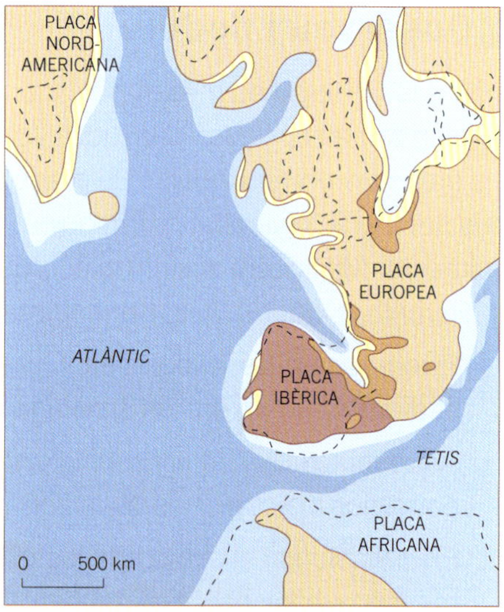

- Placa Ibèrica
- Àrees continentals emergides
- Àrees amb sedimentació al·luvial
- Dipòsits litorals
- Mar profunda, oceà
- Mar
- Plataforma continental
- Contorn de les terres actualment emergides
- Futur límit de plaques
- Situació Catalunya

Fa 250 milions d'anys, al final del Paleozoic, el territori que ara ocupa Catalunya es trobava a l'est del gran supercontinent Pangea, a la riba del mar de Tetis.
La gran massa continental de la Pangea va començar a fracturar-se al Mesozoic, durant el Triàsic i el Juràssic.

A finals del període Juràssic, fa uns 145 milions d'anys, la major part de la placa ibèrica es trobava coberta per un mar poc profund, mentre que a la zona pirinenca s'estava formant una vall de rift submergida.

A finals del Cretaci, fa uns 65 milions d'anys, una rotació de la placa ibèrica va provocar un xoc amb la placa europea.

a | Situeu la península Ibèrica al primer mapa, en la seva posició dins de la Pangea. A quina latitud es troba?

b | Què ens indiquen les línies discontínues del segon i tercer mapa?

c | A quins continents donarà origen el trencament de la Pangea?

d | Quin tipus de sediments trobarem a la major part de Catalunya durant el període Juràssic?

e | El massís del Garraf està constituït bàsicament per roques calcàries del Juràssic i s'hi troben amb freqüència dents fòssils de tauró. Com explicaríeu aquestes troballes?

f | Quin efecte creieu que va tenir en èpoques posteriors la vall de rift de la zona pirinenca que inicia la seva formació a finals del Juràssic?

g | Quines conseqüències va tenir la col·lisió de la placa ibèrica amb la placa europea que es va produir a finals del Cretaci? Podeu justificar per què en aquesta zona actualment trobem la serralada dels Pirineus?

h | A la zona de l'actual Depressió Central es troben restes de dinosaures en roques sedimentàries pròpies de zones pantanoses litorals. Per què?

Interpreteu i deduïu

Els mapes següents representen la història geològica més recent del nostre territori des de l'Eocè, fa uns 40 milions d'anys, fins al Pliocè, fa només uns 5 milions d'anys.

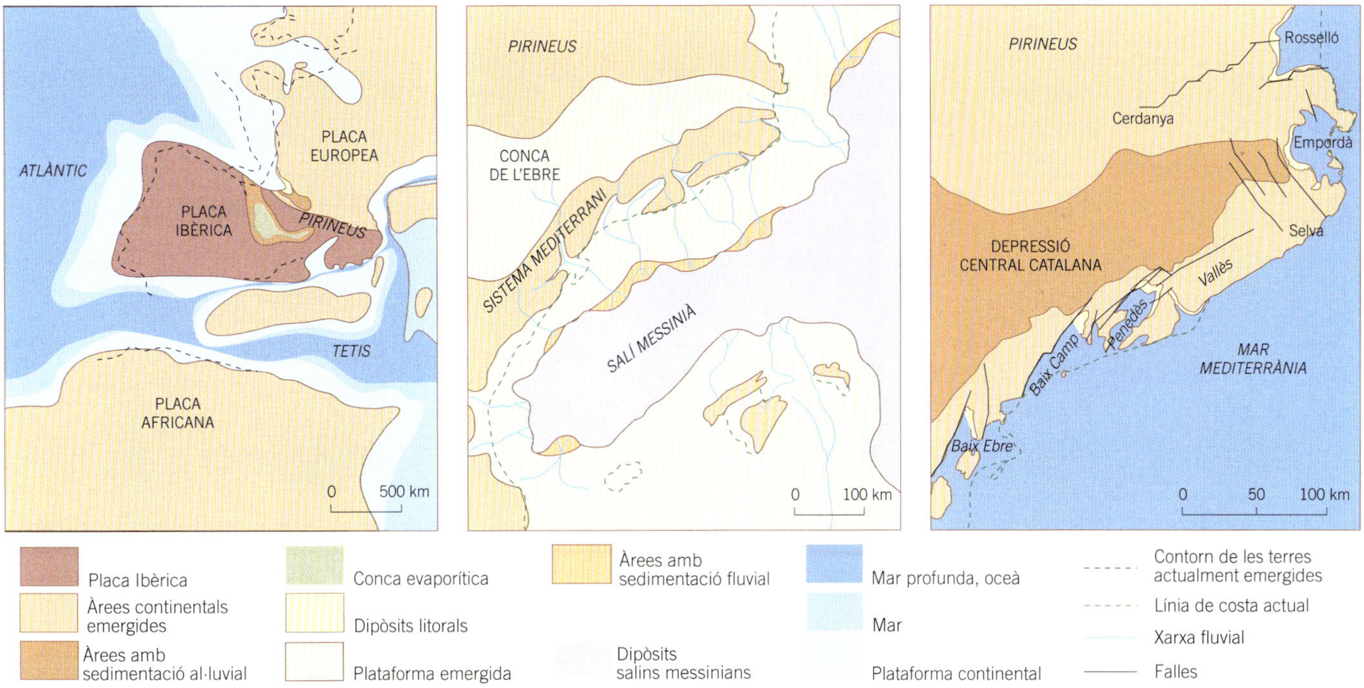

Fa uns 40 milions d'anys, a l'Eocè, la mar interior que cobria l'actual Catalunya central havia quedat aïllada de l'oceà Atlàntic, i això afavoria la seva evaporació.
A les vores d'aquesta mar interior es dipositaven sediments provinents de les serralades del voltant.
Molts dels materials que constitueixen els conglomerats de Montserrat provenen de l'erosió de roques de la zona del Garraf i el Vallès.

Fa uns 7 milions d'anys, durant el Messinià, a finals del Miocè, el desplaçament de la placa africana cap al Nord va tancar l'estret de Gibraltar, la qual cosa va provocar que la Mediterrània s'assequés, i es convertís en un salí gegantí a centenars de metres sota el nivell de l'Atlàntic.
Els rius que desembocaven a la Mediterrània van circular per l'actual plataforma continental, i això la va erosionar.

A l'inici del Pliocè la connexió amb l'Atlàntic es va reobrir i la Mediterrània va tornar a omplir-se, fa uns 5 milions d'anys. El nivell del mar era uns 100 metres més alt que l'actual i això va fer que les zones costaneres més baixes quedessin inundades. És també l'època en la qual es donen episodis de vulcanisme a la zona de l'Empordà, la Selva i, més tard, la Garrotxa.

a Al primer mapa es parla de **conques evaporítiques**. Feu una cerca d'informació i definiu aquest concepte.

b Podeu relacionar el mar interior que s'identifica en el primer mapa amb la presència de mines de sal a Súria i Cardona? Com?

c Com explicaríeu que els materials que constitueixen Montserrat hagin format part de serralades situades a la zona del Garraf i del Vallès? Podeu argumentar-ho a partir del mapa?

d Com pot ser que a prop de Manresa es trobin restes d'un escull de corall de l'Eocè?

e Al Miocè, la Mediterrània es tanca i l'excés d'evaporació provoca la seva dessecació. Quins canvis han patit les desembocadures dels rius que arribaven a la Mediterrània a mesura que aquesta anava retrocedint?

f Al web trobareu un mapa que presenta les fondàries de la plataforma continental a la costa catalana. Localitzeu-hi les valls dels antics rius, ara submergides.

g Fixeu-vos en el tercer mapa i identifiqueu a quines estructures geològiques poden estar associats els fenòmens de vulcanisme de les comarques de l'Empordà i la Selva.

h Les glaciacions del Plistocè van comportar una baixada del nivell del mar. Podríeu dir a què va ser degut aquest descens?

Interpreteu un mapa

Observeu el mapa següent, en què hi ha assenyalades les principals **unitats geològiques de Catalunya**, i les imatges que hi ha a sota:

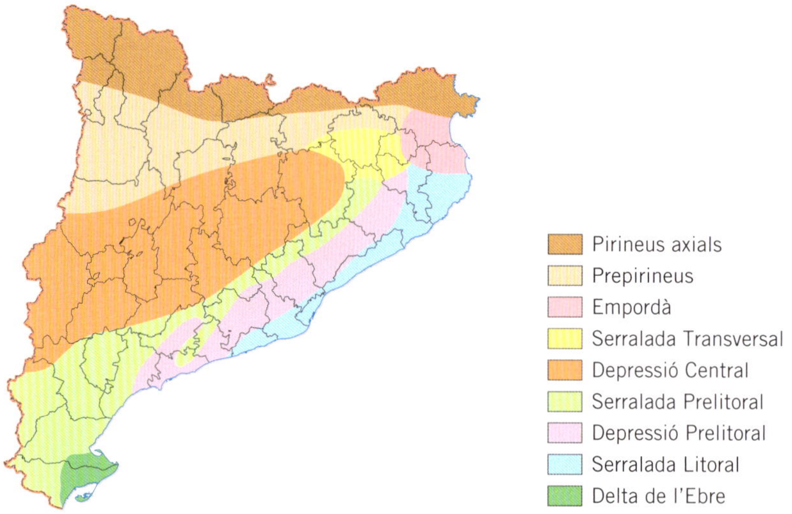

Montserrat (Bages, Anoia, Baix Llobregat)

Vall de la Tordera (Vallès Oriental)

Pedraforca (Berguedà)

La plana de Lleida (Noguera)

Pica d'Estats (Pallars Sobirà)

Parc Natural del Garraf (Garraf)

a | Situeu cadascun d'aquests indrets al mapa de Catalunya i digueu a quina unitat de relleu es troben.

b | Basant-vos en el que heu après, expliqueu de forma resumida la història geològica del territori on es localitzen els paisatges anteriors. Podeu ampliar la informació sobre la història geològica de Catalunya al web.

ACTIVITATS

15. Quines plaques tectòniques van intervenir en la formació dels Pirineus? Recordes com s'anomena aquest tipus d'orogen?
16. Quines són les principals unitats geològiques de Catalunya?
17. En quina unitat de relleu es troba la teva localitat? Descriu-ne les característiques principals i la seva història geològica al llarg dels darrers 40 milions d'anys.

Activitats interactives
Activitat de síntesi

1. L'origen de l'Univers

Es creu que el naixement del nostre Univers va tenir lloc amb el **Big Bang o Gran Explosió**. Abans d'aquest instant, tot el cosmos estava concentrat en un punt de densitat i temperatura extremes. Després de l'explosió, l'Univers va començar a **expandir-se** mentre s'anava **refredant**. En aquest procés, es van anar condensant les partícules que van constituir la **matèria**, formant bàsicament **hidrogen** i **heli**. Aquesta matèria es va estructurar i va donar lloc a nebuloses, estrelles i galàxies. A l'interior de les **estrelles de primera generació**, mitjançant reaccions de **fusió nuclear**, es van sintetitzar elements més pesants, com carboni, oxigen o nitrogen, que un cop alliberats van donar lloc a noves generacions d'estrelles. El Sol és una estrella de segona generació.

En l'actualitat, l'Univers encara s'expandeix i la seva temperatura continua descendint.

1.1 El sistema solar

Fa 4.600 milions d'anys que van començar a formar-se tant el Sol com la resta de cossos celestes que constitueixen el nostre sistema solar, en un procés que va durar entre 50 i 100 milions d'anys. Actualment, aquest procés s'explica mitjançant l'anomenada **teoria planetesimal**. Segons aquesta teoria, la **nebulosa** original es va contraure a causa de la gravetat, i va acumular així una gran quantitat de massa al centre, mentre els seus marges iniciaven un moviment de rotació. Això va fer que la nebulosa s'aplanés i formés un **disc d'acreció**. A la part central es va formar el **protosol**, mentre que la matèria del disc anava condensant-se per originar els **planetesimals**, cossos que feien centenars de metres de diàmetre. Els planetesimals, xocant entre ells, van formar els **protoplanetes**, que amb la seva atracció gravitatòria van incorporar altres planetesimals que trobaven a la seva òrbita.

1.2 La Terra

La **Terra** s'origina, juntament amb la resta de cossos del sistema solar, pel xoc dels **planetesimals**. Aquests xocs fan augmentar la seva mida i en fonen la superfície. Els materials fosos es distribueixen per **capes**, en funció de la seva densitat. La **primera atmosfera** de la Terra, composta per gasos lleugers, va desaparèixer a causa de les elevades temperatures i el vent solar. A partir de **l'activitat volcànica**, es va formar una **segona atmosfera** de diòxid de carboni, vapor d'aigua i nitrogen, principalment. El vapor d'aigua atmosfèric es condensa i origina precipitacions. Així sorgeixen els primers **oceans**. Fa 3.000 milions d'anys, l'aparició dels **organismes fotosintètics** va canviar la composició de l'atmosfera: aquests organismes capturaven el diòxid de carboni per formar matèria orgànica i alliberaven **oxigen**.

El **xoc de planetesimals** fa augmentar la mida de la Terra i en fon la superfície.

Els **materials fosos** es disposen en capes segons la seva densitat.

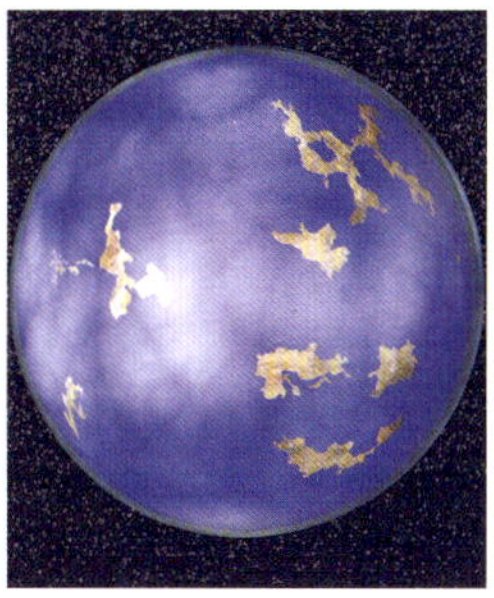

El **vapor d'aigua atmosfèric** es condensa i es formen els primers oceans, ara fa 4.000 milions d'anys.

ACTIVITATS

1. Explica breument com s'han format el sistema solar i la Terra.
2. Què és un disc d'acreció? A què dóna origen?
3. La nebulosa que va originar el sistema solar tenia un diàmetre aproximat de 100 UA (unitats astronòmiques). Investiga a quants quilòmetres equival una unitat astronòmica i calcula, en quilòmetres, el diàmetre de la nebulosa.
4. Quines conseqüències té sobre l'atmosfera terrestre l'aparició d'éssers fotosintètics fa 3.000 milions d'anys?
5. Els planetes interiors del nostre sistema solar, o bé no tenen satèl·lits o, si en tenen, són molt petits. El fet que la Terra presenti un satèl·lit com la Lluna, de gran diàmetre, es pot considerar una anomalia. Com influencia el diàmetre de la Lluna al nostre planeta?
6. L'any 2009, l'Agència Espacial Europea va posar en òrbita l'observatori espacial Planck per estudiar el fons còsmic de microones. Com s'entén, en astronomia, que mirar lluny sigui mirar al passat?

2. La mesura del temps geològic

2.1 L'actualisme

Els processos geològics que s'han produït en el passat deixen empremtes sobre el territori, com ara les marques d'erosió, les falles, els materials volcànics o la forma de les valls. L'estudi d'aquests elements i de l'ordre en què han tingut lloc ens permet deduir els esdeveniments que els van originar.

Per interpretar la informació que ens proporcionen els successos geològics s'ha d'aplicar el **principi d'actualisme**, segons el qual, si volem entendre el que va esdevenir-se en el passat, hem d'estudiar els processos que es produeixen en l'actualitat.

Disposem de dues tècniques que mesuren el temps geològic:

- La **datació absoluta**. Indica, amb xifres d'anys o de milions d'anys, el temps que fa que va tenir lloc un esdeveniment determinat. Es basa en l'anàlisi del procés de desintegració dels elements radioactius presents a les roques.
- La **datació relativa**. Estableix l'ordre cronològic de successió de diversos esdeveniments, però no hi assigna cap xifra numèrica.

2.2 La datació absoluta

La datació absoluta es basa en l'anàlisi del procés de **desintegració** dels elements radioactius presents a les roques. Alguns elements químics, com l'urani, el radi o el plutoni, són inestables i, de manera espontània, es transformen en àtoms més estables. En aquesta transformació o desintegració, s'anomena **element pare** l'element radioactiu que es descompon i que emet radiació, i **element fill** l'element més estable que en resulta.

El ritme de desintegració és constant i característic de cada element radioactiu. S'anomena **període de semidesintegració** o **vida mitjana** el temps que triga una mostra d'un element radioactiu (element pare) a desintegrar la meitat dels seus àtoms, que passen a ser àtoms de l'element fill.

Els principals elements que s'utilitzen per a la datació absoluta són el carboni 14, el potassi 40, el rubidi 87, l'urani 238 i el tori 232. Cada un d'ells té un període de desintegració diferent i característic. Aquesta diferència en el seu període de vida mitjana permet utilitzar-ne un o altre segons els materials que es volen datar.

ACTIVITATS

7. Al segle XIX la formació de muntanyes i serralades s'interpretava, seguint les teories catastrofistes, com un fenomen ràpid i violent. Quina interpretació basada en els principis de l'actualisme se'n fa a l'actualitat? Recorda la teoria de tectònica de plaques.
8. Explica quina diferència hi ha entre una datació absoluta i una de relativa. Posa un exemple de cadascuna d'elles.
9. Consulta el web i contesta: què són els elements radioactius; en què consisteix la seva desintegració?; què és la vida mitjana d'un element radioactiu?

MÈTODE DE DATACIÓ RADIOMÈTRICA

Element pare	Element fill	Període de desintegració	Interval de datació	Observacions
Urani 238 Urani 235	Plom 206 Plom 207	4.500 Ma 700 Ma	De 0,01 anys a 4.600 Ma	És molt precís. Serveix per datar les roques que contenen zircó.
Potassi 40	Argó 40	1.250 Ma	De 5.100 anys a 4.600 Ma	És un mètode molt comú amb el qual es poden datar roques volcàniques i les riques en biotita i moscovita.
Rubidi 87	Estronci 87	47.000 Ma	De 0,01 anys a 4.600 Ma	Serveix per datar qualsevol tipus de roca.
Carboni 14	Nitrogen 14	5.730 anys	De 100 anys a 70.000 anys	És adequat per datar matèria orgànica, aigües subterrànies i glaceres.

3. L'estratigrafia

L'**estratigrafia** és la branca de la geologia que estudia i interpreta els estrats. La disposició dels materials en diferents nivells permet ordenar-los segons la seva antiguitat i explicar com i quan s'han format les diverses estructures geològiques, cosa que en facilita una datació relativa.

Els **estrats** són capes de sòl o de roca posseïdores d'unes característiques peculiars que les diferencien.

Durant la formació de les roques sedimentàries els materials es dipositen en capes o estrats. Diem que les roques sedimentàries són estratificades. En altres situacions, com en les erupcions volcàniques, els materials expulsats (materials piroclàstics i lava) també es disposen en estrats.

En cada estrat es defineix:

- El **mur**, que correspon al pla inferior de l'estrat.
- El **sostre**, que coincideix amb el pla superior de l'estrat.
- La **potència**, que equival al gruix de l'estrat.

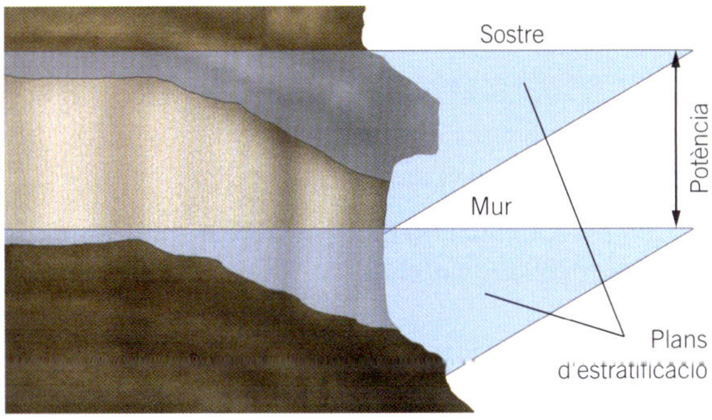

3.1 Els principis de l'estratigrafia

Els principis estratigràfics proporcionen les eines necessàries per reconstruir la història geològica d'un territori.

Principis fonamentals de l'estratigrafia

- El **principi d'horitzontalitat original dels estrats**. Quan els estrats es formen a conseqüència de la sedimentació dels materials, aquests es dipositen en capes horitzontals. Si, en l'actualitat, els estrats tenen una orientació diferent, vol dir que han estat sotmesos a esforços tectònics.
- El **principi de superposició dels estrats**. Si totes les capes es mantenen en la posició original, l'estrat situat en la capa inferior serà el més antic, mentre que el situat en la part superior serà el més modern.

De vegades, els plecs i les falles alteren l'horitzontalitat de les capes, de manera que els estrats adopten una posició vertical o, fins i tot, invertida. Quan això succeeix es poden aplicar altres criteris com la granoselecció i les esquerdes de dessecació per saber l'orientació dels estrats:

- **Granoselecció**: en els estrats d'origen sedimentari, els materials es dipositen segons la mida, de manera que els més gruixuts i pesants queden al fons i els més fins a sobre.
- **Esquerdes de dessecació**: en els estrats argilosos es formen escletxes mentre s'assequen els sediments. Són esquerdes en forma de V, més amples a la superfície i més estretes en la part profunda.

En un estrat normal el mur es troba a baix i el sostre a dalt. En un estrat invertit, el mur se situa a dalt i el sostre a baix.

Altres principis de l'estratigrafia

- El **principi de relacions creuades** o **principi de successió d'esdeveniments**. Qualsevol fenomen geològic que altera una seqüència estratigràfica és més modern que els estrats afectats i més antic que els materials que no es veuen alterats.
- El **principi d'inclusió**. Qualsevol roca continguda en un estrat és més antiga que l'estrat que la conté.
- El **principi de la successió faunística**. Si dos estrats diferents contenen el mateix fòssil, tenen la mateixa antiguitat.
- El **principi d'uniformitat**. Les lleis de la natura no canvien amb el temps.

Les interrupcions estratigràfiques

Al llarg del procés sedimentari, pot passar que un període de temps no hagi quedat enregistrat en la sèrie estratigràfica. En aquests casos, s'hi forma un **buit estratigràfic** o **llacuna estratigràfica**. Aquestes interrupcions en la sedimentació s'anomenen **discontinuïtats estratigràfiques** i poden estar causades per tres factors: perquè els materials s'han erosionat després de la sedimentació, perquè no s'han sedimentat, o perquè no s'han sedimentat i, a més, hi ha hagut erosió dels materials previs.

3.2 Els talls geològics i les columnes estratigràfiques

Per representar sobre un mapa la distribució de les estructures geològiques i dels materials, tant en superfície com en profunditat, es fan servir els talls geològics i les columnes estratigràfiques.

- Els **talls geològics** són representacions en vertical dels diversos materials que es troben en profunditat, i també dels plecs, les falles i altres estructures geològiques.
- La representació ordenada i en vertical d'una seqüència estratigràfica s'anomena **columna estratigràfica**. En la columna estratigràfica, els materials es disposen en horitzontal i, a més del tipus de roca que constitueix cadascun dels estrats, s'inclou altra informació: la potència de l'estrat, l'edat de l'estrat, l'existència de fòssils, les textures, les estructures sedimentàries i la presència o no de determinats materials.

Per representar els diversos tipus de materials geològics, es fan servir els símbols litològics.

ACTIVITATS

10. Quina disposició original tenen les capes sedimentàries? Com s'anomenen aquestes capes?
11. Quins fenòmens geològics poden provocar una alteració en la disposició dels estrats?
12. Observa aquesta imatge, en la qual s'aprecien dues falles i els estrats del terreny:

A partir de la imatge comenta:

a) El principi d'horitzontalitat original dels estrats.
b) El principi de superposició dels estrats.
c) El principi d'uniformitat.
d) El principi de les relacions creuades.

ACTIVITATS

13. Com estan disposats els estrats en un tall geològic? I en la columna estratigràfica?
14. En aquest tall geològic es representen diferents processos:

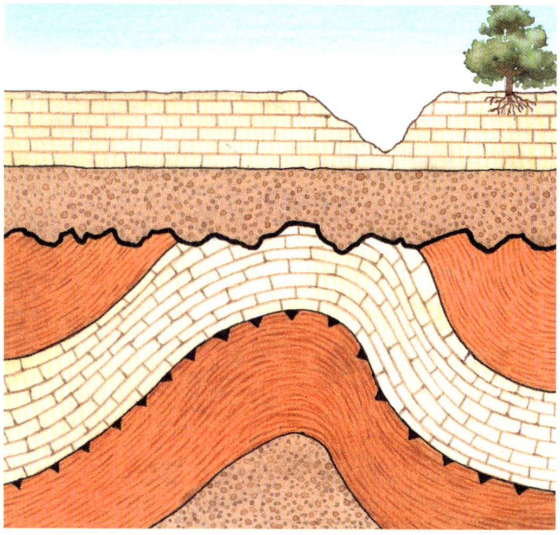

a) Assigna una lletra a cada estrat, del més antic al més modern.
b) Identifica els processos geològics que han tingut lloc en aquesta zona.
c) Ordena'ls cronològicament.
d) Enumera els principis estratigràfics que has utilitzat per determinar aquest ordre.

15. Aquesta seqüència de dibuixos representa l'evolució d'una conca sedimentària:

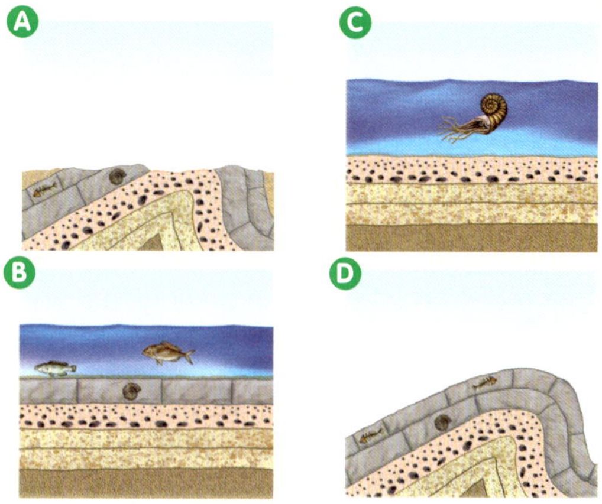

a) Identifica què succeeix en cada escena.
b) Ordena-les cronològicament.
c) Imagina que, en la situació A, la superfície del terreny tornés a quedar recoberta per les aigües marines. Dibuixa un tall que il·lustri la situació posterior a partir d'aquest supòsit.
d) Dibuixa la columna estratigràfica corresponent a aquest indret.

4. El fòssil com a eina de datació

Qualsevol resta d'un ésser viu o de la seva activitat, conservada en la roca o en un altre medi (ambre o gel), es considera un **fòssil**.

Tot i que la majoria de fòssils consisteixen en restes mineralitzades de les parts dures dels organismes (closques, conquilles, ossos i dents) i de motlles de la seva part externa o interna, en altres casos han estat les empremtes de l'activitat d'aquests organismes (petjades, construccions, rastres, ous, excrements i nius) el que s'ha fossilitzat.

El procés de fossilització

La formació d'un fòssil consisteix en un procés de **mineralització** dels materials que s'allarga durant milers d'anys. És un fenomen poc habitual, perquè generalment la matèria orgànica es descompon després que l'organisme hagi mort. En la majoria dels casos, els fòssils es localitzen en les roques sedimentàries i, per tant, la seva formació està lligada a la diagènesi de la roca.

Perquè es doni un procés de fossilització, les restes de l'organisme mort han de quedar ràpidament cobertes per sediments, de manera que les parts toves es descompondran però les dures es conservaran. Els espais buits són reomplerts per sediments arrossegats per l'aigua que posteriorment se cimenten. Les restes biològiques es dissolen o són reemplaçades per minerals nous.

Si les restes de l'organisme s'han dissolt i l'espai buit s'ha omplert de materials precipitats, tindrem una **conservació indirecta**. Si, en canvi, les parts externes i dures de l'organisme s'han mineralitzat, tindrem una **conservació directa**.

Els fòssils més adequats per datar les roques que els allotgen són els anomenats **fòssils guia**. Aquests mostren tres característiques:

- Corresponen a espècies que van viure durant un període curt de temps.
- Corresponen a espècies que havien ocupat una àmplia distribució geogràfica.
- Corresponen a espècies la població de les quals va ser abundant, de manera que les restes fòssils són habituals a les roques.

Alguns exemples de fòssils guia que utilitzen els geòlegs per datar les roques són els ammonites, els coralls, els equinoderms i els foraminífers.

4.1 Informació que podem deduir d'un fòssil

- **Quins organismes vivien en el passat**. Tot i que, quan un organisme mor, se'n perd molta informació, amb les dades que s'extreuen dels fòssils, i per comparació amb les espècies vives actuals, es poden deduir molts aspectes de la seva vida.
- **En quines condicions ambientals es va formar el fòssil**. A partir de l'organisme fossilitzat se'n pot deduir l'hàbitat: si vivia en llocs àrids o humits, clima fred o càlid, si era continental o marí, etc. Les característiques ambientals en les quals es va fossilitzar l'organisme eren les mateixes en què es va formar la roca que el contenia.
- **L'època en què es van formar el fòssil i la roca**. Conèixer el període en el qual una espècie no estava extinta pot servir de referència per datar la roca que la conté.

ACTIVITATS

16. Quines condicions han de donar-se perquè les restes d'un organisme es fossilitzin?
17. Explica les diferències entre un procés de conservació directa i un altre de conservació indirecta.
18. Quines característiques ha de tenir un fòssil per poder ser considerat fòssil guia?
19. Observa l'esquema:

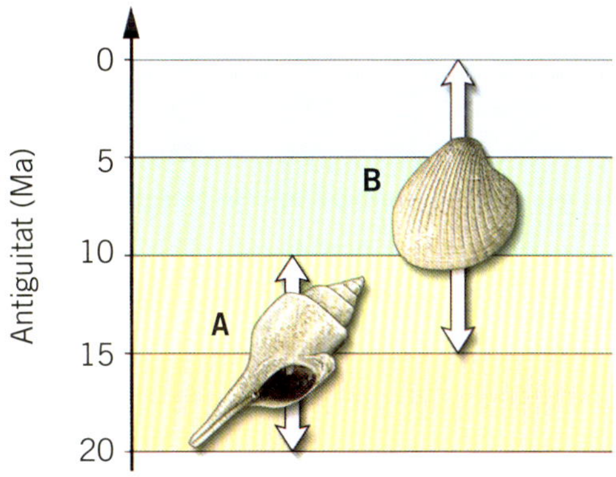

   a) Determina el període en què va viure cada espècie.
   b) Quina antiguitat té un estrat que conté els dos fòssils?
20. Els mamuts van aparèixer ara fa uns 5 milions d'anys a l'Àfrica, en la regió on actualment es localitza el desert del Sàhara. Quines conclusions pots treure d'aquesta dada?

5. Les unitats geològiques de Catalunya

Catalunya es troba situada a la placa ibèrica, una placa tectònica petita situada al nord de la placa africana i actualment unida a la placa europea. La seva configuració geològica és el resultat de la interacció entre aquestes dues plaques des del Mesozoic, fa uns 200 milions d'anys, quan s'originen a partir de la fragmentació de la Pangea.

Les principals unitats geològiques de Catalunya són els Pirineus, la Depressió Central, la Depressió Prelitoral i les Serralades Costaneres.

- Els **Pirineus**. S'hi distingeixen dues subunitats:
  - Els **Pirineus axials**, formats per roques granítiques i metamòrfiques antigues.
  - Els **Prepirineus**, formats per materials sedimentaris més moderns, fortament plegats i fracturats.
- La **Depressió Central**. Els seus materials són recents, del Cenozoic, i provenen de l'erosió dels Pirineus i dels Prepirineus, i també de la Serralada Prelitoral. Els principals materials que s'hi poden trobar són de naturalesa argilosa, però també hi ha gresos, roques calcàries i conglomerats. Són materials poc deformats.
- La **Depressió Prelitoral**. Se situa entre les serralades Prelitoral i Litoral. S'ha originat per l'aportació de materials provinents de les dues serralades que la limiten. És una fossa tectònica activa.
- Les **Serralades Costaneres**. Paral·leles a la costa, se situen les **serralades Prelitoral i Litoral**. Els materials que constitueixen aquestes dues serralades són d'edats diverses, des del Paleozoic fins a l'actualitat, i s'hi poden trobar roques molt heterogènies, entre les quals hi ha granits, argiles, calcàries i conglomerats.

ACTIVITATS

21 El mapa et presenta la configuració de Catalunya durant el Miocè, fa uns 20 milions d'anys.

a) Descriu la geografia del territori de Catalunya en aquell moment.

b) Explica quins fenòmens geològics han tingut lloc amb anterioritat a aquesta situació i quin ha estat el seu resultat.

c) Quin procés s'està desenvolupant? Què passarà amb el mar interior que ocupa l'actual conca de l'Ebre? Què ens queda actualment d'aquest mar?

d) En estrats datats d'aquesta mateixa època situats a la muntanya de Montjuïc, a Barcelona, s'han trobat fòssils de *Turritella sp.*, un grup de cargols marins. També en aquests estrats s'han trobat inclosos materials provinents de la serra de Collserola. Mira d'explicar aquestes troballes. Què era Montjuïc fa 20 milions d'anys?

22 Quines són les dues subunitats de relleu que constitueixen els Pirineus? Quines diferències presenten les roques de cada subunitat?

23 A quina època s'inicia la formació dels Pirineus?

24 Els materials que constitueixen la Depressió Central provenen en gran part de les Serralades Costaneres. Quina explicació té aquest fet a partir de la història geològica de Catalunya?

25 On podem trobar les roques més antigues a Catalunya?

Comprova el que saps
Mapa conceptual

Construcció d'un tall geològic

Has estat treballant al llarg de la unitat amb talls geològics i columnes estratigràfiques. Però, com es fa un tall a partir d'un mapa geològic? Construïm-ne un pas a pas.

Segueix els passos...

1. Reuneix el material necessari:

- Full en blanc
- Regle i escaire
- Paper vegetal
- Llapis de colors

2. Interpreta el mapa geològic.

A sota et presentem un mapa geològic de superfície amb la seva llegenda litològica. Ens indica la composició superficial del territori.

Els símbols en forma de T ens informen en quina direcció estan inclinats els estrats, el que s'anomena *cabussament*.

El segment curt perpendicular assenyala la direcció cap a la qual s'enfonsen, mentre que el nombre indica els graus d'inclinació respecte a l'horitzontal.

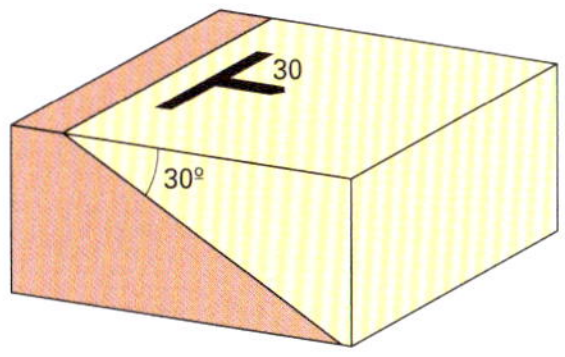

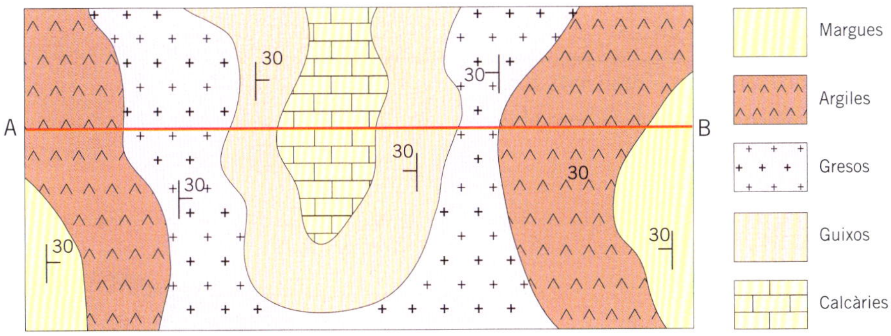

3. Dibuixa el tall geològic del relleu.

Per dibuixar el tall geològic primer has de dibuixar el perfil topogràfic (que descriu les pendents del terreny) i, sobre aquest, representar quines roques hi ha i la seva inclinació.

a) Per fer el dibuix del perfil topogràfic corresponent a la línia A-B marcada, pots calcar el perfil en un paper vegetal.

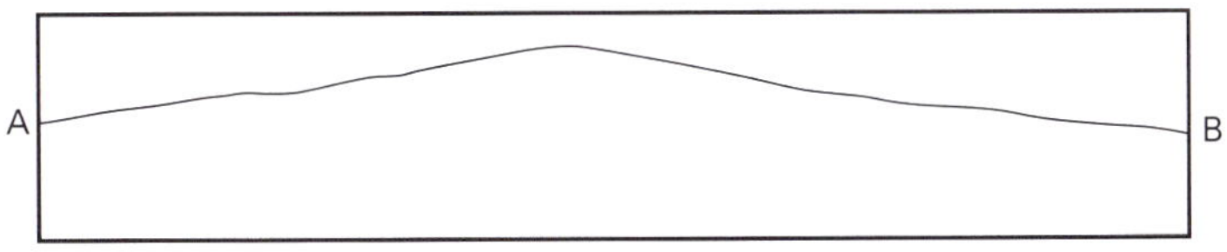

b) Amb un regle i un escaire, trasllada i marca sobre el perfil topogràfic els punts de contacte entre estrats situats a la línia A-B.

c) Un cop marcats aquests punts sobre el perfil, pinta amb llapis la línia del perfil topogràfic entre dues marques amb el color corresponent a la seva composició litològica.

d) Ara fixa't bé en les indicacions sobre la direcció i inclinació de cada estrat que trobes en les zones properes a la línia A-B. Amb llapis, intenta marcar cap a on es dirigeix cada estrat en fondària.

e) Completa el dibuix i pinta cada estrat amb els colors corresponents a la llegenda litològica.

ACTIVITATS

1. Quin és l'estrat més antic? I el més modern? Per què? Ordena els estrats de més antic a més modern.
2. Es van dipositar així, aquests estrats, o han estat sotmesos a algun canvi? Com ho pots saber?

ACTIVITAT FINAL

RECONSTRUINT UN PALEOAMBIENT

El Camp dels Ninots de Caldes de Malavella

Caldes de Malavella és una localitat de la comarca de la Selva, situada en una vall entre les conques del Ter i de la Tordera. La vila és coneguda per les seves fonts termals, fruit de l'activitat volcànica recent.

El Camp dels Ninots es troba als afores de la ciutat, a l'interior d'un cràter volcànic datat a partir dels basalts en uns 5 milions d'anys.

A l'interior d'aquest cràter es va formar un llac amb un ric ecosistema al seu voltant, que va anar omplint-se amb sediments.

A l'excavació sobre el terreny, en un estrat d'argiles situat a 2 metres de fondària, s'han trobat una gran quantitat de fòssils, que han estat datats en 3,5 milions d'anys d'antiguitat.

Entre els fòssils trobats hi ha moltes fulles de llorer, i animals com tapirs, rinoceronts, bòvids, tortugues, granotes, peixos o rosegadors.

Un estudi palinològic de les roques en què es troben els fòssils ens diu que hi havia pi, arboç, avellaner i asteràcies (plantes amb flors semblants a les margarides).

ACTIVITATS

1. Entre quines dues unitats geològiques es troba Caldes de Malavella?
2. En quina època situaries els episodis volcànics de la zona? Recorda la història geològica de Catalunya.
3. El text diu que el cràter dins del qual es troba el Camp dels Ninots té 5 milions d'anys. De quina manera s'ha pogut datar aquest cràter a partir de les roques volcàniques que el constitueixen?
4. Si tenim en compte que els sediments de l'interior del cràter no han estat alterats, quina disposició han de mostrar els estrats?
5. S'han realitzat sondejos fins als 150 m i s'ha obtingut un testimoni en el qual apareixen representats els diferents estrats dipositats al fons de l'antic llac. Quins són els més antics? I els més moderns? Justifica-ho.
6. El text ens diu que els fòssils del jaciment han estat datats de fa 3,5 milions d'anys. Podem datar un jaciment a partir dels seus fòssils? Quines característiques han de reunir aquests fòssils per considerar-los una bona eina de datació? Com s'anomenen aquests tipus de fòssils?
7. Explica quin procés van seguir les restes d'éssers vius trobades al Camp dels Ninots per esdevenir fòssils.
8. Al final del text, es parla d'un estudi palinològic. Què vol dir això?
9. Quina informació ens aporten aquests fòssils sobre l'ecosistema al Camp dels Ninots fa 3,5 milions d'anys? Quin tipus de clima hi trobaríem? Fes una descripció de l'entorn en aquella època.
10. Tots aquests fòssils han estat trobats sencers, en el mateix estrat, sense traces d'haver estat devorats, i en una barreja d'individus de totes les edats, joves i adults. Què creus que va passar?

Pots trobar més informació sobre el Camp dels Ninots al web.

Autoavaluació

REVISTA DE CIÈNCIA

El cometa 67P i la clau de la formació del sistema solar

Quan en el món de la ciència es defineix una nova teoria, descobriments posteriors la poden posar en dubte. És el procediment habitual, el mecanisme que fa avançar el coneixement científic. I això és el que ha passat amb les dades que la sonda espacial Rosetta ha obtingut del núvol de gas que rodeja el cometa 67P.

Segons els científics, les dades que s'han obtingut d'analitzar aquest cometa poden modificar la concepció sobre la formació del sistema solar, i fins i tot, de l'origen de la vida. Aquest daltabaix l'ha provocat la presència d'oxigen congelat a l'atmosfera del cometa, i no en forma de traces, sinó com a quart component després del vapor d'aigua, el monòxid de carboni i el diòxid de carboni.

Però què té de particular la presència d'aquest element en el cometa? La resposta rau en les propietats químiques de l'àtom d'oxigen, un element molt reactiu, de manera que s'esperava que després de 4.600 milions d'anys des que es va iniciar la formació del sistema solar, ja no quedés oxigen lliure al meteorit.

La teoria actual que explica la formació del sistema solar suposa que va ser un procés violent; tant, que va escalfar l'oxigen i va permetre que reaccionés donant lloc a una gran varietat de compostos. La presència de molècules d'oxigen congelat fa pensar que el procés de formació del sistema solar potser va ser més tranquil.

Paral·lelament a aquest descobriment, les dades obtingudes pel robot Philae que va aterrar sobre la superfície del cometa demostren que el cometa conté molts compostos orgànics diferents. Cal recordar que aquestes substàncies són els ingredients necessaris perquè s'iniciï la vida. Així, els científics han comprovat que el cometa 67P conté el brou primordial en què es va iniciar la vida... però congelat. Això demostra que no és tan descabellat pensar que la vida va poder arribar a la Terra a remolc d'un cometa, tal com postula la teoria de la panspèrmia. Aquesta teoria és una de les hipòtesis actualment acceptades per explicar l'origen de la vida a la Terra i suggereix que la vida, o les molècules precursores de la vida, podrien haver arribat a la Terra procedents de l'espai viatjant en restes d'asteroides, meteorits o cometes.

Imatge del cometa 67P

COMPRENSIÓ LECTORA I REFLEXIÓ

1. Com avança el coneixement científic?
2. Què vol dir que a l'atmosfera del planeta hi ha traces d'un element concret?
3. Quines són les repercussions de la presència d'oxigen a l'atmosfera del cometa?
4. Per què les dades que s'han obtingut del cometa 67P poden ser una evidència de la hipòtesi que potser la vida a la Terra va començar a partir de l'impacte d'un cometa?
5. Què fa pensar als científics que hi pot haver vida en altres cossos celestes del sistema solar, o de l'Univers?

UNITAT 9

HISTÒRIA DE LA TERRA I DE LA VIDA

En unitats anteriors hem vist com la teoria de l'evolució feia evident que els éssers vius canvien al llarg del temps en funció de les condicions del seu entorn. També hem après que la tectònica de plaques està modificant, lentament però de manera constant, la situació dels continents a la superfície del planeta i el seu aspecte.

El planeta Terra té una edat aproximada de 4.550 milions d'anys...

- Sempre ha estat habitada pels mateixos grups d'éssers vius, o bé aquests han experimentat canvis? Quins han estat aquests canvis?
- Els continents han estat distribuïts sempre de la mateixa manera? Si hi ha hagut modificacions, han influenciat d'alguna manera sobre l'evolució dels éssers vius?
- Quines condicions van propiciar l'aparició dels humans al planeta?

Foto: Escultura de diplodocus a l'entrada del Museu Carnegie d'Història Natural de Pittsburgh, EUA.

EN AQUESTA UNITAT APRENDRÀS...

1 Com divideixen els científics la història de la Terra.

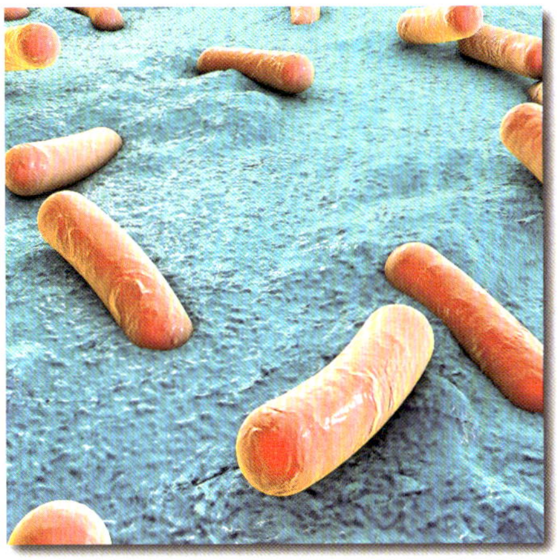

2 Com es va originar la vida a la Terra.

3 Com van dur a terme la conquesta de la terra ferma els éssers vius.

4 Com era el món a l'època dels dinosaures.

6 Com es van diversificar els mamífers.

5 Quin és l'origen dels humans actuals.

I SERÀS CAPAÇ DE...

- Interpretar el planeta Terra com un sistema dinàmic sotmès a un canvi continu, tant en l'àmbit geològic com biològic.
- Copsar la magnitud del temps geològic.
- Entendre les teories modernes sobre l'origen de la vida al nostre planeta.
- Situar en el temps l'origen dels diferents grups d'éssers vius i relacionar les seves adaptacions amb el medi en el qual van aparèixer.
- Interpretar un cladograma.
- Situar la humanitat actual en el marc de l'evolució dels homínids.

1. L'escala del temps geològic

El temps geològic, que és el període que ha transcorregut des que es va formar la Terra fins a l'actualitat, és d'uns 4.550 milions d'anys. Es divideix en diverses fraccions, segons els fets biològics o geològics més importants. Saps com divideixen els científics la història de la Terra?

Interpreteu i calculeu

Per entendre millor les principals divisions del temps geològic, us proposem que comprimiu els 4.550 milions d'anys de la història de la Terra en un dia. Suposem que la Terra s'origina a les 0.00 h i que l'actualitat està representada per les 24.00 h.

Fixeu-vos en la taula següent amb les principals divisions del temps geològic:

EÓ		ERA	PERÍODE		ÈPOCA	
						Actualitat
FANEROZOIC Hi abunda la vida animal tal com la coneixem actualment. Apareixen els fílums actuals.		**Cenozoic** Etapa dominada pels mamífers.	**Quaternari**		Holocè Plistocè	2,6 Ma
			Terciari	**Neogen**	Pliocè Miocè	23 Ma
				Paleogen	Oligocè Eocè Paleocè	65 Ma
		Mesozoic Etapa dominada pels grans rèptils terrestres.	**Cretaci** **Juràssic** **Triàsic**			251 Ma
		Paleozoic S'inicia quan abunden els animals de closca dura i s'acaba quan dominen els rèptils.	**Permià** **Carbonífer** **Devonià** **Silurià** **Ordovicià** **Cambrià**			542 Ma
PRECAMBRIÀ	**PROTEROZOIC** S'inicia quan s'allibera oxigen a l'atmosfera.	2.500 Ma				
	ARQUEÀ S'inicia quan apareix la vida a la Terra.	3.800 Ma				
	HADEÀ S'inicia quan comença a formar-se la Terra.	4.550 Ma				

a | A quina hora s'originaria la vida al planeta?

b | Quan començaria a haver-hi oxigen a l'atmosfera?

c | A partir de quina hora podem trobar animals amb closca?

d | A quina hora s'extingeixen els dinosaures?

e | Fa 4,5 milions d'anys apareixen els *Australopithecus*, uns dels primers avantpassats dels humans. A quina hora correspondria?

f | Els humans moderns es considera que van aparèixer fa uns 150.000 anys. Quina hora representa això? Quant de temps portaríem sobre el planeta?

ACTIVITATS

1. El Precambrià és la divisió del temps geològic que inclou els tres eons més antics. Quins són aquests eons i quina durada té cadascun d'ells?
2. Calcula la durada de cada era del Fanerozoic.

Activitats interactives
Activitat de síntesi

2. El Precambrià

El Precambrià és la divisió més extensa del temps geològic: s'inicia amb la formació de la Terra, fa 4.550 milions d'anys, i finalitza amb l'explosió de formes de vida macroscòpica amb closca dura de fa 542 milions d'anys. Però, com es va originar la vida a la Terra?

Existeixen altres teories que expliquen l'aparició de les molècules orgàniques a la Terra, com ara a partir de l'impacte de cometes que les portessin a la seva superfície.

Saps com es diu aquesta teoria?

Observeu i deduïu

L'any 1923 els científics Oparin i Haldane van formular la teoria de la **síntesi abiòtica**, per la qual la matèria orgànica s'hauria originat a partir de matèria inorgànica. Això posaria les bases de l'explicació de l'origen de la vida a la Terra. El 1953, el químic nord-americà Stanley Miller va provar experimentalment la teoria d'Oparin i Haldane. Fixeu-vos en l'experiment que va fer Miller i contesteu les preguntes següents:

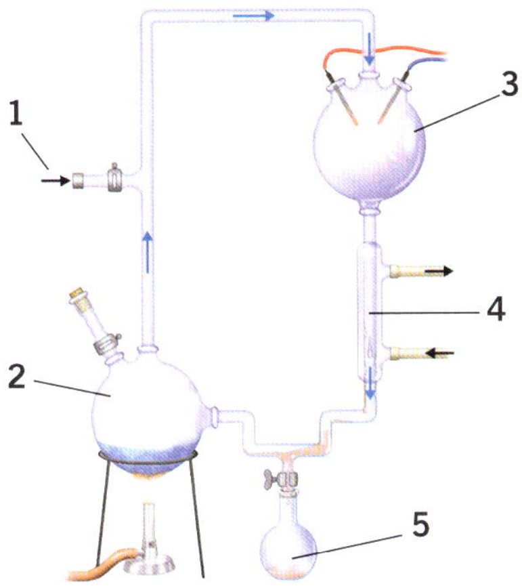

1. Introducció dels gasos que, segons Oparin, formaven l'atmosfera primitiva (vapor d'aigua, metà, hidrogen i amoníac).
2. Aigua en ebullició, el vapor de la qual junt amb les molècules dels altres gasos es desplacen pels conductes.
3. Descàrregues elèctriques.
4. Refrigerador per a la condensació de gasos.
5. Compostos orgànics senzills recollits en un recipient que representa l'oceà primitiu.

a | Què va demostrar Miller amb el seu experiment?

b | Què caracteritza molècules orgàniques?

c | Què pretenia imitar Miller amb les descàrregues elèctriques?

Compreneu un text i deduïu

Llegiu el text següent i contesteu les preguntes:

Els primers éssers vius originats al si del brou primordial van ser procariotes i heteròtrofs, molt semblants a alguns bacteris actuals. Milions d'anys després, els bacteris desenvoluparan noves estratègies nutricionals, entre les quals trobarem l'autotròfia, representada entre d'altres per la fotosíntesi.

a | Què vol dir *procariota*? I *heteròtrof*? D'on creieu que obtenien els nutrients aquests primers éssers vius?

b | Què vol dir *autotròfia*? Per què creieu que esdevingué necessària l'aparició d'organismes autòtrofs després de la gran proliferació dels organismes heteròtrofs?

c | Recordeu quins són els reactius i els productes de la fotosíntesi. Quin gas va disminuir, percentualment, i quin va augmentar a l'atmosfera com a conseqüència de l'activitat d'aquests nous bacteris? Quines conseqüències va tenir això?

ACTIVITATS

3 Quin esdeveniment marca l'inici de l'eó Hadeà? I el seu final?

Interpreteu un esquema

L'aparició d'oxigen va provocar una extinció massiva entre els bacteris que no hi estaven adaptats, però obria la porta al desenvolupament de metabolismes aeròbics, molt més rendibles energèticament.

Fa uns 1.800 milions d'anys, al Proterozoic, l'associació successiva d'un conjunt de cèl·lules procariotes va originar un nou model cel·lular: la **cèl·lula eucariota**. Interpreteu el següent esquema i responeu a les preguntes:

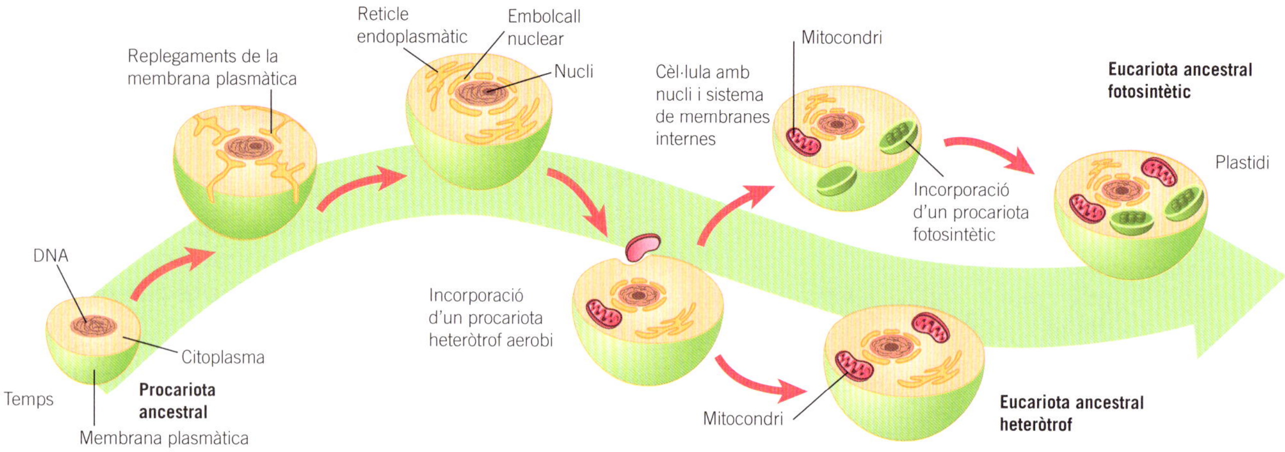

a | Enumereu els components que intervenen en la constitució de la cèl·lula eucariota i les seves característiques pel que fa al seu metabolisme.

b | Quin orgànul apareix primer a les cèl·lules eucariotes, el mitocondri o el plastidi?

c | Tots els eucariotes actuals presenten mitocondris, però només alguns tenen plastidis. Creieu que això confirma aquest ordre? Per què?

Observeu i descriviu

El dibuix següent mostra el possible aspecte del fons marí fa uns 550 milions d'anys. Els organismes que hi apareixen formen part de l'anomenada **fauna d'Ediacara**. Examineu-los amb atenció i responeu a les preguntes:

a | Feu una enumeració de les diferents formes de vida que apareixen al dibuix. Amb quines formes actuals creieu que estan emparentades?

b | Aquests organismes són unicel·lulars o pluricel·lulars? Quins avantatges té per a un organisme ser pluricel·lular?

c | S'han trobat comunitats diferents d'organismes d'Ediacara en substrats corresponents a diferents tipus de fons marins. Ara bé, no hi ha cap resta d'aquests grups que ens indiqui un hàbitat terrestre. Quines característiques seran necessàries per poder colonitzar terra ferma?

Comunitat: el conjunt d'organismes de diferents espècies que conviuen en un mateix entorn en un temps determinat.

Activitats interactives
Activitat de síntesi

3. El Paleozoic

El Paleozoic és la primera era del Fanerozoic. A l'inici d'aquesta era les terres emergides formaven un supercontinent. A final del Paleozoic, es va fragmentar i va originar nous continents que finalment van tornar a unir-se durant el Carbonífer, la qual cosa va donar lloc a la Pangea en el Permià. Com van dur a terme la conquesta de la terra ferma els éssers vius?

Observeu i deduïu

A les costes del Cambrià, fa 500 milions d'anys, ja es podien trobar grups d'organismes força diferents de la fauna d'Ediacara. Entre aquests organismes s'hi troben molts animals, com els trilobits, que ja disposen d'un exosquelet dur i articulat.

a | Quins avantatges aporta disposar d'un exosquelet dur?

b | Com creieu que ha influenciat això en el registre fòssil que ens ha arribat del Cambrià, a diferència de les èpoques anteriors?

c | Al web podreu fer una exploració submarina dels mars cambrians. Fixeu-vos en els diferents tipus d'animals que trobareu i feu una cerca d'informació sobre dues d'aquestes espècies.

Els trilobits eren artròpodes marins amb el cos ovalat i dividit en tres lòbuls.

Consulta la unitat anterior i explica per què els trilobits són uns bons fòssils guia.

Feu una cerca i organitzeu la informació

Al dibuix podeu veure dos animals del Cambrià: *Pikaia*, a la part superior, i *Olenoides*, a la inferior. Tots dos van viure fa 500 milions d'anys, a les aigües someres dels litorals. Un d'ells és un trilobit, l'altre un dels primers cordats.

a | Feu una cerca d'informació sobre el fílum dels artròpodes i el dels cordats i confeccioneu dues llistes amb les característiques de cadascun d'ells.

b | Quins són els grups animals que actualment representen aquests dos fílums?

Investigueu i concloeu

Durant l'Ordovicià s'inicia la colonització de la terra ferma per part dels vegetals. Al Silurià, fa 440 milions d'anys, apareixen les primeres plantes vasculars, és a dir, amb vasos conductors; i més tard, al Devonià, fa 415 milions d'anys, les cues de cavall, les falgueres i les plantes amb llavor.

Cua de cavall

Falguera

a | Les falgueres i les cues de cavall es diu que són **fòssils vivents**. Per què creieu que s'anomenen així?

b | Quins reptes implica per a una planta deixar de viure al medi aquàtic i colonitzar territoris emergits?

c | A què és degut que la colonització de la terra ferma comporti el desenvolupament de vasos conductors? Quines altres modificacions deriven del pas del medi aquàtic al terrestre?

d | Per què es diu que les falgueres i les cues de cavall encara no han aconseguit alliberar-se de la dependència amb l'aigua per a la seva reproducció?

Peixos sarcopterigis: grup de peixos dotats d'aletes carnoses amb una base òssia. En l'actualitat estan representats pels dipnous i els celacants (fotografia).

Observeu i descriviu

El grup dels cordats donarà origen als primers peixos sense mandíbules, els àgnats, a l'Ordovicià, i aquests, als peixos amb mandíbules durant el Silurià. Un altre grup derivat, el dels peixos pulmonats amb aletes carnoses, originarà els amfibis fa més de 300 milions d'anys, al Devonià.

Els dibuixos us mostren un peix sarcopterigi i un amfibi del Devonià. Observeu-los detingudament i compareu les seves estructures.

Eusthenopteron

Ichthyostega

a | Quins canvis morfològics es produeixen entre el grup dels peixos i el dels amfibis?

b | Quines altres diferències coneixeu entre aquests dos grups? Com les interpreteu evolutivament?

Interpreteu blocs diagrama

Durant el Carbonífer gran part de la superfície terrestre estava coberta per extensos boscos de pteridòfits, avantpassats de les falgueres actuals. En aquests boscos, els insectes es diversificaran i alguns d'ells assoliran mides molt grans. Les restes d'aquests boscos pantanosos han originat gran quantitat de dipòsits de carbó, entre ells els del Berguedà i el Ripollès.

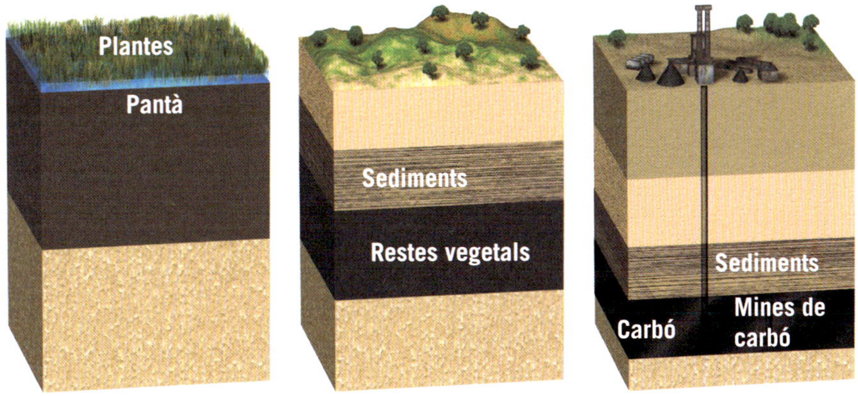

Fa 300 milions d'anys | Fa 100 milions d'anys | Avui

a | A partir dels blocs diagrama, expliqueu el procés que han experimentat les restes orgàniques fins a arribar a convertir-se en carbó.

b | Al web trobareu fotografies de les restes fòssils d'un bosc de fa 300 milions d'anys. Amb quin grup actual estaven relacionats els Cordaïtes? I els Calamites? En quines condicions vivien?

Reflexioneu i deduïu

Al Carbonífer, fa uns 312 milions d'anys, apareixerà a partir dels amfibis un nou tipus d'animals, els rèptils, que han desenvolupat l'ou amniòtic, és a dir, amb closca i una sèrie de membranes.

Al final d'aquest període, les masses continentals xocaran entre elles i originaran la Pangea, fet que provocarà primerament una glaciació i a continuació un període força eixut i de clima continental, el Permià.

a | Durant el Permià, els rèptils desplaçaran els amfibis com a forma animal hegemònica a la superfície de la Terra. A què creieu que serà degut?

b | Entre els vegetals, les gimnospermes substituiran els boscos de falgueres i cues de cavall. Quines diferències hi ha entre la reproducció dels pteridòfits i la de les gimnospermes? Creieu que això les va afavorir durant el Permià?

c | Quines es consideren les causes de la gran extinció de finals del Permià? Busqueu informació al web.

ACTIVITATS

4. Fes una llista dels principals esdeveniments referents als éssers vius que tenen lloc durant el Paleozoic.
5. Per què es troben amb més facilitat fòssils d'animals a partir del Cambrià que no pas en èpoques anteriors?
6. Quan s'originen els primers cordats?
7. Explica tres episodis importants en la conquesta de la terra ferma pels éssers vius.

Activitats interactives
Activitat de síntesi

4. El Mesozoic

El Permià acabarà amb una gran extinció, que donarà pas al Mesozoic. Durant aquesta era començarà la fragmentació de la Pangea en dos continents, la Lauràsia i la Gondwana, separats pel mar de Tetis, i el clima tornarà a ser càlid i humit. Com era el món a l'època dels dinosaures?

Interpreteu i investigueu

Al primer període del Mesozoic, al Triàsic, van aparèixer les primeres formes de dinosaures a partir dels rèptils, que seran els vertebrats dominants durant tota aquesta era. Van arribar a diversificar-se molt, especialment al Juràssic. Hi ha dos grans grups de dinosaures: els saurisquis, fonamentalment carnívors; i els ornitisquis, herbívors. La classificació d'aquests dos grans grups es basa en l'estructura dels ossos de la pelvis.

Els dinosaures saurisquis presenten una pelvis amb el pubis apuntant cap endavant, amb la seva prolongació clarament separada de l'isqui. Als ornitisquis, en canvi, el pubis es desenvolupa paral·lelament a l'isqui, dirigint-se cap enrere.

a | A partir de la descripció del marge, digueu quina de les pelvis del dibuix correspon a cadascun dels tipus de dinosaure i a quina categoria pertany cadascuna de les dues espècies.

b | Cerqueu informació i citeu tres noms de dinosaures de cada tipus.

c | *Saurisqui* vol dir literalment «amb pelvis de rèptil», mentre que *ornitisqui* significa «pelvis d'au». Les aus són, de fet, els únics descendents vius dels dinosaures. Investigueu de quin dels dos tipus de dinosaure van evolucionar.

Reflexioneu i deduïu

Tot i que les gimnospermes continuaran sent les principals formes vegetals als boscos del Mesozoic, durant aquesta era apareixeran per primera vegada les plantes amb flor, les angiospermes.

Lligat a aquesta innovació, determinats grups d'insectes evolucionaran cap a una nutrició a base de pol·len i nèctar: al Cretaci ja trobem les primeres abelles fòssils.

a | En la relació establerta entre l'insecte i la planta, quins beneficis obté cadascun d'ells? Com s'anomena aquest tipus de relació entre espècies?

b | Coneixeu altres grups animals que hagin evolucionat per obtenir el seu aliment de les flors? Poseu-ne algun exemple.

c | Per què és important la funció dels insectes pol·linitzadors, com les abelles?

Interpreteu una taula i deduïu

A la taula següent teniu una llista de trets anatòmics que permeten diferenciar els rèptils de les aus. En una tercera columna, es descriuen les característiques equivalents d'un fòssil, l'*Archaeopteryx*, que s'ha trobat en roques del Juràssic.

Rèptils	Aus	*Archaeopteryx*
Coberts d'escates	Cobertes de plomes	Cobert de plomes
Os de la clavícula no soldat	Os de la clavícula soldat	Os de la clavícula soldat
Sense dits oposats	Polze oposat	Polze oposat
Pubis no dirigit cap enrere	Pubis dirigit cap enrere	Pubis dirigit cap enrere
Ossos del tars i metatars lliures	Ossos del tars i metatars fusionats	Ossos del tars i metatars fusionats
Dents en alvèols	Sense dents, amb bec	Dents en alvèols
Cua de vèrtebres lliures	Cua amb vèrtebres fusionades	Cua de vèrtebres lliures
Costelles sense apòfisi	Costelles amb apòfisi	Costelles sense apòfisi
Dits a les extremitats anteriors	Sense dits a les extremitats anteriors	Tres dits a les extremitats anteriors

a | Com classificaríeu l'*Archaeopteryx*? Quines característiques són comunes a un grup i a l'altre?

b | Trobem fòssils de rèptils des del Carbonífer endavant, però els primers fòssils d'aus només apareixen a partir del Juràssic. Amb aquestes dades, quines conclusions podeu treure sobre la relació de l'*Archaeopteryx* amb aquests dos grups?

Interpreteu un text

A finals del Cretaci, fa 65,5 milions d'anys, va tenir lloc una extinció massiva de formes de vida sobre la Terra, entre elles, els dinosaures. Hi ha moltes teories que miren d'explicar la causa d'aquesta extinció. Una de les més probables és la que va plantejar Luis Walter Álvarez, que la justificaria per l'impacte al planeta d'un gran meteorit. Efectivament, s'ha constatat als estrats de roques sedimentàries de tot el món, datades al trànsit entre el Cretaci i el Paleogen, una abundància d'iridi molt més gran que el normal. L'iridi és un element molt estrany a l'escorça, ja que va desplaçar-se cap a les zones profundes del planeta en el procés de diferenciació. En canvi, és abundant als asteroides i meteorits. També s'han trobat petites esferes de roca fosa als estrats d'aquesta època, possible conseqüència de l'impacte, així com les traces de tsunamis a la costa est dels actuals Estats Units i Mèxic. Finalment, el descobriment de les restes d'un cràter d'impacte submarí de 180 km de diàmetre al golf de Mèxic, i datat fa 65 milions d'anys, sembla confirmar la hipòtesi. Això no obstant, altres causes poden haver participat en aquesta gran extinció.

a | Quines proves es poden aportar a favor de la hipòtesi de l'impacte com a causa de l'extinció dels dinosaures?

b | Quines conseqüències a escala planetària creieu que hauria tingut aquest impacte? Com hauria afectat les diferents formes de vida?

c | Feu una cerca d'informació sobre altres hipòtesis que intentin confirmar aquest esdeveniment, enumereu-les i expliqueu en què es basen.

ACTIVITATS

8 Quina diferència hi ha entre angiospermes i gimnospermes?

9 Busca al web quins són els fòssils guia característics del Mesozoic.

Activitats interactives
Activitat de síntesi

5. El Cenozoic: Paleogen i Neogen

El Cenozoic s'inicia fa 65,5 milions d'anys i dura fins a l'actualitat. Comprèn tres períodes: el Paleogen, el Neogen i el Quaternari. En aquesta era els mamífers ocuparan el lloc que deixen buit els dinosaures, i es convertiran en el grup animal dominant. Com es van diversificar els mamífers?

Cladograma: diagrama en forma d'arbre que permet representar el parentiu evolutiu entre les espècies.

Interpreteu un cladograma

El cladograma següent representa els diferents grups de mamífers i la seva història evolutiva. L'amplada de cada línia és proporcional al nombre d'espècies presents en cada època.

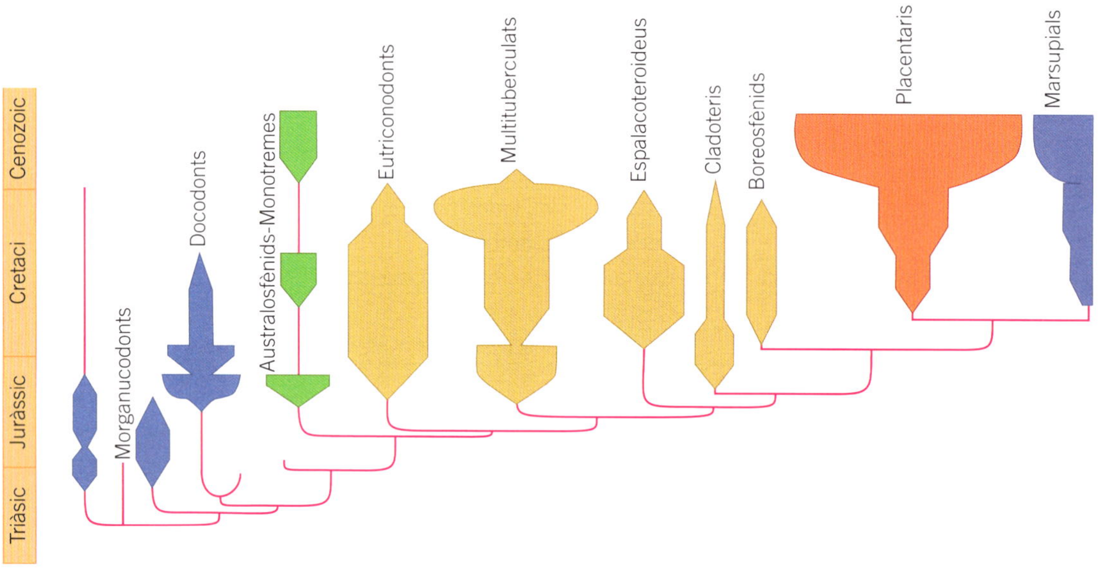

a | En quina època apareixen els primers mamífers?

b | Quins són els grups de mamífers que perviuen en l'actualitat?

c | En quina època se separa la branca dels monotremes?

d | Quan es produeix la separació entre placentats i marsupials?

e | Què podeu observar en el trànsit del Cretaci al Paleogen? Hi ha grups de mamífers que s'extingeixen? A què creieu que és degut? Què succeeix amb els que queden?

f | Les fotografies us mostren tres mamífers actuals, pertanyents a tres grups diferents: monotremes, marsupials i placentats. Busqueu informació sobre aquests grups i expliqueu quins trets els diferencien.

Interpreteu i deduïu

A finals del Juràssic, el continent situat a l'hemisferi sud i derivat de Gondwana va començar a fragmentar-se i va donar lloc als diferents continents actuals. Fixeu-vos en els mapes i responeu:

a | Durant el Paleogen, Sud-amèrica va desenvolupar una fauna molt característica amb grans marsupials herbívors i ocells predadors gegants. A què creieu que és degut?

b | A Amèrica del Nord també s'havia desenvolupat una fauna pròpia amb mamífers placentaris com a espècies principals. Quan es crea l'istme de Panamà, fa uns 3 milions d'anys, les dues faunes entren en contacte i es produeixen migracions de sud a nord i de nord a sud. En aquest procés, les espècies de mamífers placentats del nord provocaran l'extinció de les seves espècies equivalents del sud. Com s'anomena aquest fenomen? Quines en són les causes?

c | Malgrat pertànyer a grups diferents, com ara el dels mamífers placentaris i el dels marsupials, moltes de les espècies que habitaven Sud-amèrica tenien equivalents ecològics amb morfologia molt semblant a Nord-amèrica. Com justificaríeu això?

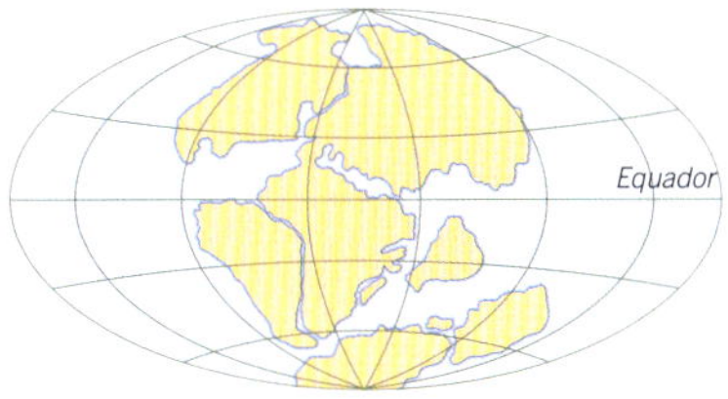

Juràssic
Fa 135 milions d'anys

Avui

Interpreteu un text

Durant el Miocè, la zona equatorial del continent africà estava coberta d'oest a est d'una banda contínua de selva humida, en la qual vivia un dels primers avantpassats de l'ésser humà, l'*Ardipithecus ramidus*. Els moviments tectònics van provocar la formació del Gran Rift, que va aixecar grans barreres muntanyoses orientades de nord a sud. La zona oriental va quedar així aïllada dels vents humits provinents de l'Atlàntic i, com a conseqüència, es va alterar la climatologia de la zona: l'oest va continuar sent humit, amb ecosistemes forestals, mentre que l'est va convertir-se en un entorn de sabana, força més sec.

Serà a l'est del Gran Rift on l'*Ardipithecus*, avantpassat del ximpanzé, evolucionarà fins a l'*Australopithecus*: individus bípedes, de poc més d'un metre d'alçada, omnívors i habitants de les sabanes a prop dels rius.

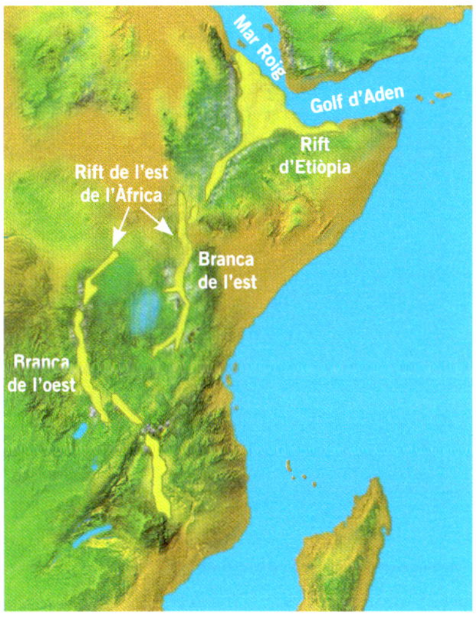

a | Quina considereu que va ser la causa d'aquesta especiació que va originar l'aparició dels humans primitius a partir d'*Ardipithecus*? De quin tipus d'especiació es tracta?

b | Com interpreteu evolutivament que a la zona oest s'hagin donat relativament pocs canvis morfològics, de manera que els ximpanzés no presenten diferències gaire marcades amb *Ardipithecus*, mentre que a la zona est s'iniciés una diferenciació important que donarà origen a l'espècie humana?

c | Un dels canvis que presenten els *Australopithecus* respecte al seu avantpassat és la marxa bípeda. Quins avantatges pot aportar el bipedisme en l'entorn de sabana en el qual s'originen? Cerqueu a Internet quins són els canvis anatòmics que comporta el bipedisme.

ACTIVITATS

10. Quina és la causa de la diversificació dels mamífers a l'inici del Cenozoic?
11. Quins esdeveniments geològics destaquen al Cenozoic?

Activitats interactives
Activitat de síntesi

6. El Cenozoic: Quaternari

El Quaternari s'inicia fa 2,6 milions d'anys, es divideix en Plistocè i Holocè i inclou els cicles recents de glaciacions. Podem considerar que els continents ja es trobaven en les posicions actuals. En aquest període apareixen diverses espècies d'homínids, però saps quin és l'origen dels humans actuals?

Feu una cerca i organitzeu la informació

El gràfic mostra algunes de les espècies d'homínids descobertes fins ara i les possibles relacions entre elles.

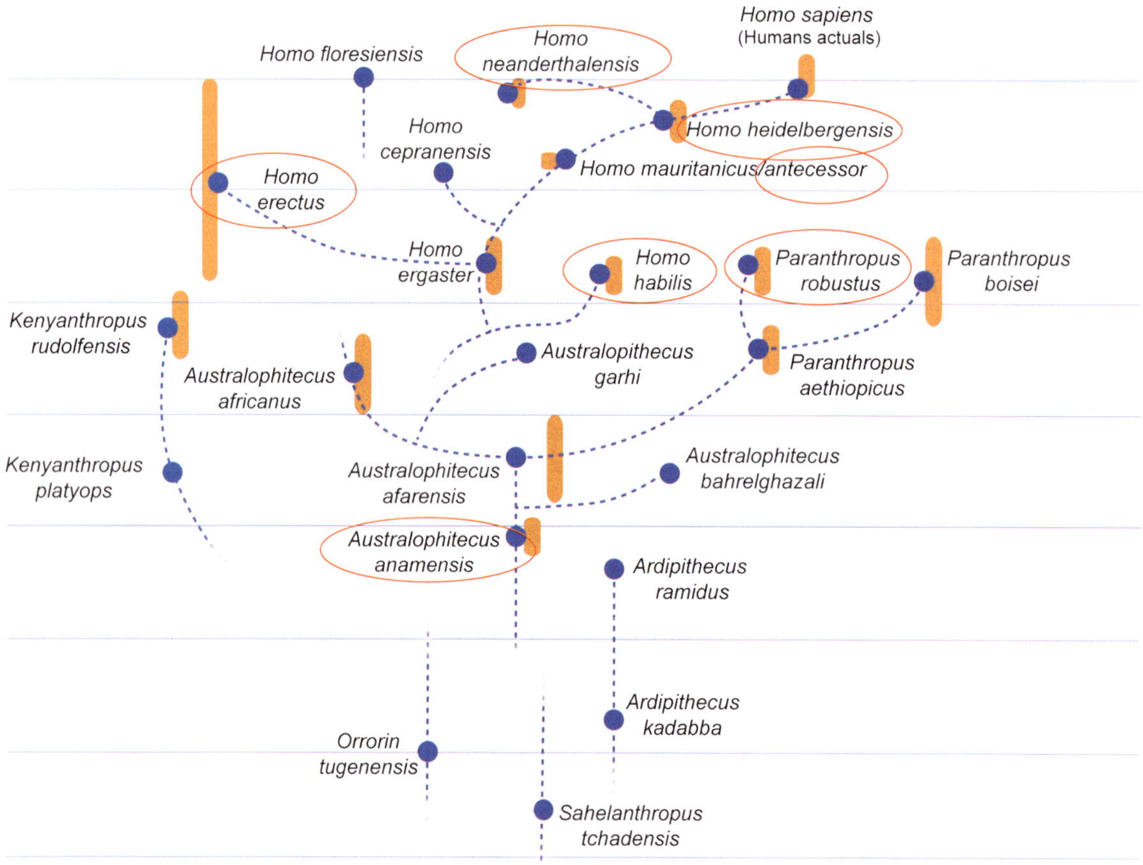

Feu una cerca d'informació a Internet i assigneu cadascuna de les espècies d'homínids encerclades en vermell en el gràfic als fets evolutius següents:

- Primers homínids bípedes.
- Grup d'homínids de dieta herbívora, molt adaptats a la vida a les praderies.
- Primers fabricants d'eines de pedra.
- Primera espècie que tenim constància que domina el foc.
- Primer homínid que surt del continent africà.
- Espècies trobades al jaciment d'Atapuerca, a Burgos.
- Espècie d'homínid europeu, molt ben adaptat al clima fred, que va conviure amb els humans moderns.
- Primer avantpassat comú de l'home modern i l'home de Neandertal.

Interpreteu una gràfica

La gràfica us mostra un registre de les variacions de les temperatures de 400.000 anys ençà, obtinguda a partir de l'estudi del gel de l'Antàrtida.

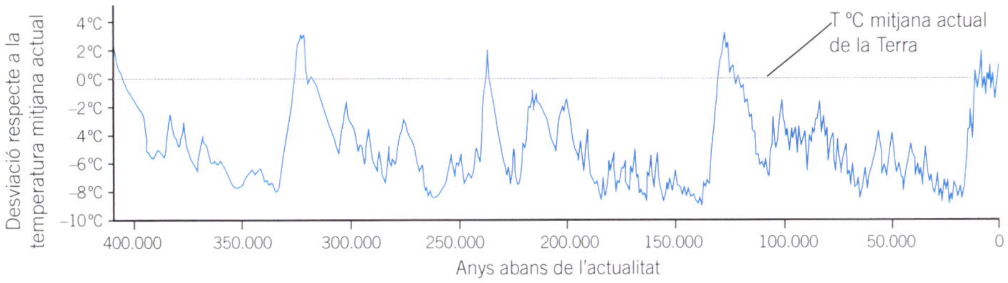

a | Què podríeu dir respecte de les variacions tèrmiques registrades des de fa 400.000 anys?

b | Indiqueu en quins períodes de temps la temperatura va ser superior a l'actual i en quins va ser inferior.

c | Es considera que durant el Plistocè se succeeixen quatre períodes glacials, entre els quals s'intercalen períodes interglacials, més càlids. En quina d'aquestes etapes ens trobem actualment? Quan va començar?

d | En els períodes glacials, com repercuteix en el nivell del mar l'acumulació de l'aigua en grans casquets de gel sobre els continents?

e | Com creieu que afectarà tot això a les precipitacions? El clima serà més humit o més sec?

Feu una cerca i responeu

El procés evolutiu que ha originat l'espècie humana es coneix amb el nom d'**hominització**. Si comparem un ésser humà i un ximpanzé, tot i compartir un 94 % del genoma, podem percebre moltes diferències que han estat adquirides des que vam divergir a partir d'un avantpassat comú.

Consulta els webs i contesta:

a | Un dels trets principals del llinatge humà és el **bipedisme**. En quin moment s'origina aquesta forma de locomoció? Quins avantatges aporta?

Jane Goodall, primatòloga i experta en ximpanzés.

b | S'ha estudiat la fabricació i ús d'eines en els grups de ximpanzés que viuen en llibertat a l'Àfrica. Comenta quines diferències hi ha entre aquestes eines i les desenvolupades pels humans.

c | Una altra característica de l'espècie humana és la consciència de la mort. Tot i que alguns trets de comportaments lligats amb això ja apareixen en ximpanzés, quina és la primera espècie del llinatge humà de la qual tenim constància que va realitzar enterraments rituals?

Interpreteu un esquema

Per explicar l'origen i diversitat de la humanitat s'han plantejat diverses teories:

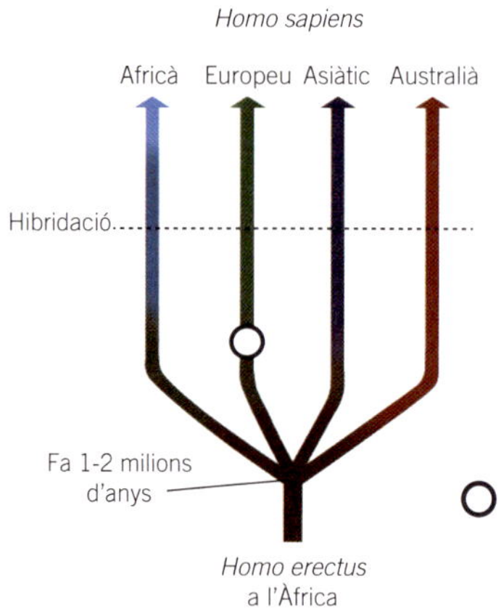

Hipòtesi multiregional

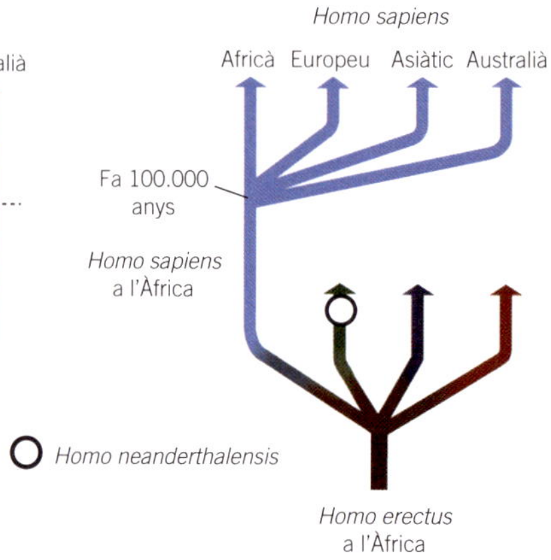

Hipòtesis de substitució

a | Fixeu-vos en els esquemes i intenteu descriure en què consisteix cada teoria i en què es diferencien.

b | A partir de quina espècie ancestral s'origina l'*Homo sapiens* segons ambdues hipòtesis?

c | Quin dels dos plantejaments defensa una diferenciació regional d'*Homo sapiens*?

d | Fa quants milions d'anys, s'hauria donat la diferenciació d'*Homo sapiens* segons cada teoria?

e | On hauria aparegut l'*Homo sapiens* segons la hipòtesi de substitució? Què hauria succeït a continuació?

f | La població d'*Homo erectus* que va arribar a Europa va originar amb el temps els neandertals, que van habitar aquest territori fins al final de la darrera glaciació. Segons la hipòtesi multiregional, els europeus actuals descendirien de forma directa de l'*Homo neanderthalensis*? I segons la hipòtesi de substitució?

g | Justifiqueu quina de les dues hipòtesis reforça cadascuna de les següents afirmacions o troballes:

- Estudis realitzats sobre el DNA mitocondrial constaten una gran homogeneïtat entre les poblacions humanes actuals de tot el planeta.
- Aquests mateixos estudis indiquen que a les poblacions africanes hi ha molta més diversitat genètica que a les de fora d'aquest continent.
- Es calcula que el temps necessari per obtenir tota la diversitat present al DNA mitocondrial humà és de 150.000 anys.
- Segons estudis realitzats sobre DNA fòssil de l'*Homo neanderthalensis*, les diferències entre els humans moderns i l'home de Neandertal és tres vegades més gran que les existents entre els diferents grups d'humans moderns.

Interpreteu un mapa

Aquest mapa mostra les evidències fòssils i arqueològiques més antigues que demostren la presència d'*Homo sapiens* a cada continent.

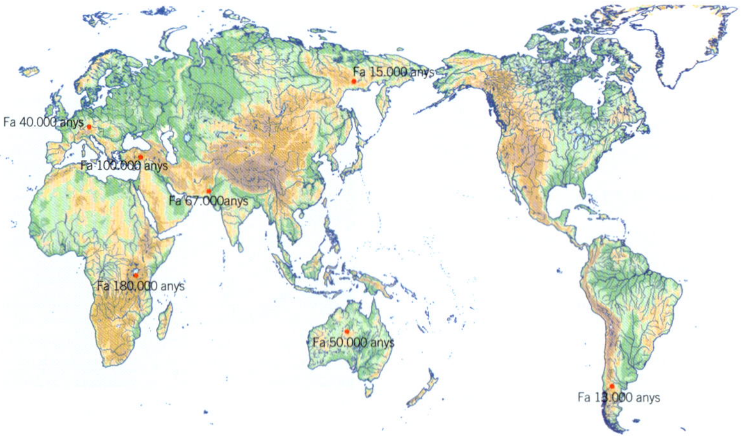

a | Copieu el mapa i reconstruïu l'itinerari de les migracions humanes afegint-hi fletxes.

b | On hi ha les evidències fòssils més antigues?

c | Quin és el darrer continent colonitzat pels humans moderns?

ACTIVITATS

12 En l'actualitat al planeta només hi ha una única espècie d'homínid. Indica dues èpoques en què van conviure diverses espècies d'homínids i quines van ser.

13 Què és el procés d'hominització? Quins són els principals trets que el caracteritzen?

14 Els habitants actuals d'Europa, descendeixen directament de l'home de Neandertal?

Activitats interactives
Activitat de síntesi

1. L'escala del temps geològic

El **temps geològic** és el període que ha transcorregut des que es va formar la Terra fins a l'actualitat. Es calcula en uns 4.550 milions d'anys.

Per poder estudiar-lo millor, els científics l'han dividit segons els fets biològics o geològics més importants. Les fraccions més generals són els **eons**, els quals se subdivideixen successivament en **eres**, **períodes** i **èpoques**.

ACTIVITATS

1. Digues si els següents noms corresponen a un eó, una era, un període o una època: Terciari, Paleozoic, Holocè, Neogen, Arqueà, Fanerozoic, Miocè, Juràssic, Quaternari, Carbonífer.
2. En quin eó comença la vida a la Terra? Quina és l'era dels dinosaures? Quan apareix l'ésser humà actual?
3. L'astrònom Carl Sagan, en el seu llibre *Los dragones del Eden*, va publicar un calendari còsmic que concentrava els 15.000 milions d'anys de la història de l'Univers en 365 dies. Mira el vídeo que trobaràs al web i situa en una taula cronològica les principals dates i esdeveniments descrits.
4. William Thompson va calcular, l'any 1862, una edat per a la Terra entre 24 i 100 milions d'anys, basant els càlculs en el refredament del planeta des de la seva formació. Aquesta dada, que finalment va resultar errònia, va representar un problema per als geòlegs i biòlegs de l'època. Per què creus que va ser així? Amb quin problema es van trobar aquests investigadors?

2. El Precambrià

El **Precambrià** és la divisió del temps geològic més extensa, amb una durada de més de 4.000 milions d'anys. S'inicia amb la formació de la Terra i finalitza amb l'explosió de formes de vida macroscòpiques de closca dura, punt d'origen del Cambrià. Es divideix en tres eons:

- L'**Hadeà**. És l'etapa que abraça des de la formació de la Terra fins al moment en què s'origina la vida. Les restes de roques terrestres més antigues que s'han trobat mai tenen una antiguitat pròxima als 4.300 milions d'anys, són volcàniques i se situen al Quebec.

  Actualment, els científics creuen que la vida a la Terra es va originar fa entre 3.900 i 3.500 milions d'anys.

  La hipòtesi més acceptada per explicar l'origen de la vida a la Terra és la **síntesi abiòtica**, que suposa la creació de matèria orgànica a partir de matèria inorgànica. Aquesta teoria va ser proposada per dos científics, l'any 1953, Alexander Oparin i John Haldane. Ambdós plantegen la gènesi de la vida en un medi líquid, a partir de tres processos successius:

  - La **formació de molècules orgàniques senzilles** a partir dels gasos de l'atmosfera primitiva, a causa de les radiacions solars i descàrregues elèctriques produïdes durant les tempestes. L'atmosfera primitiva no contenia oxigen lliure i estava constituïda principalment per diòxid de carboni, vapor d'aigua, nitrogen i monòxid de carboni.
  - La **formació de molècules orgàniques complexes a partir de les anteriors** que s'haurien acumulat en els oceans primitius. És el que es coneix com a **brou primordial**.
  - La **formació de coacervats** en el brou primordial. Algunes de les molècules orgàniques complexes es van associar i van originar estructures esfèriques buides, anomenades *coacervats*, que haurien allotjat en el seu interior altres molècules amb capacitat de replicar-se, com ara els àcids nucleics. Aquestes estructures haurien estat les precursores de les primeres cèl·lules.

  Els científics suposen que els primers organismes que van sorgir a la Terra eren molt simples: formes procariotes i heteròtrofes que obtenien l'aliment del brou primordial i que eren capaces de viure sense oxigen.

  Una altra de les hipòtesis que expliquen l'origen de la vida a la Terra és la **panspèrmia**. Aquesta proposa l'existència remota d'unes molècules precursores de la vida procedents de l'espai que haurien arribat al nostre planeta viatjant en restes d'asteroides, meteorits o cometes.

- L'**Arqueà**. L'aparició de la vida és l'esdeveniment que marca l'inici d'aquest eó fa uns 3.800 milions d'anys. Durant l'Arqueà, la vida es va desenvolupar al mar, a certa profunditat, protegida dels rajos ultraviolats que impactaven a la superfície. Eren abundants els cianobacteris, uns organismes procariotes fotosintètics, que van aportar oxigen a l'atmosfera alhora que es reduïa la quantitat de diòxid de carboni. La seva activitat ha deixat com a resta els **estromatòlits**, unes estructures calcàries similars als esculls de coralls.

- El **Proterozoic**. Es va iniciar fa 2.500 milions d'anys, quan l'oxigen lliure ja es trobava a l'atmosfera. Al llarg d'aquest eó, es va formar la capa d'ozó. La simbiosi entre diversos tipus de cèl·lules procariotes va originar les cèl·lules eucariotes. Al final del Proterozoic, va tenir lloc la major glaciació de la història de la Terra. Es creu que es van congelar tots els oceans del planeta. Després de la **glaciació**, van sorgir els primers organismes pluricel·lulars, coneguts amb el nom de **fauna d'Ediacara**.

ACTIVITATS

5. Segons la teoria d'Oparin i Haldane, a partir de quins components es forma per primera vegada la matèria orgànica al planeta Terra?
6. Enuncia i explica les tres fases que se succeeixen en el procés de formació de les primeres cèl·lules a partir de la matèria inorgànica.
7. Què són els estromatòlits? Quan es van començar a formar?

8. Quin impacte va tenir, a escala global, l'activitat dels cianobacteris sobre la química del planeta Terra?

3. El Paleozoic

El **Paleozoic** és la primera era del Fanerozoic. S'inicia ara fa 542 milions d'anys i finalitza fa uns 251 milions d'anys. A l'inici del Paleozoic, les terres emergides formaven un supercontinent. Amb el temps, es fragmentarà i, posteriorment, les parts tornaran a unir-se i donaran lloc, a principi del Permià, a la Pangea. El Paleozoic es divideix en sis períodes:

- El **Cambrià**. Es produeix l'anomenada **explosió cambriana**, caracteritzada per una gran diversificació dels organismes. Durant aquest període, apareixen els principals grups d'invertebrats actuals, i també els primers cordats (grup d'animals de simetria bilateral, amb un sol cordó nerviós dorsal i que inclou els vertebrats). Els **trilobits** són un grup d'artròpodes considerats els fòssils característics d'aquesta era.
- L'**Ordovicià**. Evolucionen els àgnats (peixos sense mandíbules), les primeres plantes verdes i els fongs. Al final del període, hi ha una **glaciació**.
- El **Silurià**. Apareixen les primeres plantes que tenen vasos conductors i els primers artròpodes terrestres. Al mar, sorgeixen els peixos amb mandíbules.
- El **Devonià**. Sorgeixen els primers pteridòfits (cues de cavall i falgueres) i les primeres plantes amb llavor. També es desenvolupen els primers insectes no voladors. S'extingeixen la majoria dels trilobits i, al mar, evolucionen els primers amfibis a partir de peixos amb pulmons. S'inicia l'orogènia herciniana (formació de nombroses serralades com els Apalatxes, els Urals o el Sistema Central espanyol).
- El **Carbonífer**. La superfície terrestre és coberta per extensos boscos de falgueres arbòries. Es diversifiquen els insectes alats. S'originen els primers rèptils a partir dels amfibis. Al final del període, hi ha una **glaciació**.
- El **Permià**. Es forma la Pangea i finalitza la glaciació del Carbonífer, generalitzant-se un clima més àrid. Les gimnospermes reemplacen la flora del Carbonífer i apareixen els primers rèptils, que desenvolupen l'ou amniòtic. Al final del període, té lloc una **gran extinció** que fa desaparèixer el 95 % de les espècies marines i el 75 % dels vertebrats terrestres. S'ha especulat amb diversos factors que podrien ser la causa d'aquesta gran extinció: l'impacte d'un gran meteorit, una intensa activitat volcànica, l'aparició d'una supernova propera que hagués destruït la capa d'ozó, o l'emissió massiva de metà acumulat a les profunditats abissals.

ACTIVITATS

9. En què consisteix l'explosió cambriana? Quines formes animals es van originar?
10. Quins són els fòssils característics del Cambrià?
11. Quan inicien la conquesta de terra ferma els animals? Indica quines adaptacions es faran necessàries per poblar el medi terrestre.
12. Quin tipus de vegetals formaven els boscos del Carbonífer?
13. Com es distribueixen els continents en el Permià?
14. Quines característiques tenen els rèptils que els afavoreixen en la colonització d'ambients àrids?

4. El Mesozoic

El **Mesozoic** és la segona era del Fanerozoic. S'inicia ara fa 251 milions d'anys i finalitza fa uns 65,5 milions d'anys. Al Mesozoic va començar la fragmentació de la Pangea. No hi va haver cap glaciació i el clima va tornar a ser càlid. Els rèptils van assolir una gran diversificació i van colonitzar la majoria d'hàbitats, tant terrestres com aquàtics. Es divideix en tres períodes:

- El **Triàsic**. En aquest període, els rèptils del grup dels arcosaures es van diversificar extraordinàriament i van ocupar tots els ambients. Apareixen els primers dinosaures i mamífers.
- El **Juràssic**. Els dinosaures van esdevenir els vertebrats dominants. En el transcurs del Juràssic, es van originar les aus a partir de dinosaures carnívors. Durant aquest període, però, les formes que imperaven al cel eren els pterosaures, els rèptils voladors. Al mar també abundaven els grans rèptils. Els boscos de falgueres del Permià van ser substituïts per boscos de coníferes.
- El **Cretaci**. Al principi del Cretaci, la Pangea es va dividir en dos continents, Lauràsia i Gondwana, separats pel mar de Tetis. És l'època de major esplendor dels dinosaures. En aquest període, es desenvolupen les plantes angiospermes. També apareixen els insectes gregaris com ara les abelles i les formigues. Al final del Cretaci va començar la col·lisió de les diverses plaques continentals que s'havien fragmentat de la Pangea, fet que va originar l'**orogènia alpina** (formació de les serralades del sud d'Europa i l'Àsia).

Al final del Mesozoic, fa uns 65,5 milions d'anys, una gran extinció va eradicar els dinosaures, però també molts altres grups animals. Es creu que les causes més probables d'aquesta extinció global van ser: una intensa activitat volcànica; l'impacte d'un gran meteorit sobre la península de Yucatán, a Mèxic, i un canvi en el clima terrestre, que es va refredar en tot el planeta.

ACTIVITATS

15. Quina era la configuració dels continents durant el Mesozoic? Quina orogènia s'inicia durant aquesta era?
16. Els mamífers s'originaran a partir dels dinosaures? I les aus? Justifica la teva resposta.
17. Quins nous tipus de vegetals apareixen durant el Cretaci? Quines són les seves característiques?

5. El Cenozoic: Paleogen i Neogen

El **Cenozoic** és la tercera era del Fanerozoic. S'inicia ara fa 65,5 milions d'anys i s'estén fins a l'actualitat. Durant el Cenozoic, té lloc el moviment de les plaques tectòniques fins a arribar a la posició actual dels continents en el Quaternari. Al llarg d'aquesta era, continua activa l'orogènia alpina. Es divideix en tres períodes: el Paleogen, el Neogen i el Quaternari.

- El **Paleogen**. Després de l'extinció del Cretaci, la biodiversitat es recupera i els mamífers (carnívors i herbívors) esdevenen el grup animal dominant. Els ocells també evolucionen cap a les formes actuals. El clima del Paleogen és càlid, però tendeix a refredar-se. Les aigües fredes de l'oceà Antàrtic i un refredament climàtic regional provoquen la congelació de l'Antàrtida. Pel que fa a la flora, les plantes amb flors esdevenen cada cop més dominants i apareixen les monocotiledònies, un tipus de plantes amb flor, dins de les quals les gramínies s'expandiran molt, i generaran grans praderies on els ramats de mamífers herbívors viuran i s'alimentaran.

- El **Neogen**. Durant aquest període, la diversitat dels mamífers és màxima. Les plaques nord-americana i sud-americana queden unides per l'istme de Panamà. Això provocarà un intercanvi de faunes. El refredament progressiu del clima i també la disminució de les precipitacions fan que la superfície de selva del continent africà disminueixi i que al seu lloc aparegui la sabana. És en aquest ambient on es desenvolupen els primers homínids.

Fa uns 4,5 milions d'anys, la línia que donarà origen als humans se separa de la que originarà els ximpanzés, amb l'aparició dels primers *Australopithecus*.

ACTIVITATS

18. Quin canvi té lloc a l'Antàrtida durant el Cenozoic?
19. Com és el clima durant el Paleogen? Com estan distribuïts els continents?
20. Quines conseqüències té la unió de les plaques nord-americana i sud-americana?
21. Quin és el primer representant dels homínids? On i quan apareix?
22. Quines conseqüències comportarà l'adquisició de la locomoció bípeda en els homínids?

6. El Cenozoic: Quaternari

El **Quaternari** és el tercer període en què es divideix el Cenozoic. És el període de temps geològic més curt. Es pot considerar que els continents ja estan situats en la posició actual. El Quaternari inclou els cicles recents de glaciacions, que van afectar el 40 % de la superfície del planeta, intercalats amb períodes més càlids. En aquest període, apareixen diverses espècies d'homínids. Es divideix en dues èpoques, Plistocè i Holocè.

Durant el **Plistocè**, la Terra va estar sotmesa a una glaciació. Els anomenats **períodes glacials** se succeeixen cíclicament cada 100.000 anys, alternats amb **períodes interglacials** més càlids i curts. Mentre dura el període glacial, les masses de gel s'estenen i cobreixen grans regions continentals. L'evaporació i les precipitacions són menors, de manera que el clima esdevé més sec. En els períodes interglacials la temperatura mitjana és més suau i els gels retrocedeixen.

L'**Holocè**, que és l'època actual, coincideix amb el darrer període interglacial, que va començar fa uns 14.000 anys.

Es desconeixen les causes que desencadenen els períodes glacials. Els científics creuen que estan determinats per la radiació solar que incideix sobre la Terra i que depèn, alhora, d'una combinació de factors, com els canvis cíclics en l'òrbita terrestre.

Els canvis climàtics cíclics del Plistocè van afectar tant la flora com la fauna. Durant l'avanç dels gels, les espècies característiques de clima fred es van desplaçar fins a latituds meridionals.

L'evolució dels homínids

Els **homínids** són la família a la qual pertany l'espècie humana, l'*Homo sapiens*. És una família de l'ordre dels primats, que també inclou el ximpanzé, el goril·la, l'orangutan i les espècies fòssils emparentades amb aquests grups.

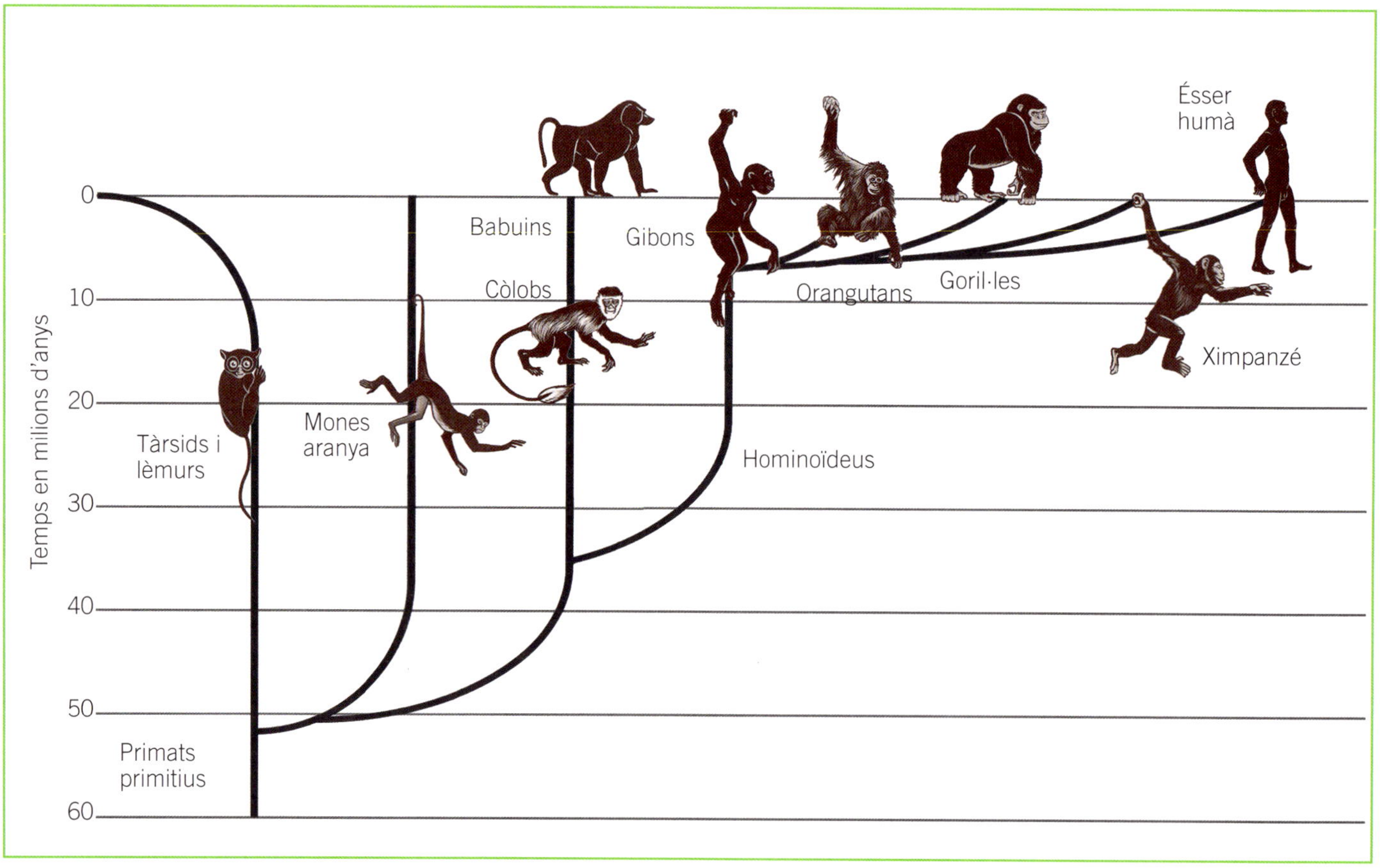

Fa uns 35 milions d'anys, el grup dels **hominoïdeus**, que agrupa els simis sense cua, es va diferenciar de la resta dels primats. No va ser fins fa uns 6 milions d'anys que va aparèixer la línia evolutiva dels homínids. En aquest punt, diferents formes van evolucionar de manera independent i van donar lloc a les espècies actuals d'orangutans, goril·les, ximpanzés i éssers humans.

De manera cronològica, les espècies d'homínids més rellevants són:

- ***Australopithecus***: apareixen fa uns 4,5 milions d'anys. Eren individus bípedes, omnívors i de baixa estatura, amb una capacitat cranial semblant a la dels ximpanzés actuals, d'entre 400 cm^3 i 500 cm^3. Habitaven zones boscoses a prop dels rius envoltats de sabana.
- ***Homo habilis***: apareix fa uns dos milions d'anys a les sabanes de l'Àfrica, a la vall del Rift, a partir del grup dels *Australopithecus*. És la primera espècie de la qual hi ha constància que fabricava eines, i el primer membre conegut del gènere *Homo*. La seva capacitat cranial era d'uns 640 cm^3 de mitjana i, segurament, ja disposava de les estructures anatòmiques necessàries per a la parla.
- ***Homo ergaster***: va viure fa entre 1,7 i 1,3 milions d'anys, també a les sabanes africanes. Se suposa que és un avantpassat directe de l'ésser humà. Podia fer fins a 180 cm d'alçada i tenia una capacitat cranial de fins a 900 cm^3. Era caçador i treballava les eines amb més destresa que l'*Homo habilis*.
- ***Homo erectus***: es va originar a partir de l'*Homo ergaster* fa 1,3 milions d'anys, fora del continent africà. Tots els fòssils d'*Homo erectus* es localitzen a l'Àsia. Eren individus recol·lectors i caçadors que dominaven el foc. La seva capacitat cranial podia arribar als 1.300 cm^3.
- ***Homo antecessor***: va sorgir fa 1,2 milions d'anys al continent africà, probablement a partir de l'*Homo ergaster*. Tenia una capacitat cranial superior als 1.000 cm^3 i estava adaptat a la vida al bosc. Caçador i recol·lector, era molt hàbil en la creació d'eines de pedra, de fusta i d'os. Els científics suposen que, a partir de l'evolució de l'*Homo antecessor*, va aparèixer l'home modern (*Homo sapiens*) a l'Àfrica i l'home de Neandertal (*Homo neanderthalensis*) a Europa.
- ***Homo neanderthalensis***: els fòssils més antics daten de fa uns 230.000 anys. Va viure a Europa i l'Àsia. Eren individus robustos, més baixos que l'ésser humà actual, però amb una capacitat cranial superior, de 1.600 cm^3. Van perfeccionar la talla de la pedra i realitzaven enterraments rituals en honor als seus difunts.
- ***Homo sapiens***: la nostra espècie va aparèixer a l'Àfrica fa uns 150.000 anys. Va abandonar aquest continent i va colonitzar tot el planeta. L'*Homo sapiens* és una espècie intel·ligent en la qual es desenvolupen àmpliament el pensament simbòlic, la consciència i el llenguatge, i que fa un ús creixent i extraordinari de la tecnologia.

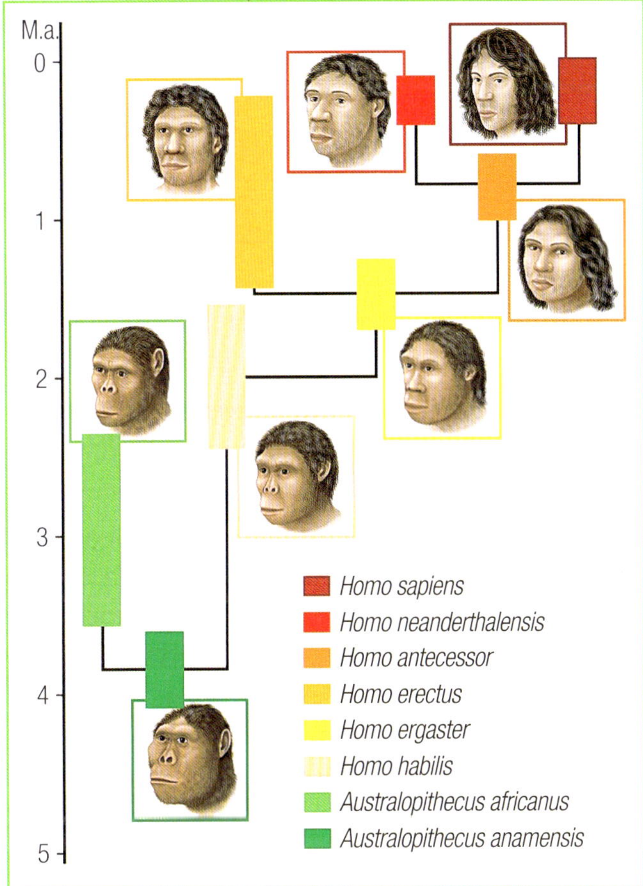

ACTIVITATS

23. En quines èpoques es divideix el Quaternari?
24. Com és el clima durant el Quaternari? Quines conseqüències tindrà això sobre la distribució dels éssers vius?
25. Quin és el primer representant del gènere *Homo*? On apareix? Quines característiques presenta?
26. Quina és la primera espècie que té domini del foc? On es localitza?
27. Quina espècie és, probablement, l'avantpassat comú més recent de l'*Homo sapiens* i l'*Homo neanderthalensis*?
28. Explica quines característiques presentava l'home de Neandertal. Com creus que havia influït el clima en el desenvolupament d'aquestes característiques?

PER ESTUDIAR

Procés d'hominització

Al llarg de l'evolució, s'han anat acumulant tot un seguit de canvis que han acabat caracteritzant l'espècie humana: és el que es coneix com a **hominització**.

Els trets principals de la nostra espècie que la diferencien, en major o menor grau, de la resta d'homínids són:

— El bipedisme.
Capacitat per desplaçar-se sobre les dues extremitats posteriors (peus) sense recolzar a terra les extremitats anteriors (mans). El bipedisme comporta una sèrie de canvis esquelètics molt importants que afecten:

- La **columna vertebral**. Adopta una posició pràcticament vertical.
- La **pelvis**. Es fa curta, ampla i arrodonida per suportar millor el pes del tronc.
- Les **cames**. S'allarguen i enforteixen perquè són les responsables de la locomoció i de suportar el pes del cos.
- L'**orifici occipital**. Tendeix a desplaçar-se cap endavant, de manera que la musculatura del clatell es redueix i la medul·la s'orienta perpendicular al terra.
- Les **mans**. Com que no participen en la locomoció, es transformen en un instrument precís. La clau és l'allargament dels dits i l'**oposabilitat del polze**. Les mans lliures van permetre manipular objectes, fabricar instruments i transportar aliments, aigua, etc. L'ús d'eines per manipular els aliments i estovar-los va provocar un reducció progressiva de la dentició, cada cop més lleugera.
- Els **peus**. El dit polze s'allarga i es fa robust; adopta una posició paral·lela a la resta de dits i deixa de ser oposable. El taló creix i actua com a punt de recolzament durant el pas, acció que també realitza el dit gros.

— L'augment de la capacitat cranial.
Al llarg del procés d'hominització, es desenvolupa la capacitat cranial, que passa dels 500 cm^3 en els primers *Australopithecus* als 1.400 cm^3. Aquest increment va acompanyat d'un augment de la superfície de l'escorça cerebral, que és on es localitzen la memòria, l'atenció, el pensament, les funcions sensitives i la percepció de la consciència.

— Aparició del pensament simbòlic i del llenguatge.
L'estructura del cervell humà, juntament amb l'aparell fonador, permet l'aparició d'un llenguatge articulat, element essencial per a la cohesió del grup i la transmissió dels coneixements.

El desenvolupament de certes àrees cerebrals possibilita el pensament simbòlic i la consciència de l'existència, que es materialitzarà, entre d'altres, en el culte als morts i l'aparició dels primers enterraments. La **cultura**, entesa com la capacitat de l'ésser humà per manipular l'entorn i adaptar-lo a les seves necessitats, ha estat un dels factors més influents en el desenvolupament de les poblacions humanes.

L'expansió humana

L'expansió dels homínids pel planeta presenta tres episodis de grans migracions:

- En la primera, fa 1,8 milions d'anys, l'*Homo erectus* va sortir de l'Àfrica i va poblar el Caucas, el sud-est asiàtic i la Xina.
- En la segona, els homínids precursors de l'*Homo antecessor*, o del mateix *Homo antecessor*, van expandir-se pel Pròxim Orient, l'Índia i Europa. Al continent europeu va originar l'home de Neandertal.
- La tercera, que va iniciar-se fa uns 150.000 anys, estava constituïda per individus moderns. Aquesta migració va desplaçar les antigues poblacions de l'*Homo erectus* a l'Àsia i de l'*Homo neanderthalensis* a Europa. Alguns autors creuen possible la existència de certes hibridacions puntuals entre les dues espècies en les zones de contacte entre poblacions.

ACTIVITATS

29. Quina és la primera espècie que presenta marxa bípeda? Quines parts de l'organisme es modifiquen arran d'aquesta forma de desplaçament?
30. El desenvolupament de la capacitat cranial és el reflex de l'increment de massa encefàlica. Aquest augment és uniforme en totes les zones de l'encèfal, o bé es concentra sobre algunes parts? Què comporta això?
31. Què entenem per *pensament simbòlic*? I per *cultura*?
32. Explica els tres grans episodis de migració dels homínids pel planeta. Quines espècies han estat les protagonistes d'aquests episodis?
33. Quan l'*Homo sapiens* arriba a Europa, amb quina espècie interacciona? I quan arriba a l'Àsia?
34. Alguns autors associen la desaparició de l'*Homo neanderthalensis* amb l'expansió de l'*Homo sapiens*. Quin tipus de relació s'hauria establert entre ambdues espècies?

Comprova el que saps
Mapa conceptual

Com ha evolucionat la mida del cervell?

La taula següent recull la massa encefàlica mitjana estimada d'algunes d'espècies de primats, actuals i fòssils. Fem una comparació entre aquests valors.

Espècie	Massa encefàlica (g)
Orangutan	340
Ximpanzé	380
Goril·la	540
Ardipithecus ramidus	350
Australopithecus afarensis	426
Australopithecus africanus	436
Paranthropus robustus	523
Paranthropus boisei	508
Homo habilis / *Homo rudolfensis*	619
Homo ergaster	805
Homo erectus	971
Homo floresiensis	380
Homo neanderthalensis	1.550
Homo sapiens	1.350

Segueix els passos...

1. Fes una cerca a Internet i situa cadascuna de les espècies indicades en el temps. Anota en quina època apareix i quan s'extingeix.
2. A continuació, construeix un gràfic. En l'eix horitzontal indica el temps i, en l'eix vertical, les masses encefàliques, de manera que puguis representar el període en què van viure totes aquestes espècies i la massa encefàlica associada a cadascuna. Vés amb compte a l'hora d'escollir les escales.
3. Per a cada espècie, marca la data d'origen i la de final, i troba els valors de l'ordenada corresponents a la massa encefàlica.
4. Per cada espècie, marca el punt d'intersecció entre la seva data d'origen i el valor de la seva massa encefàlica. Fes el mateix amb la data en que l'espècie es va extingir. Uneix els dos punts amb una línia.

ACTIVITATS

1. Quina de les espècies representades té una massa encefàlica més gran?
2. Es podria relacionar aquest fet amb la corpulència dels seus individus?
3. *Ardipithecus* és l'avantpassat comú dels humans i dels ximpanzés actuals. Compara els valors de massa encefàlica d'aquestes tres espècies. Què observes? Com ho interpretes?
4. En quin moment s'observa un increment més notable del volum encefàlic? Coincideix amb algun fet concret de la història del llinatge humà?
5. El cervell d'un tití pesa 50 g i el d'un lèmur ratolí de Madagascar 1,8 g. D'altra banda, la massa encefàlica d'un elefant africà és de 5,7 kg i la d'una balena blava gairebé 7 kg. Creus que es pot establir una relació directa entre la massa encefàlica i la intel·ligència d'una espècie? Creus que s'han de tenir altres factors en compte? Si es així, quins?
6. Indica quines són les diferències principals entre els australopitecs i els representants del gènere *Homo*.

ACTIVITAT FINAL

L'ORIGEN DE LA VIDA

Llegeix el següent text d'Alexander Oparin i respon.

Com han pogut formar-se originàriament al nostre planeta les substàncies orgàniques? Quan vaig començar a estudiar l'origen de la vida, l'origen de les substàncies orgàniques em va semblar un problema molt enigmàtic i, fins i tot, inaccessible a l'enteniment i a l'estudi. Aquesta opinió era fruit de l'observació directa de la natura, ja que veia que la immensa majoria de les substàncies orgàniques del món dels éssers vius es formen actualment a la Terra com a conseqüència de l'activitat dels organismes. Les plantes verdes absorbeixen de l'aire el carboni inorgànic en forma de diòxid de carboni i, aprofitant l'energia de la llum solar, construeixen a partir d'ell les substàncies orgàniques que necessiten. Els animals, fongs, bacteris i altres organismes que no tenen color verd obtenen les substàncies orgàniques alimentant-se de vegetals o d'animals vius, o descomponent-los un cop morts. Veiem, doncs, que tot el món actual dels éssers vius es manté gràcies als dos processos anàlegs de fotosíntesi i quimiosíntesi que acabem de descriure. Més encara, fins i tot les substàncies orgàniques que es troben a l'interior de l'escorça terrestre, com el carbó o el petroli, totes elles han sorgit a conseqüència de l'activitat de nombrosos organismes que en temps remots van poblar el nostre planeta.

És per això que molts científics del final del segle XIX i començament del XX consideraven que les substàncies orgàniques no poden originar-se a la Terra en condicions naturals, si no és a partir d'un procés biogenètic, és a dir, amb la participació dels éssers vius. Aquesta opinió va dificultar considerablement la solució del problema de l'origen de la vida. Semblava haver-se creat un cercle viciós del qual era impossible sortir: per estudiar l'origen de la vida era necessari comprendre com es formaven les substàncies orgàniques, però resultava que aquestes substàncies només podien ser sintetitzades per éssers vius. Ara bé, a aquesta conclusió només s'hi arriba si les nostres observacions no depassen els límits del nostre planeta. Si mirem més enllà, veurem que en cossos celestes del nostre entorn estel·lar s'estan produint substàncies orgàniques de forma abiogenètica, en condicions que exclouen tota possibilitat que existeixin éssers vius.

Adaptat d'A. I. Oparin, *L'origen de la vida,* 1955

ACTIVITATS

1. Com s'originen les substàncies orgàniques al planeta Terra en l'actualitat? Per què representa això un problema a l'hora d'explicar l'origen de la vida al planeta?
2. Representa amb un esquema la circulació actual de la matèria orgànica al planeta Terra. Ha d'incloure, com a mínim, els conceptes *matèria inorgànica*, *diòxid de carboni*, *matèria orgànica*, *fotosíntesi*, *quimiosíntesi*, *vegetals*, *animals*, *bacteris*, *fongs*, *respiració*, *combustió*, *carbó*, *petroli*. Pots afegir-hi tots aquells conceptes que consideris necessaris.
3. Com aconsegueix la teoria d'Oparin i Haldane trencar el cercle viciós del qual parla el text? Quines condicions proposa per a la formació de matèria orgànica a la Terra primitiva?
4. Què significa la frase «Si mirem més enllà, veurem que en cossos celestes del nostre entorn estel·lar s'estan produint substàncies orgàniques de forma abiogenètica»? Què vol dir ***abiogenètica***?
5. En l'actualitat, s'han plantejat altres escenaris on es pugui sintetitzar matèria orgànica de forma abiogenètica i que puguin relacionar-se amb l'origen de la vida al planeta? Quins?

Autoavaluació

REVISTA DE CIÈNCIA

Laia, la Lucy d'Hostalets de Pierola

Fa uns 12 milions d'anys, les terres que actualment corresponen a Catalunya no eren com les d'ara. El clima, més aviat calorós i humit, propiciava el creixement de boscos frondosos similars a les selves. En aquest ambient hi vivia una població de petites mones que compartien l'ecosistema amb rinoceronts, esquirols voladors i elefants, parents de les espècies actuals.

Què té d'especial aquesta població de mones que no feien més de 80 cm de longitud, 5 kg de pes i que s'alimentaven de fruita mentre es passaven la major part del dia a les capçades dels arbres? Probablament, són una baula més de la història evolutiva dels homínids, i per tant, de l'ésser humà.

Dotze milions d'anys després de l'existència d'aquesta mona, a l'abocador de Can Mata d'Hostalets de Pierola, els científics han trobat 70 fragments de fòssils que han permès reconstruir la major part del crani, la dentició i el braç esquerre d'una femella adulta d'una nova espècie d'hominoïdeu, *Pliobates cataloniae*, batejada col·loquialment amb el nom de «Laia», diminutiu d'Eulàlia, i que significa «la que parla bé», atesa la nova informació que aporta aquest fòssil a la ciència.

Els restes fòssils d'aquesta espècie demostren que es troba en el punt comú entre els simis antropomorfs, com els actuals gibons, i els grans simis dels quals en descendeixen els ximpanzés, els goril·les, els orangutans i l'ésser humà.

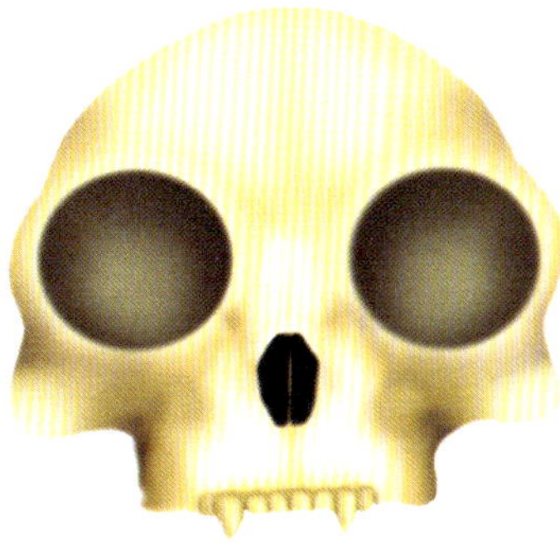

Reconstrucció del crani i la cara del fòssil de ***Pliobates cataloniae***

Els paleontòlegs han esbrinat que era una espècie de mida petita, però intel·ligent per a l'època; han mesurat que tenia el doble de capacitat cranial que altres micos del miocè de la mateixa mida.

Pot semblar que aquest fòssil no té cap importància, però no és el cas. Això demostra que els primers ancestres dels dos grups probablement no eren grans simis, sinó espècies de mida petita, similars als gibons actuals, mones que podien grimpar pels arbres, on es podien agafar, moure's amb facilitat i mantenir l'equilibri en situacions inestables, per arribar als fruits de les capçades. També devien disposar d'una certa capacitat per penjar-se de les branques, com els gibons actuals. Així ho indiquen les articulacions del canell i del colze, atès que totes dues poden girar, tal com permeten les nostres mans.

Aquest tret és el que determina que Laia pertanyi a una estirp que inclou tant els gibons com els simis antropomorfs.

COMPRENSIÓ LECTORA I REFLEXIÓ

1. En quin hàbitat vivia *Pliobates cataloniae*?
2. A on s'ha trobat aquest fòssil?
3. Què té de singular aquesta espècie d'hominoïdeu?
4. Quines conclusions es poden obtenir del seu estudi?
5. Valora la importància de respectar els fòssils que es troben a la natura perquè els científics els puguin estudiar.

Direcció del projecte: Montserrat Nicolau

Coordinació del projecte: Elisabet Grimal

Edició del projecte: Eduard Abella, Sara Batet

Autoria: Roser Bosch Mestres, Olga Ferran i Andreu, Marc Ferrer Roche, Àngels Grado Pérez, Sílvia Lope Pastor, Xavier Muñoz Báguena, Lluís Pagès Pons

Revisió científica: Marcel Costa Vila

Coordinació tècnica i de disseny: Teresa Omedes, Josep Rosell

Disseny de la coberta: Duró

Disseny d'interiors: Mònica Campdepadrós

Il·lustració: Meritxell Campos Canudas; Antonio Muñoz Tenllado; ARCHIVO SM; CLUECA DISEÑO GRÁFICO, S. L.; Félix Moreno Arrastio; 5W INFOGRAPHIC; AGE FOTOSTOCK; José Santos González; 123RF; Ariel Alejandro Gómez; José Luis Navarro García; Amadeu Blasco; Guillermo Díez Celaya; RUGOMA CARTOGRAFÍA; Marcelsoc; EL OJO DEL HURACÁN; Luis Doyagüe; EFE; Lluis Martí Saurí

Col·laboracions:

Per a la gestió administrativa: Margarida Garcia

Per a la correcció: Esther Lluís, Josep Vila

Per a l'edició gràfica: Verónica Matilla

Per a la maquetació: Joan Boldó

Per a la fotografia: Javier Calbet, José Manuel Navia / ARCHIVO SM; Montse Fontich, María Pía Hidalgo, Pedro Carrion Juarez, Luis Carcavilla, Marc Ferrer, Géry Parent, Institut Català de Paletontologia Miquel Crusafont (ICP), NASA; CNRI / CONTACTO; STOCKTREK / PHOTODISC; Ablestock / KEYSTONE; Karel Broz, Charles Mccarthy / Dreamstime; ASA; EFE; PRISMA; DIGITAL VISION; CORBIS; ENCICLOPEDIA CATALANA; BARRES FOTONATURA; PHOTOLINK; THINKSTOCK; 123RF; SHUTTERSTOCK; iStock; GETTY IMAGES; AGE FOTOSTOCK

Totes les activitats d'aquest llibre s'han de resoldre en un quadern a part.

Primera edició

ISBN: 9788466140645

Dipòsit Legal: B-2319-2016

Imprès a la UE / *Printed in EU*